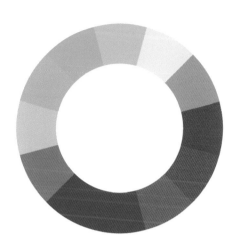

图 2-7

图 2-8

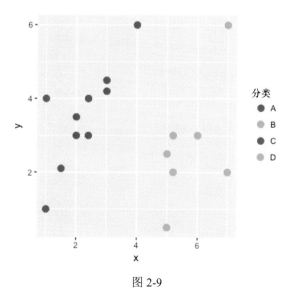

图 2-9

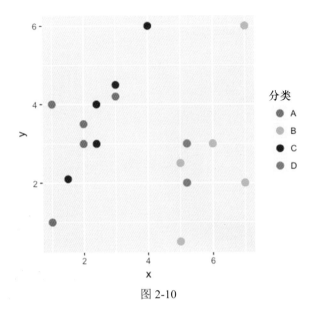

图 2-10

图 4-6

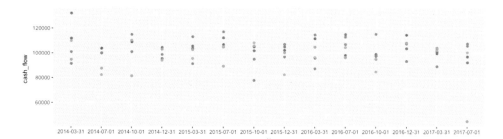

图 6-10

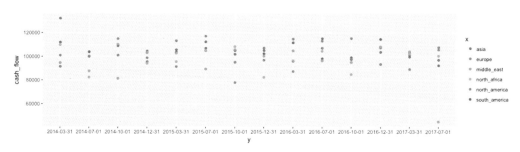

图 6-11

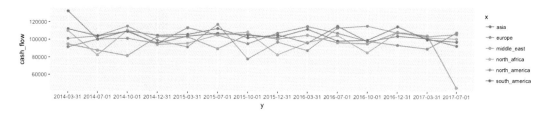

图 6-12

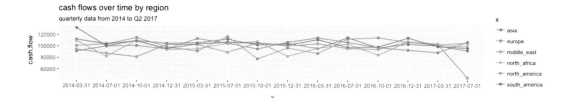

图 6-13

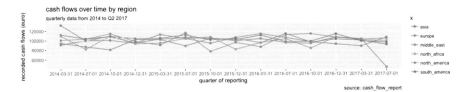

图 6-14

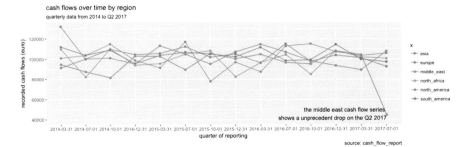

图 6-15

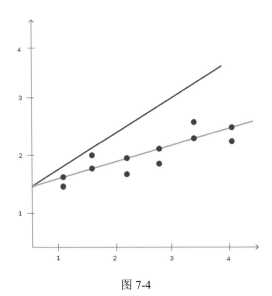

图 7-4

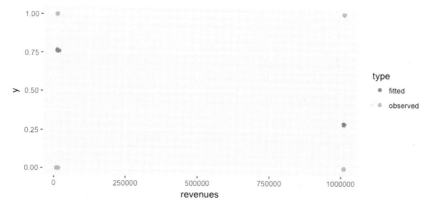

图 7-6

图 9-1

图 9-2

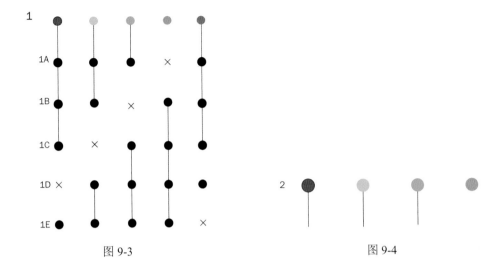

图 9-3

图 9-4

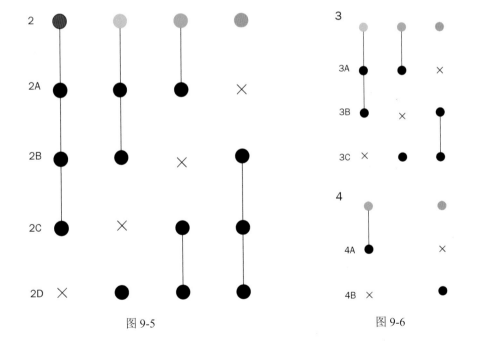

图 9-5

图 9-6

图 9-7

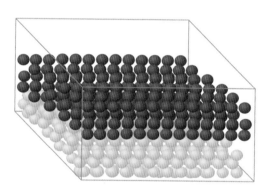

图 10-11

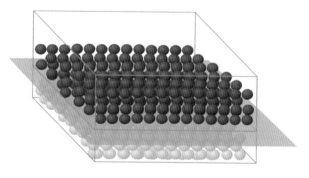

图 10-12

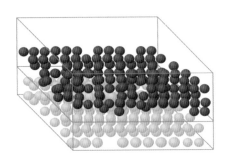

图 10-13

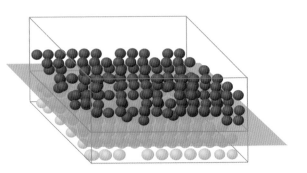

图 10-14

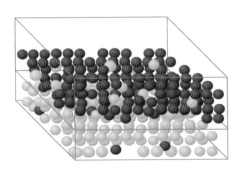

图 10-15

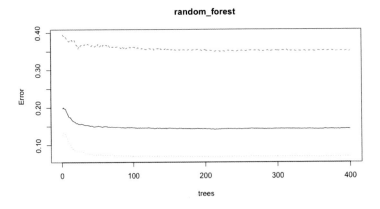

图 11-6

R数据
挖掘实战

R Data Mining

[意] 安德烈亚·奇里洛（Andrea Cirillo）著

王燕 王存珉 译

人民邮电出版社

北 京

图书在版编目（ＣＩＰ）数据

R数据挖掘实战 /（意）安德烈亚·奇里洛
(Andrea Cirillo) 著；王燕，王存珉译. -- 北京：人
民邮电出版社，2024.5
ISBN 978-7-115-61645-6

Ⅰ. ①R… Ⅱ. ①安… ②王… ③王… Ⅲ. ①数据采
集-研究 Ⅳ. ①TP274

中国国家版本馆CIP数据核字(2023)第070756号

版权声明

◆ 著　　　　　［意］安德烈亚·奇里洛（Andrea Cirillo）
　　译　　　　王　燕　王存珉
　　责任编辑　佘　洁
　　责任印制　王　郁　焦志炜

◆ 人民邮电出版社出版发行　　北京市丰台区成寿寺路 11 号
　　邮编　100164　电子邮件　315@ptpress.com.cn
　　网址　https://www.ptpress.com.cn
　　三河市君旺印务有限公司印刷

◆ 开本：800×1000　1/16　　　　彩插：4
　　印张：20.25　　　　　　　　　2024 年 5 月第 1 版
　　字数：392 千字　　　　　　　2024 年 5 月河北第 1 次印刷
　　著作权合同登记号　图字：01-2017-7974 号

定价：99.80 元
读者服务热线：(010)81055410　印装质量热线：(010)81055316
反盗版热线：(010)81055315
广告经营许可证：京东市监广登字 20170147 号

内容提要

  R 语言数据挖掘被广泛应用于不同领域，包括金融、医学、科学研究等。本书通过具体实例和真实的数据集来实现数据挖掘，首先讲解了数据挖掘的基本概念和 R 语言的基础知识，随后介绍了 R 语言中与数据挖掘相关的各种扩展功能包的使用，并通过多个实际的例子，教会读者整理数据、分析数据的方法。

  本书适合想通过 R 语言快速了解数据挖掘、预测分析、商业分析等领域的数据科学家和数据分析员阅读，也适合高等院校数据挖掘相关专业师生和对数据挖掘感兴趣的技术人员参考。

作者简介

安德烈亚·奇里洛（**Andrea Cirillo**） 目前就职于意大利联合圣保罗银行，担任审计量化分析师。在此之前，他曾在德勤会计师事务所从事财务和外部审计相关工作，以及在 FNM（一家意大利上市公司）从事内部审计相关工作。他目前的主要工作职责是围绕"巴塞尔协议III"进行信用风险管理模型的评估及改进。他与 Francesca 结婚，并共同养育 4 个子女，他们的名字分别是 Tommaso、Gianna、Zaccaria 和 Filippo。安德烈亚曾编写并贡献了一些有用的 R 语言程序包，包括 updateR、ramazon 和 paletteR。此外，他会定期分享一些关于 R 语言编程的深刻见解和教程。他的研究工作主要聚焦于通过建模定制算法以及开发交互式应用程序，实现 R 语言在风险管理和欺诈检测领域的应用。

安德烈亚曾著有图书 *RStudio for R Statistical Computing Cookbook*（Packt Publishing）。

"致我的家人：Francesca、Tommaso、Gianna、Zaccaria 和 Filippo。"

审稿人简介

恩里科·佩戈拉罗（**Enrico Pegoraro**）　毕业于意大利帕多瓦大学统计学专业。关于自身的经历，他描述为："见证了快速发展的计算机科学和统计领域。"他从事过的项目涉及数据库、软件开发、编程语言、数据集成、Linux、Windows 和云计算。目前，他是一名统计学家和数据科学家（自由职业者）。

恩里科拥有 10 年以上的 R 语言和其他统计相关软件培训与咨询活动方面的经验，尤其在六西格玛过程、行业统计分析和企业培训课程方面具有丰富的经验。同时，他也是意大利米兰 R 语言社区主要支持性公司的合伙人，担任公司特约首席数据科学家（非全职）以及 R 语言培训课程（统计模型和数据挖掘）讲师。

恩里科曾与意大利医疗机构合作，向一些区域性项目、刊物提供医院内感染方面的文章。他的主要专长包括为统计建模、数据挖掘、数据科学、医疗统计、预测模型、统计过程控制（SPC）和工业统计提供咨询与教学。

读者可以通过电子邮箱（pego.enrico@tiscalil.it）联系恩里科。

"感谢所有为我以及我的项目提供支持的人，尤其是我的伙伴 Sonja 以及她的儿子 Gianluca。"

道格·奥尔蒂斯（**Doug Ortiz**）　作为企业云、大数据、数据分析以及解决方案架构师，他的职业生涯始终围绕企业解决方案的架构、设计、开发以及集成。借助他掌握的技术栈，企业能够通过现有的、新兴的技术（例如 Amazon Web Services、Microsoft Azure、Google Cloud、Microsoft BI 堆栈、Hadoop、Spark、NoSQL 数据库和 SharePoint）以及相关的工具集，重新开发和应用企业内尚未被充分使用的数据。

此外，他也是 Illustris 有限责任公司的创始人。读者可以通过电子邮箱（dougortiz@illustris.org）联系他。

有关其专业能力的总结性介绍如下：

- 具有集成多种平台和多种产品的经验；
- 具有大数据、数据科学、R 语言和 Python 语言认证；

- 可帮助企业更加深入地了解企业当前数据和现有资源的投资价值,并将其转化为对企业有用的信息来源;
- 利用独特而创新的技术改进、挽救和构建项目;
- 定期对有关 Amazon Web Services、数据科学、机器学习、R 语言和云技术方面的图书做出评论。

业余爱好:瑜伽和潜水。

"感谢我的妻子 Mila 给予我的所有帮助和支持,感谢 Maria、Nikolay 以及我出色的孩子们。"

拉多万·卡维奇(Radovan Kavicky) 斯洛伐克布拉迪斯拉发市 GapData 研究所的一名首席数据科学家,并兼任该所总裁一职。该所借助数据能量和经济学智慧为公共事业提供支持。拉多万具有较强的数学和分析技能,他既是一名接受过专业教育的宏观经济学家,也是一名具备多年职业经验(具有 8 年以上为公共事业和私营部门客户提供服务的经验)的顾问和分析师。拉多万能够提供顶级的研究和分析服务,其工作期间所使用的工具从之前的 MATLAB、SAS 和 Stata 软件,更新换代到当下的 Python 语言、R 语言和 Tableau 软件。

拉多万是开放数据的布道者,同时是斯洛伐克经济协会(SEA)、开放预算促进会(Open Budget Initiative)、开放政府合作伙伴(Open Government Partnership)以及全球性 Tableau#DataLeader 网络(2017 年)的成员。他曾在 TechSummit(布拉迪斯拉发,2017年)和 PyData(柏林,2017 年)峰会上发表演讲。目前,他是 PyData Bratislava、R <- Slovakia 和 SK/CZ Tableau 用户组(skczTUG)的创始人。

奥列格·奥肯(Oleg Okun) 一位多产的机器学习专家,完成了 4 本图书的编著,发表过多篇期刊文章以及大量会议论文。在长达 25 年的职业生涯中,奥列格一直活跃在其祖国(白俄罗斯)和境外(芬兰、瑞典和德国)的学术界和工业界。奥列格的工作经验涉及文档图像分析、指纹识别、生物信息学、在线/离线营销分析、信用评分分析和文本分析。

奥列格对分布式机器学习和物联网抱有极大的兴趣。目前,他在德国汉堡工作,并生活在那里。

"对我的父母为我所做的一切,我想表达最深切的感谢。"

前言

你可能听说过，R 语言在数据分析师和数据科学家中非常受欢迎，它以能够交付非常灵活和专业的数据结果，以及惊艳的数据可视化能力而闻名。既然 R 语言有如此强大的功能，我们要如何学习使用 R 语言来做数据挖掘呢？本书将从最基础的知识开始，带领你开启学习之旅，除了好奇心之外你什么都不用准备，我们会在旅途中发现需要的所有知识。

在本书中我们会同时使用基础和高级的数据挖掘技术来解决一个影响商业公司的真实欺诈犯罪案件，通过解决这个案件来提升你的数据挖掘技能。

在我们 R 语言旅程的最后，你将能够识别需要进行数据挖掘的问题，分析这些问题，然后使用主流的数据挖掘技术来解决它们，并发布完善的总结报告来传达和表述从数据中发现的信息和内幕。

本书主要内容

第 1 章：为何选择 R 语言，讲述了 R 语言的历史、优势和缺点，以及如何在计算机上安装 R 语言并运行简单的程序。

第 2 章：数据挖掘入门——银行账户数据分析，在数据分析中应用 R 语言。

第 3 章：数据挖掘进阶——CRISP-DM 方法论，教会你如何使用 CRISP-DM 方法组织和运行数据挖掘项目。

第 4 章：保持室内整洁——数据挖掘架构，定义了数据挖掘项目的基础结构。

第 5 章：如何解决数据挖掘问题——数据清洗和验证，介绍了区分数据质量等级的度量标准，以及一系列用于评估数据质量的检测方法。

第 6 章：观察数据——探索性数据分析，讲解了探索性数据分析的概念及其在数据分析过程中的应用。

第 7 章：最初的猜想——线性回归，我们将设计一个简单的线性回归模型并检验它是否满足我们的要求。

第 8 章：浅谈模型性能评估，涵盖定义和衡量数据挖掘模型性能的工具。

第 9 章：不要放弃——继续学习包括多元变量的回归，探索多变量情况下的输出结果预测。

第 10 章：关于分类模型问题的不同展望，探讨了分类模型的需求和使用。

第 11 章：最后冲刺——随机森林和集成学习，在这一章中，我们将学习如何用集成学习来评估分类模型。

第 12 章：寻找罪魁祸首——使用 R 语言执行文本数据挖掘，介绍了如何为文本挖掘项目准备数据帧、删除无关单词以及将其从句子列表转换成词列表。同时，你也会学习基于文本挖掘的情感分析、词云开发，以及 N 元模型分析。

第 13 章：借助 R Markdown 分享公司现状，本章使用了 RStudio 生态系统中两个强大的组件（R Markdown 和 Shiny）。

第 14 章：结语，通过独特的背景故事，使得读者对数据挖掘的学习非常有参与感。

附录：日期、相对路径和函数处理，包含了 R 程序运行的一些其他相关信息。

阅读前准备

在 UNIX 或者 Windows 系统上使用 R 语言，能够让你更轻松地学习本书的各个章节。本书使用的 R 语言版本为 3.4.0。

本书受众

如果你是一位刚入行的数据科学家或者数据分析员，有一些基础的 R 语言知识，想通过实践进阶更复杂的数据挖掘，那么本书就是为你准备的。

下载示例代码

你可以从 GitHub 上找到本书的相关代码，地址为 https://github.com/PacktPublishing/R-Data-Mining。

下载本书彩图

你可以通过如下地址下载本书彩图：https://www.packtpub.com/sites/default/files/downloads/RDataMining_ColorImages.pdf。

目　　录

第 1 章　为何选择 R 语言

开启 R 语言学习之旅之前，读者必须掌握该旅程中会用到的所有工具和概念。作为读者的你，或许已是一名 R 语言爱好者并且想了解有关 R 语言的更多知识，但对于是否要学习它持不确定态度；或许你不了解 R 语言的优缺点，因而无法确定是否值得花时间去学习它；更为关键的一点是，你并不知道从何处着手，以及如何开始该语言的学习之旅。本书将为读者解答上述所有困惑。

通过本章的学习，读者将得到以下收获。

- 通过学习 R 语言的历史，了解它是如何发展的。
- 通过分析 R 语言的优势，理解为什么学习这门编程语言是明智的。
- 学习如何在计算机上安装 R 语言，以及如何编写和运行 R 语言代码。
- 理解 R 语言和编写 R 语言脚本所需的基本概念。
- 理解 R 语言的劣势，并掌握应对方法。

在完成本章的学习之后，读者将会掌握有关 R 语言的"十八般武艺"，来应对第一个真正的数据挖掘问题。

1.1　什么是 R 语言

让我们从头开始，首先考虑一下："什么是 R 语言？"通过一些数据分析或数据科学博客和网站，读者可能会了解到很多关于 R 语言的知识，不过，也许仍然很难在脑海中建立起关于该语言的完整概念。R 语言是一种高级编程语言。也就是说，通过在计算机上执行即将通过本书学习到的 R 语言脚本，读者能够让计算机执行一些自己所期望的计算和操作，并按照预先定义好的格式输出结果。

跟其他编程语言一样，R 语言也是由一系列计算机能够理解并响应的预定义好的指令组成的。读者可能已经注意到了，本书将 R 语言称为一种高级编程语言。那么，该如何理解这里所提到的"高级"呢？其中一种理解方法就是，用典型的公司组织架构来理解该语言。在公司里，按照自上而下的层级排序，通常有首席执行官（CEO）、高级经理、部门主管……直到基层员工。

公司内的这些层级之间有着什么区别呢？CEO 的职责是做出主要战略决策、制定核心战略规划，而无须考虑战术和操作活动。越往下（即层级越低的岗位）则越需要关注战术和操作活动。对于基层员工而言，他们的主要职责就是执行最基础的操作活动，如拧螺丝、锤击等。

编程语言分级也是这样的。

- 高级编程语言就像 CEO，它们将操作细节抽象化，即形成高级编程语言语句，并将这些语句交由低级编程语言来翻译成计算机可以识别的指令。
- 低级编程语言就像部门主管以及基层员工，它们将高级编程语言语句翻译成计算机执行所需要的大量指令，输出高级编程语言所期望的结果。

确切地说，读者也可以直接用低级编程语言来编写代码，不过这种做法往往会导致代码变得复杂而冗长。因此，久而久之，这种编写代码的方式已不再流行。

既然已经弄清楚了什么是 R 语言，就继续学习下面的内容，了解一些关于 R 语言的发源地及其发起时间的知识吧！

1.2　R 语言的发展历史

罗斯·伊哈卡（Ross Ihaka）和罗伯特·金特尔曼（Robert Gentleman）于 1996 年发布了 R：*A Language for Data Analysis and Graphics* 一书，当时的他们，可能根本想象不到如今 R 语言可以取得如此大的成功。20 世纪 90 年代早期，R 语言诞生于奥克兰大学。最初因其用户界面友好的特性，学生们将该数据分析工具应用于学术研究。出乎意料的是，凭借着它的一些优势，R 语言在研究人员和数据分析人员群体中快速、广泛地流行起来，最终于近几年渗透进入商业领域，被一些主流的金融机构所采用。下面会陆续介绍该语言的优势。

当前 R 语言的开发是由 R 核心团队主导的，该团队会定期地发布 R 语言基础版本的更新包。有关 R 语言的信息，读者可以通过访问 R 语言的官方网站来获取。

1.3　R 语言的优势

R 语言既不是唯一的数据分析语言，也不是出现最早的数据分析语言，为何如此受欢迎呢？

如果仔细分析，就会发现其包含以下 3 个优势。

- 开源。
- 插件就绪。
- 数据可视化友好。

1.3.1　开源

R 语言被广泛采用的一个主要原因就是它的开源性，任何人都可以下载、修改并再次分享（只能通过开源的方式）R 语言的二进制代码。从技术上讲，R 语言是通过 GNU 通用公共许可证来发布的。这意味着，用户可以基于任何目的来使用 R 语言，但同样该用户也必须使用 GNU 通用公共许可证来分享其所有的 R 语言衍生品。

作为一门统计分析语言，R 由于具有以上特性，因此非常适合以下目标用户使用。

- **学术用户**：在学术环境中，知识共享是一个必需条件。通过 R 语言，学术圈可以共享工作成果，无须担心版权和许可证问题，因而该语言在学术研究中非常实用。
- **商业用户**：企业总是因为预算限制而烦恼，拥有一款免费而又专业的统计分析软件，正是它们的梦想。
- **个人用户**：这类用户兼具上述两类用户的需求特点。这类用户会发现，拥有一款可以用来学习统计分析并分享相应成果的免费工具真是太棒了。

1.3.2　插件就绪

读者可以把 R 语言想象成一个可扩展的棋盘游戏，类似于《七大奇迹》和《卡卡颂》。这些游戏会提供一些基础的角色和地形以及更多可选的角色和地形来供玩家选择。当选择范围扩大后，玩家从中可以获得极大乐趣。读者可以将 R 语言视为这类可扩展的游戏。

R 语言基础版本包含一组默认程序包，程序包会随着标准软件包一起发布（读者可以跳转到本书的 1.4 节，了解关于如何获取和安装默认包的更多知识）。R 语言基础版本所提供的功能主要涉及文件系统操作、统计分析以及数据可视化。

虽然 R 语言基础版本通常是由该语言的核心团队来维护和更新的，但是实际上每一个 R 语言用户都可以给默认程序包添加新功能，并在此基础上开发和分享 R 语言定制程序包。

下面是 R 语言用户开发和分享 R 语言定制程序包的基本流程。

1）R 语言用户开发新的程序包。例如基于最新学术论文中所发表的一个新型机器学习算法，R 语言用户可以开发实现这个算法的一个程序包。

2）R 语言用户将程序包上传到综合 R 档案网络（CRAN）存储库或其他类似的存储库。其中，CRAN 是 R 语言相关文档和程序包的官方存储库。

3）每一个 R 语言用户都可以把任何一个特定的程序包安装并加载到 R 语言的运行环境中，以便获取程序包中的额外特性。如果程序包已被提交到 CRAN，那么读者只需运行下面所示的两行 R 语言代码便可以安装和加载该程序包了（在诸如 Bioconductor 的其他可选存储库中，也有相似的命令）。

```
install.packages("ggplot2")
```

```
library(ggplot2)
```

如读者所见，上述流程能够非常方便而有效地扩展 R 语言的功能。很快，读者就会了解到，R 语言用户开发的额外程序包所提供的功能是多么丰富。

在 CRAN 上，共有超过 9000 个可供使用的程序包，并且数量还在不断增加，它们为 R 语言社区带来了越来越多的额外功能特性。

1.3.3　数据可视化友好

作为一门学科，数据可视化涵盖了用来有效显示一组数据中所包含的信息的原理和技术。

在信息密集的时代，具备通过数据可视化简洁、清晰且有效地传达复杂信息的能力，已成为任何专业人员的核心竞争力。R 语言的数据可视化功能将该语言推到了学术领域和专业领域的前沿位置，这就是 R 语言能取得极大成功的原因所在。

从一开始，R 语言就因其优异的数据可视化功能而备受关注。当其他高级编程语言还在建立基于 x 轴、y 轴的二维的聚合+符号图像时，R 语言已经能够展示绚丽的 3D 图像了。然而，对于 R 语言的数据可视化技术而言，它的一次质的飞跃归功于奥克兰大学的哈德利 • 威克姆（Hadley Wickham）。哈德利 • 威克姆基于图形语法（The Grammar of Graphics）开发了 ggplot2 程序包，为 R 语言引入了一个处理数据可视化任务的结构化框架（见图 1-1）。

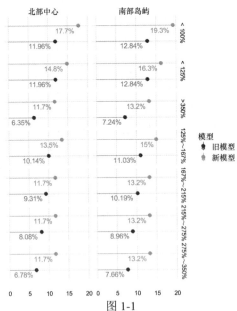

图 1-1

单独通过 ggplot2 程序包，R 语言社区用户就可以高度灵活地生成以及可视化几乎任何类型的数据。同时为了可以快速添加新出现的数据可视化技术，该程序包还被设计成了一个可扩展的工具。此外，通过 ggplot2 程序包，读者可以高度自由地自定义自己的图表，给图表添加各种图形或文本注释。

如今，诸如 Meta、Google 等顶尖的科技公司，都在使用 R 语言；诸如《经济学人》《纽约时报》等著名的出版物，也在使用 R 语言向它们的读者展示数据以及输送信息。

综上所述，读者是否应该把宝贵的时间用于学习 R 语言呢？如果读者是一名专业人士或者学生，需要使用前沿技术来高效地控制、建模和展现数据以体现自己的优势，那答案就是肯定的：读者一定要学习 R 语言，并且应该将学习 R 语言当作一项长期投资。原因是 R 语言的优势，决定了它会在未来的几年里，继续在每个行业和学术领域进一步拓展其影响力。

1.4 安装 R 语言和编写 R 语言代码

既然已经明白了 R 这门数据分析语言是值得学习的，那么让我们一起来看看如何安装 R 语言、编写 R 语言代码并运行它吧！首先，需要说明的是，安装 R 语言和安装一个可用于编写并运行 R 语言代码的集成开发环境（IDE）并不是同一回事。在本节中，这两部分的内容都会有所涉及，并且会让读者了解它们之间的区别。

1.4.1 下载 R 语言程序包

"安装 R 语言"指的是：在计算机上安装 R 语言解释器。通过该解释器，读者的计算机可以执行 R 命令、运行以 ".R" 作为文件扩展名的 R 脚本。可以通过 R 语言项目的官方服务器网站找到 R 语言的最新版本。

浏览上述网站，读者可以找到适用于不同操作系统的 R 语言程序包的下载链接，具体包括以下 3 种选择。

- 应用于 Windows 的 R 语言程序包。
- 应用于 macOS 的 R 语言程序包。
- 应用于 Linux 的 R 语言程序包。

1.4.2 应用于 Windows 平台和 macOS 平台的 R 语言程序包

在 Windows 平台和 macOS 平台上安装 R 语言程序包，步骤都是相似的，具体如下。

1）在对应平台的 R 语言下载页面中下载相关文件包（见图 1-2）。

2）在下载的文件包中找到适当的安装文件。

- 应用于 Windows 平台的安装文件有如下类似名称：R-3.3.2-win.exe。

- 应用于 macOS 平台的安装文件有如下类似名称：R-3.3.2.pkg。

3）运行安装文件，并等待安装程序执行完毕。

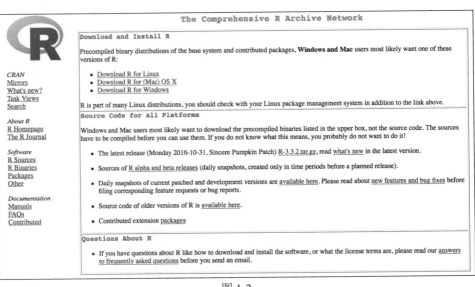

图 1-2

一旦完成上述步骤，便完成了 R 语言程序包在所选定系统平台上的安装，并且可以使用它了。不过，对于 Linux 平台用户而言，其所需的安装步骤会有些不同。

1.4.3　应用于 Linux 平台的 R 语言程序包

在 Linux 平台上安装 R 语言，最简洁而直接的方法就是使用命令行。安装步骤很简单，只需打开终端，并执行下面的命令：

```
sudo apt-get update
sudo apt-get install r-base
```

在此期间，终端可能会提示读者输入管理员密码，从而以超级用户身份执行命令（sudo 命令表示以超级用户身份执行命令）。

1.4.4　R 语言基础版本安装的主要组件

在完成 R 语言程序包的安装之后，读者或许会问：到底安装了什么？马上解答这个问题。首先，R 语言基础版本的软件包会携带一个适用的最新版本的 R 语言解释器。正如在 1.1 节中所提到的，安装 R 语言程序包之后，相应的计算机就能够读取、解析 R 代码，并执行由解析后的代码所组成的指令。读者可以在操作系统的命令行中使用如下代码来体验一下（读者需要根据自己的系统平台做出恰当选择）。

- 在 Windows 平台上（使用 PowerShell）：

```
echo "print('hello world')" >> new_script.R
Rscript.exe new_script.R
```

- 在 macOS 平台或者 Linux 平台上：

```
R
print('hello world')
```

上述两段命令都会在屏幕上输出"大名鼎鼎"的"hello world"（你好，世界）。

除了解释器之外，R 语言基础版本还自带了一个非常基础的平台，用于开发和执行 R 语言代码。该基础平台主要由以下部分（见图 1-3）组成。

- R 语言控制台：用来执行 R 语言代码并显示执行结果。
- R 语言脚本编辑器：用来编写 R 语言代码并将代码保存为单独的 R 脚本（使用".R"扩展名）。
- 附加组件：提供一些功能，如数据导入、其他程序包安装、控制台历史操作导航等。

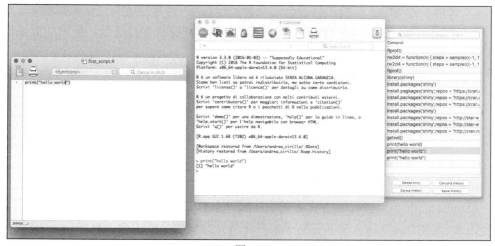

图 1-3

在之前的很长一段时间里，R 语言社区中的绝大部分人都是利用 R 语言基础版本自带的平台来编写和使用 R 代码的。如今，尽管该平台仍然能够很好地运行并且会得到定期更新，但跟很多更优秀的替代工具平台相比，该基础版已经有点儿落后了。有关这些替代工具平台的内容，将在 1.4.5 节中讲解。

1.4.5 编写及运行 R 语言代码的替代工具平台

在前文中，介绍了两种运行 R 语言代码的方式。

- 使用操作系统终端。
- 使用 R 语言基础版本中的开发环境。

对于有经验的 R 语言用户来说，第一种方式非常方便，尤其在执行明确的分析任务时颇具优势。这类任务的特点如下。

- 按一定顺序执行不同语言的脚本。
- 执行文件系统相关的操作。

对于第二种方式，前面已经介绍过，R 语言存在着很多更优秀的替代工具平台。因此，在开始编写更多 R 语言代码之前，读者有必要仔细地了解一下这些替代工具平台。

首先，需要说明两点。

- 替代工具平台并非文本编辑器类的应用程序，而是具有 R 语言控制台和额外的代码执行工具的程序。与文本编辑器类的应用程序不同，替代工具平台更倾向于一个 IDE，因为它能够给一门新语言的学习者带来更好、更全面的用户体验。
- 这里不会列举所有的工具平台，只列举出在 R 语言社区的讨论和实践中被提及非常多的一些工具平台。当然，也许存在着更好的工具平台，但可能尚未流行起来。

在这里，要列举和介绍的工具平台如下。

- RStudio。
- Jupyter Notebook。
- Visual Studio。

1. RStudio（适用于所有系统）

RStudio 是在 R 语言社区中非常受欢迎的一个 IDE。RStudio 之所以受欢迎是因为该平台的 R 语言专属性（这使其有别于本书即将介绍到的另外两个工具平台），及其与 R 语言社区中的一些热门程序包的完美集成。

RStudio 除了涵盖在探讨安装 R 语言基础版本开发环境时所涉及的所有基本功能，还附带很多用于辅助编码和最大化提高开发效率的其他有帮助的组件。下面仅列出其中的部分组件。

- 文件系统浏览器：用于浏览当前的工作目录并与之进行交互。
- 文件导入向导：用于方便、快速地导入数据集。
- 绘图面板：用于显示和操纵代码运行所生成的数据可视化绘图。
- 变量资源管理器：用于显示和操纵代码运行所生成的值与数据。
- 类似电子表格的数据查看器：用于显示代码运行所生成的数据集。

RStudio 还包括很多增强的特性，包括代码自动补全、内置函数帮助及支持多重窗口监视的可拆分窗口等，具体如图 1-4 所示。

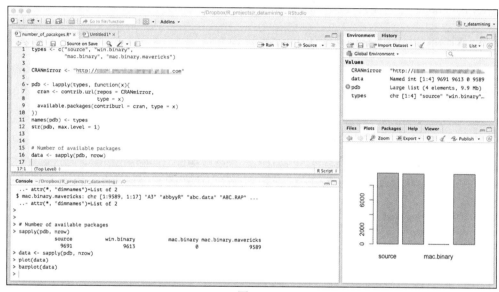

图 1-4

最后必须提到的就是 RStudio 对于其他热门 R 语言程序包的集成。RStudio 通过附加控件或预定义的快捷方式来集成这些热门 R 语言程序包，举例如下。

- Markdown 程序包：用于集成 R 语言代码（更多内容请见第 13 章）。
- dplyrfor 程序包：用于进行数据操作（更多内容请见第 2 章）。
- Shiny 程序包：用于 R 语言的 Web 应用开发（更多内容请见第 13 章）。

2. Jupyter Notebook（适用于所有系统）

Jupyter Notebook 原本是针对 Python 的一个扩展，被用于实现交互式数据分析和可复用的工作流。其工作原理是将代码和代码的输出结果（包括图形和表格）放到同一份文件中，以便开发人员和其他后续读者（例如客户）按照代码中数据分析的逻辑和过程，逐步得出结果。

不同于 RStudio，Jupyter Notebook 没有文件系统浏览器，也没有变量资源管理器。不过它仍然是一个不错的选择，尤其是在需要将分析工作过程分享出去的时候。

由于 Jupyter Notebook 最初是 Python 语言的一个扩展，因此它实际是用 Python 语言开发的。这意味着，除了安装 R 语言之外，还需要安装 Python 语言才能运行 Jupyter Notebook 工具。欲查找 Jupyter Notebook 的安装说明，可以查看 Jupyter Notebook 的在线文档。

在完成 Jupyter Notebook 的安装之后，还需要安装 R 语言内核组件，然后才能够在 Jupyter Notebook 上运行 R 语言代码。安装 R 语言内核的方法可参考该组件主页。

3. Visual Studio（只适用于 Windows）

Visual Studio 是一个非常流行的开发工具，主要用于进行 Visual Basic 和 C++开发。由于微软公司近几年对 R 语言的兴趣浓厚，这款 IDE（指 Visual Studio）通过使用 R 语言扩展工具也实现了 R 语言开发支持，如图 1-5 所示。

该扩展工具能够将 R 语言常用的一些特性添加到非常成熟的开发平台（例如 Visual Studio）中。目前，该 IDE 的主要局限在于：它只能用于 Windows 系统。

此外，Visual Studio 是免费的（至少社区版是免费的）。详细的安装指南可参见其官网。

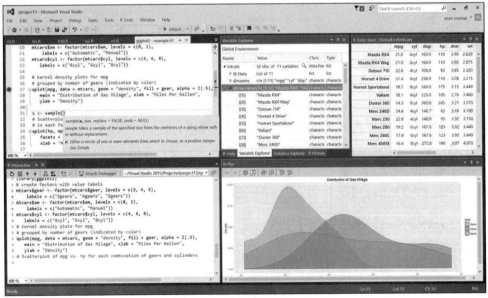

图 1-5

1.5　R 语言的基本概念

既然读者已经安装了 R 语言并且选择了自己喜爱的 R 语言开发环境，接下来是时候体验一下，并获得 R 语言的一些基础知识了。本节将介绍 R 语言的主要构建模块，这些构建模块会应用于本书的所有数据挖掘算法之中。更具体地说，通过在交互式控制台上执行基本操作并保存第一个 R 语言脚本，读者将学会如何创建和操作以下构建模块（见图 1-6）。

- 向量（Vector）：用于存储有序的一个或多个值。
- 列表（List）：一种数据集合，用于存储向量或者 R 语言中其他类型的对象。
- 数据帧（Dataframe，也称数据框）：可被看作由很多向量组成的二维列表，数据帧中所有向量内元素的数量是相同的。
- 函数（Function）：一组作用于向量、列表和数据帧的指令集合，通过操作这些对象来生成新的结果。

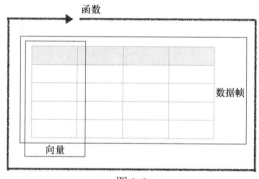

图 1-6

接下来，讲解如何使用自定义函数以及如何安装扩展包来使用 R 语言的更多功能。如果上述所提及的概念让读者感到不知所措，不必担心，通过后续的学习，读者一定能对以上构建模块及其概念达到非常熟悉的程度。

1.5.1　R 语言入门

在了解 R 这门强大语言的入门知识之前，先来看看 R 语言的基本操作，具体如下。

- 在 R 语言控制台上执行一些基本操作。
- 创建并保存 R 语言脚本。
- 在 R 语言控制台执行 R 语言脚本。

1. 通过 R 语言控制台交互式地执行脚本

打开你最喜欢的 IDE（本书使用 RStudio），通过闪烁的光标，能够找到交互式控制台。在找到控制台之后，输入如下字符并按"Enter"键，即可向控制台提交命令：

```
2+2
```

提交的命令的执行结果会在下一行自动输出：

```
4
```

上述命令及输出只是一个简单的例子，后续将讨论更加复杂的数学运算。

读者虽然在控制台上可以很方便地、交互式地测试小代码块，但需要注意的是，一旦终止了 R 语言会话（如关闭 IDE），控制台上执行的所有操作都会丢失。虽然一些 IDE（如 RStudio）会记录控制台历史操作，但它只是追溯历史操作的一个线索，而不是一种有效地存储代码的方式（见图 1-7）。

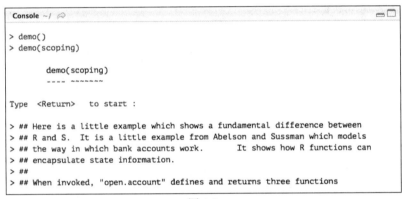

```
Console ~/
> demo()
> demo(scoping)


        demo(scoping)
        ---- ~~~~~~~

Type  <Return>  to start :

> ## Here is a little example which shows a fundamental difference between
> ## R and S.  It is a little example from Abelson and Sussman which models
> ## the way in which bank accounts work.      It shows how R functions can
> ## encapsulate state information.
> ##
> ## When invoked, "open.account" defines and returns three functions
```

图 1-7

后面将介绍存储控制台命令历史记录的正确方法。同时，为了完整性考虑，在这里说明一下：R 语言可以执行所有基本的数学运算，可以使用的运算符包括+、−、*、/、^（幂运算）。

2. 创建并保存 R 语言脚本

R 语言脚本是存储或多或少的 R 语言代码的一种文件，其优点是可以存储和显示可重复执行，或在脚本外部调用执行的一组结构化的指令（更多详情见后文）。在 IDE 中，可以找到用于新建脚本的控件或者按钮；单击该控件或按钮，可生成一个以.R 为扩展名的文件；打开该文件，就可以开始编写 R 语言代码了。如果没有找到类似的控件或按钮，那么读者可能需要考虑更换一款 IDE，或者尝试在 R 语言控制台上运行以下命令：

```
file.create("my_first_script.R")
```

现在就开始在文件中编写一些代码，按照惯例，使用"大名鼎鼎"的句子"hello world"（你好，世界）来测试脚本吧。如何才能输出这两个神奇的单词呢？读者只需告诉 R 语言执行输出即可，如图 1-8 所示，具体如下：

```
print("hello world")
```

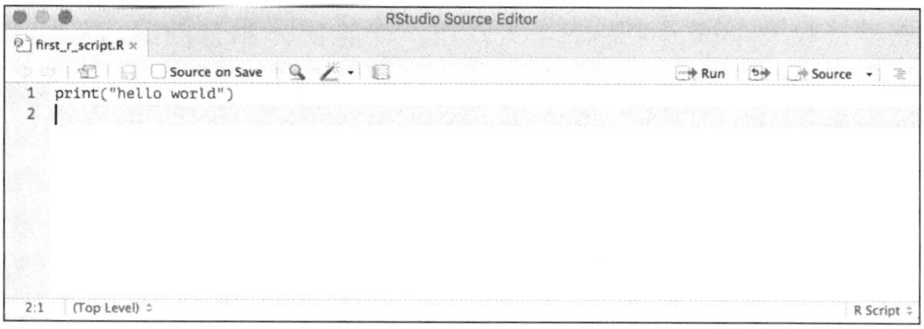

图 1-8

再重复一遍，当前这行代码只是"热身"，后续会介绍更多复杂的场景，所以读者不必担心本书内容过于浅显。

在往下阅读之前，请读者在文件中再添加一行内容，这次要添加的不是代码，而是注释：

```
# my dear interpreter, please do not execute this line, it is just a comment
```

实际上，注释与软件开发是紧密联系的。读者可能很轻易地猜到，这样的注释语句是不会被解释器执行的，因为解释器会忽略所有"#"之后的内容。虽然注释会被解释器忽略，但它对程序员来说却非常宝贵，尤其对于写完脚本之后一个月，再回头来看脚本的程序员而言。注释一般用于标注代码的基本原理、条件和目标，以便于程序员理解代码的作用范围是什么、为什么执行某些操作，以及必须满足哪些条件才能让代码正常运行。

请注意，注释可以和代码写在同一行，如下面的例子所示：

```
print("hello world") # dear interpreter, please do not execute this comment
```

在 IDE 上找到"保存"按钮，单击该按钮就可以保存脚本文件了。保存脚本文件时需要输入文件名，可以将名字设置为"my_first_script.R"，因为在接下来的内容里会用到它。

3. 执行 R 语言脚本

随着编码能力的逐步提升，读者就更有可能逐步地将数据分析的不同部分存储到不同的脚本中，并从终端或者一个主脚本中按顺序调用它们。因此，从一开始就正确地掌握脚本文件的存储操作是至关重要的。而且完整地执行脚本是检查代码错误（即 bug）的好方法。将数据分析过程存储在脚本中，能够方便其他感兴趣的用户复用代码，从而验证读者的分析结果的正确性——这是非常理想的一大特性。

现在，请读者尝试执行之前所创建的脚本。在 R 语言环境下，通过调用 source()函数来执行一个 R 语言脚本。正如在本书后面部分会更深入介绍的那样，函数是一组指令的集合，它通常接收一个或多个输入，并产生一个输出。函数的输入被称为参数，函数的输出被称为值。在当前的例子中，将指定一个唯一的参数，即脚本文件参数。当前的例子使用之前保存的文件名作为参数，执行如下命令：

```
source("my_first_script.R")
```

执行这个命令的过程是怎样的呢？可以想象解释器一边读取每行代码，一边说："来看看这个 'my_first_script' 文件中的内容。好的，这里面有一条 R 命令——print("hello world")，执行它看看会发生什么。"虽然上述引用的这些言语是虚构的，但解释器确实就是这样运行的。解释器会查找指定的文件，读取文件内容，并执行存储在其中的 R 语言命令。当前的例子会在控制台上产生如下输出：

```
hello world
```

现在是时候开始真正学习 R 语言入门知识了，让我们先从向量开始吧！

1.5.2　向量

什么是向量？哪里会使用到向量？"向量"这个术语来自代数领域，但在 R 语言的世界里，向量并没有那么复杂，读者可以简单地将它看成由同一种数据类型的值所组成的有序序列。不同顺序的序列是不同的对象，如图 1-9 所示。

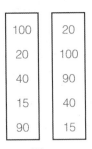

图 1-9

如何在 R 语言中创建一个向量呢？答案是可以通过 c()函数来创建，具体如下面的语句所示：

```
c(100,20,40,15,90)
```

上述语句创建的是常规的向量，只要在 R 语言控制台输出之后，它就失效了。如果想让该向量在 R 语言环境中保存下来，需要创建一个变量。可以简单地通过赋值操作来完成：

```
vector <- c(100,20,40,15,90)
```

只要执行这个命令，R 语言环境中就会增加一个新的、类型为向量的对象。向量实际上有什么用途呢？作为使用 R 语言进行开发的基础，其每一个输入以及 R 语言产生的每一个输出都可以被简化成一个向量。例如，本书会将数据统计分析的结果存储在向量中，也会用向量来表示模型所遵循的概率分布。

需要注意的是，到目前为止，虽然读者在本书中只看到了一个数值向量，但实际上，读者可以定义包含表 1-1 所示的所有类型数据的向量。

表 1-1

类型	示例
数值	1
逻辑/布尔	TRUE
字符	"text here"

甚至还可以定义混合类型的向量：

```
mixed_vector <- c(1, TRUE, "text here")
```

确切地说，混合类型的向量最终会被强制转换成能包含所有其他类型的向量类型，就像刚刚例子中会全部转换为字符类型的向量。有关细节不在这里多加讨论，以免读者混淆。

现在，读者已经知道如何创建一个向量并保存该向量了。那么，如何调用并显示该向量所存储的内容呢？一般来说，调用一个对象只需要使用它的名字即可。可以在控制台上输入刚刚创建的向量的名字"mixed_vector"并按"Enter"键提交，结果如下：

```
[1] "1" "TRUE" "text here"
```

1.5.3　列表

既然读者已经知道了"什么是向量"，就很容易理解列表了，它是包含对象的容器。列表容器内的对象可以是其他列表，甚至可以是数据帧。在 R 语言环境中，用列表来存储对象很方便。例如，很多统计函数用列表来存储运行结果。

请读者看看如何使用列表，代码如下：

```
regression_results <- lm(formula = Sepal.Length ~ Species, data = iris)
```

IRIS 数据集是非常有名的 R 语言预加载数据集，它包含在每个 R 语言基础版本中。上面这行命令表示基于 IRIS 数据集拟合一个回归模型（后文会详细讲解回归模型的细节），该模型试图解释特定种类的鸢尾花的萼片长度规律。

现在来看看 regression_results 对象，正如之前说过的，它存储了回归模型拟合的结果。如果要查看指定对象的类型，可以使用 mode()函数，该函数将对象名称作为参数 x 的值，如下所示：

```
mode(x = regression_results)
```

运行结果如下：

```
list
```

1. 创建列表

请读者查看之前的代码，看看通常都是如何创建列表的呢？在创建列表时，读者总是会用到赋值运算符 "<-"，该运算符在创建向量时也会用到。两者之间的区别是，创建列表时使用的函数不同。创建列表时不是使用 c()函数，而是使用 list()函数。如下面例子所示，请读者尝试创建两个向量，然后将它们合并到一个列表中：

```
first_vector <- c("a","b","c")
  second_vector <- c(1,2,3)
  vector_list <- list(first_vector, second_vector)
```

2. 获取列表子集

如果读者想定位列表中的特定对象，应该怎么做呢？这时需要使用[[]]运算符，用来指定要获取对象的层级。例如，想获取 vector_list 列表中的第二个向量，可以使用如下代码：

```
vector_list[[2]]
```

输入上述代码并按 "Enter" 键提交，会返回如下结果：

```
[1] 1 2 3
```

读者也许会想，能否获取列表中的单个对象的单个元素呢？答案是肯定的。例如，想要获取 second_vector 中的第三个元素，只需要再使用一次[[]]运算符即可，代码如下：

```
vector_list[[2]][[3]]
```

输入上述代码并按 "Enter" 键提交，会返回如下结果：

```
[1] 3
```

1.5.4 数据帧

如果满足下面的规则，数据帧可被简单地看成列表。

- 所有组件都是向量，无论是逻辑向量、数值向量，还是字符向量（甚至可以是混合向量）。
- 所有向量的长度都相同。

根据上述规则，我们可以得出这样的推断，即可以将数据帧想象成一个表，该表一般有一定数量的列（以组成这些列的向量来表示）和一定数量的行（行的数量与向量的长度一致），如图1-10所示。虽然要遵守上述两条规则，但是规则中并没有对列的类型做出限制，即数据帧中多个列的类型可以是不同的，例如数据帧中可以存在数值类型和布尔类型的列。

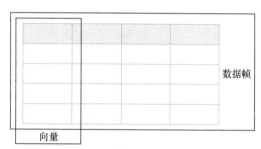

图1-10

可以想象，数据帧是一种非常方便的数据存储方式，特别适用于存储结构化的数据集，如实验观察数据或金融交易数据。数据帧允许在每一行中存储观察数据，并在每一列中存储给定观察数据的属性。在后文中，读者将会更深入地理解数据帧。

虽然数据帧是列表的逻辑子集，但是它具有创建和处理数据帧的整套专用函数。

创建一个数据帧类似于创建一个列表，只不过使用的函数有所不同。同样，创建数据帧的函数被简单地命名为data.frame()，示例如下：

```
a_data_frame <- data.frame(first_attribute =c("alpha","beta","
gamma"),second_attribute = c(14,20,11))
```

请注意：对于每一个向量（即每一列），将运算符"="之前的字符作为列的名称。另外，还需要注意以下两点。

- 如果不给向量指定名称，那么向量就会被随机地赋予一个难记且非常不友好的名称，在上述示例中，第一个向量会被命名为"c..alpha....beta....gamma.."，而第二个向量会被命名为"c.14..20..11.."。所以，强烈建议读者在创建数据帧时，给向量指定名称。

- 可以指定包含空格的列名，如将第一个向量的名称改为"first attribute"（取代原来的 first_attribute），这时只需要在名称上添加双引号即可，示例如下：

```
a_data_frame <- data.frame("first attribute" ...)
```

实际上，并不推荐第二种指定包含空格的列名的做法，因为在后续的代码中再次使用这个向量时，该做法会让事情变得复杂，从而引发很多令人烦恼的后果。

那么，如何选择并展示数据帧的一列呢？答案是使用符号"$"，具体如下：

```
a_data_frame$second_attribute
[1] 14 20 11
```

可以用类似的方法向数据帧中添加一列：

```
a_data_frame$third_attribute <- c(TRUE,FALSE,FALSE)
```

1.5.5 函数

简单来说，函数是用来操作和处理向量、列表或数据帧的方法。这个定义也许不够严谨，但它突出了一个重点，即函数会接收一些输入参数，这些参数可以是向量（甚至只包含一个元素）、列表或数据帧，然后该函数会输出一个结果，通常也是向量、列表或数据帧。

执行文件系统操作及其他特定任务的函数则是例外，在其他语言中，这些例外通常会被称为过程。例如 1.5.1 节中遇到过的 file.create() 函数。

R 语言最受赞赏的特性之一就是可以很容易地查看其所有可用函数的定义，只需要使用函数的唯一名称作为命令提交即可，无须输入括号。现在，请读者尝试查看 mode() 函数的定义，代码如下：

```
mode

function (x)
 {
  if (is.expression(x))
   return("expression")
 if (is.call(x))
   return(switch(deparse(x[[1L]])[1L], `(` = "(", "call"))
 if (is.name(x))
   "name"
else switch(tx <- typeof(x), double = , integer = "numeric",
  closure = , builtin = , special = "function", tx)
 }
<bytecode: 0x102264c98>
<environment: namespace:base>
```

本书不打算深入探讨 mode() 函数的细节内容，但需要读者注意函数定义的一些结构元素。

- 这里的 function() 表示 mode() 函数本身。
- 对 mode() 函数的唯一参数 x 进行了明确说明。
- 在 function() 调用之后的所有内容都用花括号括起来，花括号里面的内容是函数体，它包含对输入参数的所有计算和操作。

在 R 语言中，上述函数定义的结构元素是定义一个函数所需的最少元素，可简化表示如下：

```
function_name <- function(arguments){
    [function body]
}
```

既然已经知道了函数定义的原理，现在就定义一个简单的函数，即给任意输入的数字加上 2：

```
adding_two <- function(the_number){
the_number + 2
}
```

这个函数可行吗？当然可行。为了测试这个函数，必须先执行声明函数定义的两行代码，然后就可以使用读者的自定义函数了：

```
adding_two( the_number = 4)
[1] 6
```

继续介绍更加复杂但与函数更相关的概念——函数内的赋值。设想读者正在编写一个函数，并将函数结果存储在一个名为"function_result"的向量中，读者编写的代码可能如下所示：

```
my_func <- function(x){
function_result <- x / 2
}
```

假如 x 的参数值为 4，当执行这个函数时，函数的输出应该是一个值为 2、名称为"function_result"的对象。

现在请读者根据前面的知识，尝试输出这个对象：

```
function_result
```

执行结果为：

```
Error: object function_result not found
```

为什么会这样呢？上述错误输出是由函数内赋值的规则所控制的，规则的具体内容如下。

- 函数内部能够查看并使用函数外部定义的变量。
- 函数内部定义的变量只能在函数内部使用。

那么，如何将 function_result 对象从函数内部输出呢？通常有以下两种方式。

- 使用<<-运算符——通常称之为超赋值运算符。
- 使用 assign()函数。

使用超赋值运算符来重新编写上述函数，具体如下：

```
my_func <- function(x){
  function_result <<- x / 2
}
```

如果试着运行它，会发现 function_result 对象出现在 IDE 的变量资源管理器中。需要说明的是，从函数内导出对象和将对象作为函数的返回结果是不一样的，如下面的函数所示：

```
my_func <- function(x){
  function_result <- x / 2
  function_result
}
```

如果再次尝试运行 my_func(4)，控制台会输出如下结果：

```
[1] 2
```

但在 IDE 的变量资源管理器中却找不到 function_result 对象，这是为什么呢？原因是，在上面的函数中，function_result 对象的值成了函数的返回值。不管怎样，与上述第一个超赋值运算符的例子类似，这个对象现在是通过标准赋值运算符定义的。

1.6 R 语言的劣势以及如何克服这些劣势

在与经验丰富的技术人员讨论 R 语言时，技术人员通常会指出该语言存在的两大劣势。

- 陡峭的学习曲线。
- 难以处理大型数据集。

上述两个劣势确实是这门语言的两大缺点。本书作者不会刻意地美化 R 语言，而是给出克服这些劣势的方法。事实上，可以认为第一大劣势是暂时性的，至少针对不同个体是这样的。因为读者一旦迈过了 R 语言学习的"绝望谷"，就再也不会被这一劣势所困扰。什么是绝望谷呢？此处用图 1-11 来进行说明。

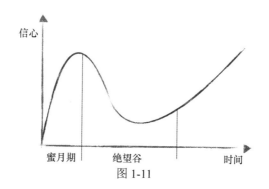

图 1-11

众所周知，个体在学习全新且足够复杂的事物的过程中，都会经历 3 个阶段。

- 蜜月期：在这个阶段，学习者会喜欢上这样的新事物，并且非常有信心能够掌握它。

- 绝望谷：在这个阶段，所有事情都变得困难重重，让人陷入绝望。

- 接下来的阶段：学习者开始对新事物有更深入的理解，对它的掌控能力提高，自信心也越来越强。

在谈到第二大劣势时，不得不说，R 语言在处理大型数据集方面存在的困难实际上是这门语言本身具有的结构性问题。因此需要在结构上对其做出一些改变，需要将其与其他工具进行战略性合作。在 1.6.1 节和 1.6.2 节中，将针对这两大劣势进行更加详细的讨论。

1.6.1　高效学习 R 语言，最小化精力投入

首先，R 语言为什么会被视为一门很难学的语言呢？对于这个问题，没有一个普遍统一的答案，不过可以尝试推理一下其中的原因。R 语言通常是进行数据分析的首选语言，它是从事数据统计的人员为他们自己，尤其是学习数据统计的学生创建的一门语言。这就决定了这门语言的两大特点。

- R 语言没有很好地考虑编程体验。

- R 语言具有其他语言所没有的统计技术，并且具有前所未有的创新的交互方式。

大家可以找到 R 语言学习曲线陡峭的原因，具体归纳如下。首先，相较于 Julia 和 Swift 这样的语言，R 语言并不是一个对程序员友好的语言。正如 1.2 节所提到的，R 语言是诞生于学术领域的一种工具。其创造者可能也没有想到，如今 R 语言可以被用于开发网站（更多内容请见第 13 章，看一看这个令人眼前一亮的应用）。

其次，学习过其他统计语言的人学习 R 语言时，会有一种晕头转向的感觉。在 R 语言中应用数据模型时，会体验到一种令人惊艳的交互过程：读者将数据输入模型，得到结果，并对结果进行分析判断；然后迭代执行上述过程，或者进行交叉验证。在该过程中，所有的操作都具有非常高的灵活性。这完全不是统计分析系统（SAS）和统计分析

软件（SPSS）的用户所能够体验到的。在 SAS 及 SPSS 中，用户只能将数据提交给执行函数，然后得到一个大而全的结果集。

这就是最终结论了？难道只能被动接受历史原因所导致的陡峭的 R 语言学习曲线吗？当然不是。实际上，R 语言社区一直在积极地参与平缓这条曲线的工作，主要的工作内容有以下两点。

- 改善 R 语言的编程体验。
- 编写高质量的学习资料。

1. tidyverse 程序包

现如今在谈论 R 语言的时候，一定会提到 tidyverse 程序包，因为 tidyverse 程序包在 R 社区中非常流行。tidyverse 是由哈德利·威克姆开发的一个框架，该框架包含很多概念和函数。由于 tidyverse 程序包的存在，使用 R 语言的编程体验更加贴近现代的编程体验。有关 tidyverse 程序包的介绍已经超出了本书的范围，但是本书作者还是想简单地介绍一下这个框架的组成部分，它通常至少包含以下 4 个程序包。

- reader：用于数据导入。
- dplyr：用于数据操作。
- tidyr：用于数据清洗。
- ggplot2：用于数据可视化。

tidyverse 取得了很大的成功，因此出现了很多关于 tidyverse 主题的学习资料。在后文中，将介绍这些学习资料。

2. 利用 R 语言社区来学习 R 语言

R 语言最令人欣赏的特点之一就是它拥有一个生机勃勃的社区。起初，R 语言社区主要由在其研究过程中偶遇 R 语言这一强大工具的统计人员和学术研究人员组成。如今，除了统计人员和学术研究人员，其他领域的专业人士也纷纷加入了 R 语言社区，包括金融学、化学及遗传学等领域。对于每个初学者来说，R 语言社区都是一笔巨大的"财富"，社区中的人都非常友好且乐于帮助初学者迈出学习这门语言的第一步。但是读者可能会感到疑惑，要如何利用 R 语言社区呢？答案是，首先要找到这个社区并体验它；接下来要做的就是，看看如何利用社区主导的内容来切实可行地学习 R 语言。

（1）如何找到 R 语言社区

R 语言社区存在很多种交流方式（包括各种线上和线下方式），要与 R 语言社区进行交流，可以通过其中的任意一种方式。下面列出的是部分线上和线下方式。

线上方式：

- R-bloggers。
- Twitter 主题标签#rstats。
- Google+社区。
- Stack Overflow 上被标记了 R 的问题。
- R-help 邮件列表。

线下方式：

- R 语言年度研讨会。
- RStudio 开发者大会。
- R 线下聚会。

（2）通过与 R 语言社区互动来学习 R 语言

既然已经知道如何找到 R 语言社区，那么接下来就看看如何利用社区进行学习。通常有 3 种可选的方式（非单选）。

- 查阅社区主导的学习资料。
- 向社区寻求帮助。
- 及时跟进 R 语言的最新进展。

查阅社区主导的学习资料：学习资料主要有以下两种。

- 论文、手册和图书。
- 在线交互式课程。

论文、手册和图书：虽然这种学习资料是比较传统的，但读者不应因此而忽视它们，因为这些学习资料总是能够让读者对所探讨的问题获得更加结构性而且系统性的理解。读者也可以在网络上找到论文、手册和图书形式的资料。

向读者推荐以下比较有帮助的期刊和图书。

- *Advanced R*。
- *R for Data Science*。
- *An Introduction to Statistical Learning*。
- *OpenIntro Statistics*。
- *The R Journal*。

在线交互式课程：这类课程应该是当前非常常见的学习资料了。在很多不同的平台上都能找到非常不错的 R 语言学习资料，其中知名的可能是 DataCamp、Udemy 和 Packt。这些平台上分享的是一种实用的交互方式，读者可以通过练习和实践，直接掌握相关的主题知识，而不是被动地看着别人解释复杂的理论。

向社区寻求帮助：当开始编写第一行 R 语言代码时（甚至在编写代码之前），读者可能会遇到一些与编码工作相关的问题。在这种情况下，最好的方法就是向社区求助，在社区的帮助下解决这些问题。读者很可能并不是第一个提出相关问题的人。所以，在提出问题之前，可以先在网上寻找一下之前是否有人提出过类似的问题，并查看问题答案。

应该在哪里寻找答案呢？在大部分情况下，读者可以通过以下几处找到答案（按可能找到答案的概率先后列出）。

- Stack Overflow。
- R-help 邮件列表。
- R 程序包的文档。

但是，不建议读者在社交网络或者其他类似网站上寻找答案，因为它们并不是专注于处理这类问题的网站。在这些网站上，答案没有经过任何专业的审核，因此，在这类网站上查找到的答案可能是过时的，或者根本就是不正确的。

如果读者提出的是一个从未有人问到过的新问题，那么读者可以在前面寻找问题答案的地方进行提问。

及时跟进 R 语言的最新进展：由于存在很多热心用户的贡献，R 语言的世界才得以不断更新、不断进步。如何紧跟这些变化呢？社交网络可以派上用场。通过关注社交网络或者类似网站的#rstats 主题标签，读者就可以不断地了解 R 语言的动态。另外，还可以在 R-bloggers 上订阅每日新闻，这些新闻是由前一天发布的与 R 语言相关的博客文章组成的，都很实用。最后，读者可以通过 R 语言年度研讨会或者类似会议接触到著名的 R 专家，听取他们的独特见解，以及他们关于 R 语言未来发展的演讲。

1.6.2　使用 R 语言操作大型数据集

前面提到，R 语言的第二大劣势与大型数据集的处理有关。那么，这个劣势来自哪里呢？实际上，这个劣势与 R 语言的核心机制有关，R 语言是一个内存软件。也就是说，在 R 语言脚本中创建和管理的每一个对象都存储在计算机的 RAM 中。这意味着数据的总大小不能超过 RAM 的总大小（前提是其他软件没有占用 RAM，但这是不切实际的）。那么，如何克服这个劣势呢？答案实际上超出了本书所要讲解的范围。尽管如此，作者在此简单地总结出 3 种应对策略。

- 优化代码，使用 profvis 等程序包对代码进行分析，并遵循 R 语言编程最佳实践。
- 使用外部数据存储和整理工具，如 Spark、MongoDB 和 Hadoop。在后文中，会对此做进一步介绍。
- 使用 ff、filehash、R.huge 或者 bigmemory 等程序包来改变 R 语言内存处理行为，以尽量避免内存过载。

作为作者，我想要强调的是，这个劣势实际上是可以克服的。对于刚刚开始 R 语言学习之旅的初学者，在遇到这个劣势时不必担心。

最后补充说明：随着获取计算能力的成本越来越低，与大型数据集处理相关的问题就会显得越来越微不足道。

1.7　更多参考

- 关于 R 语言的论文。
- 采访 R 语言创作者 Ross Ihaka 的文章。
- GNU 通用公共许可证。
- 网络文档《R 语言概论》。
- 网络文档《编写 R 语言扩展》。
- tidyverse 包。

1.8　小结

在本章，我们以较好的方式开启了 R 语言的学习之旅。

通过学习本章内容，读者能了解 R 语言这个强大的工具，包括它的起源、它具有哪些能力，以及 R 语言的主要优势。读者开始学习如何使用 R 语言，理解 R 语言的安装过程及其基本构建模块，如向量、列表、数据帧和函数。最后了解了 R 语言的主要劣势以及如何克服的方法。

在第 2 章，我会教授读者将 R 语言应用到真实的数据上，特别是读者自己的银行数据。由于接下来在第 2 章的学习中会涉及第 1 章的知识点，因此在开始第 2 章的学习前，请读者再花一点儿时间回顾一下本章所学到的内容。

第 2 章　数据挖掘入门——银行账户数据分析

通过第 1 章的介绍，读者应该弄清楚了值得在 R 语言上投入时间的原因：它是一门强大的语言，具有插件就绪以及数据可视化友好等诸多特性。尝试利用如此强大的语言，是不是会让人觉得很棒呢？

由此我们引出本章的内容：尝试利用 R 语言来解读读者的数据、挖掘信息。

本章将对读者的个人数据（特别是银行账户数据）进行处理；利用 R 语言，对读者的财务习惯进行挖掘并建模。通过对本章的学习，读者将学会执行以下几项任务，与此同时，会更加期待后续内容的学习。

- 通过 dplyr 程序包所提供的函数来汇总读者的银行账户数据（下文简称银行数据）。
- 通过汇总数据，解答有关读者财务习惯的问题。
- 针对银行数据，使用 ggplot2 程序包来生成基础可视化图表和高级可视化图表。

但在实际动手操作之前，需要先跟读者讨论一下将要处理的数据。

2.1　获取并组织银行数据

首先，读者需要从银行网站获取自己的银行数据。有关在每一个银行网站上获取数据的方法，在此不多介绍，读者可以根据银行网站上的指引来获取数据。这些数据通常会在"账户变动"相关页面显示。

如果读者没有银行账户，或者读者账户涉及的银行不允许下载银行数据，请不必担心。在本书对应的补充材料中，可以找到一个 data 文件夹，其中包含一个名为 banking 的 XLS 文件，读者可以放心地使用这个文件内的数据进行实际操作。

数据模型

仔细想想，我们要如何构建数据来完成数据分析任务呢？答案就是对数据模型进行描述。

实际上，数据模型是在处理更加结构化的数据集（如一组表）时用到的一个概念，但它也可以应用于读者的银行数据。

描述数据模型，就是描述如何组织数据挖掘活动中将要存储或获取的数据。在当前例子中，描述数据模型就是组织银行数据表。

从银行获取数据之后，读者需要将这些数据组织成一个表，在该表中包含如下几列。

- Date：表示一条给定记录（数据）的日期。其格式为 yyyy-mm-dd，例如 2016-06-01。如果读者的银行数据日期列不是这种格式，可以参考附录 A 进行相应的修改。
- Income：存储账户所有正向的资金流入。
- Expenditure：存储账户所有反向的资金流出。

表 2-1 为数据表的示例。

表 2-1

Data	Income	Expenditure
2010-06-01	2523	0
2010-06-02	0	−2919
2010-06-03	0	−6341
2010-06-04	5303	0
2010-06-05	4553	0

需要注意的是，读者的数据表中所包含的列的名称必须与表 2-1 中所示的相同，因为读者将要执行的代码会依赖列的名称。现在，数据表已经构建好了，读者可以从银行数据中挖掘信息了！

2.2 使用数据透视表汇总数据

当应用 R 语言进行数据分析时，会遇到一个常见问题，那就是：如何使用 R 语言来生成数据透视表？语言纯化论者可能会对提出该问题感到吃惊，但本书读者大可不必困惑。数据透视表是一种有效且方便的用于汇总和显示数据的方式，因此使用大家所喜爱的 R 语言来生成数据透视表也是正当要求。

读者可能猜到了，是的，事实上利用 R 语言可以生成类似的数据汇总表——只是在

R 语言中，采用了不同的叫法而已。在进入具体的详细讲解之前，先来讨论一下什么是数据透视表。

对于给定详细数据集的汇总表（即数据透视表），本书使用如下概念来定义：汇总表显示了存储在数据集内的属性的描述性统计，该描述性统计由同一数据集内的其他不同属性键聚合构成。

为清楚起见，请读者想象一下要处理的表 2-2 所示的数据集。

表 2-2

cluster_id	segment	amount	accounts
1	retail	477,609	43
2	retail	583,517	82
3	retail	795,772	40
4	bank	912,425	95
5	bank	505,508	77
6	public_entity	765,497	52
7	retail	697,726	84
8	retail	667,229	57
9	retail	282,133	76
10	public_entity	848,601	70

对于任何给定行业（segment），了解其总额（amount）以及账户总数（accounts）很有用。也就是说，汇总表 2-2 内的 segment、amount 和 accounts 这 3 个属性很有用。换句话说，大家希望得到如表 2-3 所示的表。

表 2-3

segment	amount	accounts
retail	3,503,986	382
bank	1,417,933	172
public_entity	1,614,098	122
total	6,536,017	676

现在，我们已经对要汇总的数据有了清晰的认识。请思考一下要如何处理数据，才能得到表 2-3 的效果。接下来要介绍的主要内容是：管道运算符和 dplyr 程序包。管道运算符和 dplyr 程序包都不是 R 语言的原始特性，它们是最近几年才被添加进 R 语言的特性。这两个特性对 R 语言社区产生了重大的影响，并且推动了 R 语言的发展。

以下是对管道运算符和 dplyr 程序包特性的描述。

- 管道运算符：一个逻辑概念，它的作用是将前一个操作的输出结果作为后续操作的输入，在 R 语言中使用%>%表示。
- dplyr 程序包：包含一组用于进行数据处理（如分组处理和汇总处理）的函数。

下面分别对管道运算符和 dplyr 程序包进行介绍。

2.2.1 管道运算符简介

管道运算符以及相关的管道概念最早出现在 UNIX 系统中。在 UNIX 环境下，管道运算符把一个软件的输出作为另一个软件的输入。这种操作方式在 UNIX 理念中是很自然的，因为 UNIX 系统的原则之一就是编写可一起工作的程序。

读者可通过一些例子来弄清管道运算符这个概念。一个可能存在的使用管道运算符的例子是：打开一个文本文件，读取内容，并将其内容追加到另外一个文本文件之后。在 UNIX 环境中，读者只需执行以下命令，便可以很轻松地实现例子中所需要的操作。

```
cat written.txt >> blank.txt
```

上述在 UNIX 环境下的操作，读者如何通过 R 编程语言来实现呢？

正如读者目前所知道的，所有的 R 语言实体可分为两大类。

- 对象。
- 函数。

这两类实体的交互方式通常是：创建对象，调用函数修改对象，创建新的对象，以及调用其他函数来合并这些对象。在 R 语言中实现上述交互的标准方式如下。

```
manipulated_object <- function(original_object)
more_manipulated_object <- another_function(manipulated_object)
even_more_manipulated_object <- one_more_function(more_manipulated_object)
```

上述标准交互方式中存在如下两点负面影响。

- 读者可能只对最后一个对象感兴趣，然而不得不创建中间对象，将其引入工作环境中或者稍后将它们丢弃。
- 每次赋值操作都需要给对象分配和保留空间，这可能会导致计算机内存空间不足，尤其是在处理大型数据集的时候。

仔细观察上述伪代码，读者很容易看出：第一个操作的输出会成为第二个操作的输入，第二个操作的输出会成为第三个操作的输入，这些操作被连接成一个特定的流程。如果存在一种有效的方式将它们连接起来，避免那些无用的赋值所造成的时间和空间消耗，不是更好吗？

这个时候，就需要用到%>%管道运算符了。该运算符告诉 R 语言解释器，将运算符左侧的输出当作右侧的输入。如果将这个强大的管道运算符应用到之前所介绍的伪代码中，生成的代码如下：

```
original_object %>% function() %>% another_function() %>%
one_more_function() -> even_more_manipulated_object
```

为了更加清晰地显示以上两种版本代码之间的关系，以及管道概念在 R 语言中的应用，本书尝试在图 2-1 中将两种版本代码的输入和输出一起体现出来。

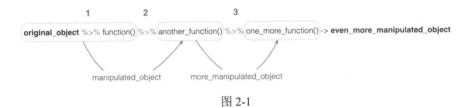

图 2-1

通过图 2-1，很容易理解：第一个管道运算符（用数字“1”表示）简单地将原始对象 original_object 作为参数传递给了 function()函数；第二个管道运算符（用数字“2”表示）将前一个函数处理后的结果（即第一种版本代码中出现的被操纵对象 manipulated_object）作为参数传递给了 another_function()函数；最后，第三个管道运算符（用数字“3”表示）将前一个函数处理后的结果（即接下来的被操纵对象 more_manipulated_object）作为参数传递给了 one_more_function()函数，并最终生成了读者需要的 even_more_manipulated_object 对象。

读者可以看出，这样的编码方式很简洁、很合理，至于这种管道风格的代码效率有多高，通过学习读者自会有判断。

既然读者已经了解了“R 语言工具背包”中的管道运算符，是时候进一步了解一下 dplyr 程序包了。

2.2.2 dplyr 程序包简介

正如标题所示，本小节仅仅是简要地介绍一下 dplyr 程序包。dplyr 程序包的主要用途是提供一种高效且一致的常规数据处理方法。

dplyr 程序包中通常会使用动词来表示一些操作。dplyr 程序包包含的 7 个主要的动词操作如下。

- filter()：根据指定的条件来过滤数据帧。
- arrange()：更改列的配置并对列中的值排序。
- select()：选择数据帧中的一列或多列。
- rename()：修改列的名称。
- distinct()：在一列或者整个数据帧范围内生成唯一值的列表。

- mutate()：给数据帧增加属性（列）。
- summarise()：根据给定的键值来聚合数据帧中的属性。

现在，读者无须深入了解 dplyr 程序包中的函数，因为在本书后文中会介绍相关内容并且会给读者提供练习机会。现在，只需将它们同数据帧、向量以及管道运算符一起放入"R 语言工具背包"中即可。

终于到了体验 R 语言强大功能的时候了，读者可以通过接下来的学习，了解自己的财务习惯。

2.2.3 安装必要的程序包并将个人数据加载到 R 语言环境中

作为 R 语言学习之旅的热身准备，请读者安装一些必要的程序包，并将程序包加载到 R 语言环境中。接下来请将读者的个人银行数据（或是本书补充材料中的实验数据）导入 R 语言环境中。

1. 安装并加载必要的程序包

在接下来的分析过程中，读者会使用到如下 3 个程序包。
- rio 程序包：用于数据导入。
- dplyr 程序包：用于数据整理。
- ggplot2 程序包：用于数据可视化。

读者应该知晓如何安装和加载这些程序包，因此，在查看下面的安装程序包命令之前，建议读者先尝试自行安装这些程序包。将这些必要的程序包安装到 R 语言环境中的代码如下：

```
install.packages("rio")
install.packages("dplyr")
install.packages("ggplot2")
```

读者需要完全加载 dplyr 和 ggplot2 程序包。而对于 rio 程序包，由于读者只使用其中的一个函数，所以不需要完全加载。其中，完全加载 dplyr 和 ggplot2 程序包的命令如下：

```
library(dplyr)
library(ggplot2)
```

要检查程序包是否被正确加载到 R 语言环境中，除了查看变量资源管理器外，读者还可以运行 search() 函数来查看。运行 search() 函数，控制台会输出当前的 R 语言环境加载的程序包：

```
search()

[1] ".GlobalEnv" "package:ggplot2" "package:dplyr"
[4] "package:stats" "package:graphics" "package:grDevices" "package:utils"
[8] "package:datasets" "package:methods" "Autoloads" "package:base"
```

读者可以看到，在 R 语言环境中加载了很多程序包。除了之前读者明确加载的 3 个程序包之外，运行 R 语言程序本身所依赖的其他程序包也被加载到了环境中，如 base 程序包和 utils 程序包。

2. 将数据导入 R 语言环境

R 语言社区一直在持续地开发不同的数据导入方式，以便将数据导入 R 语言环境。在 R 语言的学习之旅中，读者将使用 rio（R 语言输入输出）程序包所提供的功能。该程序包主要是为 R 语言环境提供不同数据的自动检测，以及导入不同类型文件的工具。

读者可使用 rio 程序包中的 import() 函数进行数据导入。该函数需要用导入文件的全名（包括文件的扩展名）作为参数输入。import() 函数会根据文件类型，自动使用相应的方式以及子函数将数据可靠地导入 R 语言环境。

请读者运行下面的代码来导入数据文件，并将函数执行后返回的结果数据帧赋值给 movements 对象：

```
movements <- rio::import(file = "data/banking.xls")
```

以上代码的解释如下。

- 赋值运算符"<-"定义一个名为 movements 的数据帧对象。
- rio:: 标记告诉 R 语言解释器只需加载冒号右侧的函数，而无须加载 rio 程序包中的其他函数。
- import(file = "data/banking.xls") 表示调用 import() 函数，将 banking.xls 文件的相对路径作为 file 参数传入。如果读者不知道如何在 R 语言中设置和获取路径，可以参考附录 A。

2.2.4　确定每月和每天的费用总额

读者已设法将数据导入了 R 语言环境，现在就可以开始分析读者的财务习惯了。首先，以读者的财务习惯中所存在的行为模式作为调查的起点，代码将会计算银行数据中每天和每月的支出总额和收入总额。

读者需要将数据集中的每笔交易按月份和星期几来进行分组。但读者可能注意到，数据集中并没有关于交易发生的月份和星期几的数据，数据集中只有交易的日期（data）、支出（expenditure）和收入（income）这几列属性。因此，读者需要完成的第一项任务就是从 data 列中推算出交易发生的月份和星期几。

推算工作可以通过调用 lubridate 程序包中的 month() 函数和 wday() 函数轻松完成。在安装了 lubridate 程序包之后，读者就可以通过调用前面介绍过的 dplyr 程序包中的

mutate()函数来实际动手操作了。

通过使用 mutate()函数，读者可以轻松地向数据帧中添加属性列，甚至可以通过操作数据帧的一个或多个属性列来派生出某个属性列。在当前的例子中，读者将调用 mutate()函数，从 date 列派生出 day_of_week 列和 month 列：

```
movements %>%
 mutate(day_of_week = wday(date_new)) %>%
 mutate(month = month(date_new)) -> movements_clean①
```

对于读者的目标（即确定每月和每天的费用总额）而言，上述代码非常恰当。该代码应用了本书一直在讨论的一些概念。

- 管道运算符：用于将前一个操作执行的输出结果传递给接下来的函数。
- mutate()函数：用于向 movements 数据帧中添加新的属性列。
- 赋值运算符：用于定义一个名为 movements_clean 的新对象。

如果读者想查看这段代码的输出，只需要在 movements_clean 对象上运行 head()函数即可。head()函数运行后会显示数据帧的前 6 行数据（读者可指定一个参数 n 来设置想要查看的行数）。在执行 head()后，输出的数据帧如表 2-4 所示。

表 2-4

date	expenditure	income	date_new②	day_of_week	month
03/10/16	366.50	0.00	03/10/16	2	10
04/10/16	250.00	0.00	04/10/16	3	10
04/10/16	8.27	0.00	04/10/16	3	10
04/10/16	9.90	0.00	04/10/16	3	10
05/10/16	8.00	0.00	05/10/16	4	1

接下来的任务是什么呢？读者需要为数字添加一些标签，为后续进行数据可视化做准备。读者要采取一个直接的策略来执行此任务，即创建一个解码表（即 week_decode 表），并将解码表与 movements 表合并。请读者执行以下命令来创建 week_decode 数据帧：

```
week_decode <- data.frame(
 day_of_week = c(1:7),
 name_of_the_day = c("sunday", "monday", "tuesday",
 "wednesday","thursday","friday","saturday" ), weekend =
 c("weekend","workday","workday","workday","workday","workday","weekend")
 )
```

---

① 原书有误，date_new 应该为 date。——译者注
② 原书有误，应该没有 date_new 列。——译者注

上述代码里没有什么特别之处。读者只需注意语句 c(1:7)，该语句创建了一个从 1 到 7 的序列，相当于：

```
c(1,2,3,4,5,6,7)
```

对此还有一种方法，并且该方法实际上是最灵活、最合适的，那就是使用 seq()函数。基于当前目的，读者可采用如下方式进行函数调用：

```
c(seq(from = 1, to= 7, by = 1))
```

一旦完成解码表的创建，读者就可以继续进行合并操作，通过调用 merge.data.frame() 函数来完成数据帧的合并：

```
movements_clean <- merge.data.frame(movements_clean,week_decode, by =
"day_of_week")
```

merge.data.frame()函数被专门设计来执行两个数据帧的合并。读者可以轻松地将该函数应用于当前的两个数据帧，因为在这两个数据帧中，键列的名称相同。如果两个键列的名称不相同，函数中应该指定两个不同的参数，对于第一个数据帧，将参数指定为 by.x；对于第二个数据帧，将参数指定为 by.y。作为数据帧合并的替代方式之一，读者可以直接调用 dplyr 程序包中的 inner_join()函数，该函数需要的参数同 merge.data. frame() 函数需要的参数完全相同。

读者需要的数据集终于准备好了，现在是时候对它们进行汇总了！

先要理解如何汇总数据，想象一下如何手动汇总数据。读者可能会将记录按照属性进行分组，例如按费用产生的月份这一属性进行分组，然后计算每一组中的费用总和。

以上所描述的手动操作过程，也正是 dplyr 程序包执行数据汇总的工作原理。请读者对数据进行如下处理：

```
movements_clean %>%
```

按照月份进行分组：

```
group_by(month) %>%
```

然后求和：

```
summarise(number_of_movements = n(),
 sum_of_entries = sum(income, na.rm = TRUE),
 sum_of_expenses = sum(expenditure, na.rm = TRUE)) -> monthly_summary
```

就这么简单吗？读者应该注意，执行上述操作需要一个小技巧，那就是读者的数据必须整洁。数据整洁不是玩笑话。整洁的数据就是遵循精确的框架规则的数据，它可以简化数据加工调整和数据可视化操作。本书将在第 4 章中详细介绍整洁数据。目前需要读者记住的是，并非所有类型的数据都可以通过这种方式进行处理，因此需要读者对采用 group_by()函数进行操作的数据把好关。

通过在 monthly_summary 数据帧上调用 View()函数，来查看一下读者到目前为止所完成的工作成果，如表 2-5 所示。

表 2-5

month	number_of_movements	sum_of_entries	sum_of_expenses
10	44	2036.63	12904.03
11	55	205335.55	21264.13
12	71	3755.37	21625.91

以上 View()函数的输出正是读者想要获得的数据透视表。显然，读者可以开始查看当前所获得的数据，并尝试了解在哪些月份产生的费用最多。但是建议读者再多等一会儿，因为通过数据可视化操作，读者可以轻松地完成这一任务。

读者可以通过创建基于一周中每一天的费用汇总，来进一步掌握所学到的知识。那该怎样做呢？先花几分钟时间，将想到的做法记录在个人计算机上，然后动手操作。对一周中每一天的费用做汇总，除了使用 name_of_the_day 列变量（而不是 month 列变量），其他部分实际上与月度汇总非常相似：

```
movements_clean %>%
  group_by(name_of_the_day) %>%
  summarise(number_of_movements = n(),
  sum_of_entries = sum(income, na.rm = TRUE),
  sum_of_expenses = sum(expenditure, na.rm = TRUE)) -> daily_summary
```

再一次通过在新生成的 daily_summary 数据帧上调用 View()函数，来查看一周中每一天费用的汇总结果，如表 2-6 所示。

表 2-6

name_of_the_day	number_of_movements	sum_of_entries	sum_of_expenses
friday	30	1392.33	10001.36
monday	55	0.00	5670.62
saturday	2	1300.00	850.38
sunday	3	0.00	470.61
thursday	22	141686.63	13051.44
tuesday	37	66748.59	2207.12
wednesday	21	0.00	23542.54

读者看到的结果，正是当前操作所寻找的基于一周中每一天汇总的收入和支出。汇总数据非常简单，不是吗？读者的 R 语言学习之旅才刚刚开始，但是读者已经拥有了一些强大的 R 语言工具，从 R 语言的基础数据结构到 R 语言的有效数据汇总。现在应该为读者的分析添加一些新工具了，即数据可视化。

2.3 使用 ggplot2 程序包对数据进行可视化

本书不对数据可视化的原理和技术进行全面而详尽的解释，但通过本节内容，读者将学习到这一强大学科的基本要素，并且学习如何将 ggplot2 程序包应用到读者的数据上。

2.3.1 数据可视化基本原则

在处理数据可视化时，通常情况下都应该从最终目标出发，找出实现数据可视化的最佳方式。数据可视化的主要目标是有效地传达给定数据集中所包含的洞察，本书将对此做出详细说明。数据可视化的重点不是展示读者所应用的数据可视化软件能够做些什么，也不是使用花哨的可视化输出来给人留下深刻印象。这是显而易见的，但是当看到"给图表添加霓虹灯"的选项时，读者很难不去注意它。

因此，在处理数据可视化时，掌握一些强有力的原则，并尽可能地坚守这些原则是非常重要的。力求详尽并非本书的目标，本书的目标是让读者在每个设计良好的数据可视化处理中体会到以下 3 个原则。

- 少而精。
- 并非每种类型的图表都适合于所要传达的信息。
- 慎重选择颜色。

1. 少而精

这一简单的、在某种程度上反直觉的原则，是著名设计师迪特尔·拉姆斯（Dieter Rams）的设计理念之一。他因工业设计杰作而出名，他的设计的特点是将极简的外观与无与伦比的功能相结合。看到他所设计的手表或电动剃须刀（如图 2-2 所示）时，人们会惊讶于其形状的简洁和精练。使用他所设计的产品，人们会发现其工作方式非常完美，每一处设计细节似乎都是为了满足产品的通用目的。

这怎么可能实现呢？怎么可以通过删除（而不是添加）功能和组件来创造功能齐全的产品呢？这可以通过遵循本原则的第二部分"精"来实现。

图 2-2

迪特尔·拉姆斯的理念是围绕产品展开工作并找出产品的意图，决定产品的哪些组件是必不可少的、哪些组件是可以删除的。该原则的重点是专注于必要组件。当删除了附加组件，必要组件就会清晰地呈现出来。

如何将这种理念应用到数据可视化中呢？读者可以通过观察图 2-3 来回答这个问题。

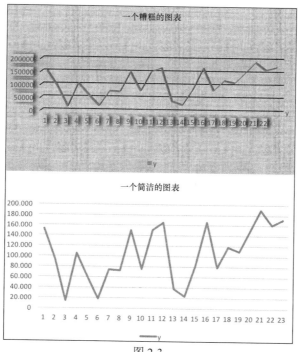

图 2-3

希望读者能够判断出哪一张是糟糕的图表(如果判断不出,请参看图表上方的标题)。让我们关注第一张图表,看看为何这张图表是糟糕的。

这两张图表显示的数据是完全相同的。但是通过第二张图表,读者能够立即关注到相关内容,即平滑的增长趋势。而在第一张图表中,却有着突出的背景、无意义的阴影以及毫无用处的 3D 效果。

为什么人们的大脑不能仅关注第一张图表中的相关内容,而忽略掉其中显露出的无用细节呢?这是因为人们的大脑会尝试对眼前所见的内容形成一个整体感知,但它无法立即处理所有的信息。更多详细信息,请参考 2.4 节中所提供的内容。人的大脑无法立即专注在增长趋势上,它会首先环顾图表,观察背景、阴影以及 3D 效果。

可以确定的是,如果观众面对这样的图表,他们会记住图表。但是同样可以确定的是,观众不会记住图表中的主要信息,即增长趋势。

因此,读者要遵循“少而精”的原则。在创建图表时,不要只简单地向图表中添加所有可以被添加上去的元素,而要专注于传达信息这一必要诉求。在图表的时间横轴的日期数字上,需要设置垂直的网格吗?很可能不需要,因此读者可以删除该网格。有充分理由要将 y 轴上的数字标签加粗吗?很可能没有,因此读者应该把 y 轴上的标签设置得像 x 轴上的标签一样简单。专注于传达信息这一必要诉求可能需要一些练习,但是能够做到专注于数据可视化中真正相关的内容,将会极大地改善图表的外观和提高图表的有效性。

2. 并非每种类型的图表都适用于所要传达的信息

如前面所述,数据可视化的主要目标是有效地表示和传达从给定数据集中所获得的洞察。正如读者在“少而精”原则部分所看到的,做法涉及从图表中删除无意义的元素。有效地表示和传达洞察还包括选择适当的图表类型。每种类型的图表都有其自身的描述方式,如果想提高数据可视化的有效性,就必须了解这些描述方式。

散点图

散点图是二维空间中最基本的数据可视化形式,如图 2-4 所示。散点图由单个的点组成,每个点代表一对 x-y 坐标。虽然散点图是很基本的形式,但是这种表现形式非常强大,特别是在突出两种不同现象之间的关系方面。如果这就是读者的目标,那么请读者尝试在 x 轴上表示其中一种现象,在 y 轴上表示另一种现象。

折线图

折线图是使用一条线将每个数据点连接起来的图表,如图 2-5 所示。这种类型的图表可以用来可视化与时间相关的现象,其中,x 轴通常用来表示时间。

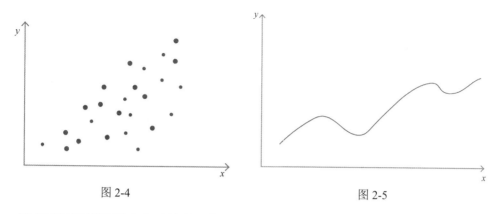

图 2-4　　　　　　　　　　　　　　　图 2-5

读者可以用折线图来表示给定现象随时间的演变情况，并且通过针对不同组的数据点添加额外折线的方式，折线图还可以比较两个或多个现象随时间的演变。

条形图

通过向基本的点图添加条形或者线条来构建条形图，即将每个点与该点在 x 轴上的投影连接所构成的图形。当需要在 x 轴表示分类变量的不同取值（例如一项调查的可能答案），在 y 轴表示针对该调查所给出的每个答案的出现次数时，这种图表会非常有效。

一般来说，在呈现不同现象的静态表征之间的对比时，条形图会是最佳选择，如图 2-6 所示。

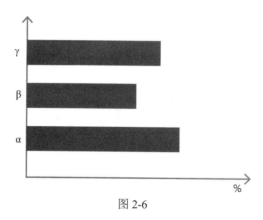

图 2-6

除非要在图表中呈现很多条形，否则最好的方式是将条形图水平放置（而不是垂直放置）。其原因是：在比较条形长度时，人类大脑更擅长比较水平条形的长度，而不是垂直条形的长度。

其他高级图表

利用上述这些基本图表，读者几乎可以制作出各种数据可视化图表。许多更高级的数据可视化图表就是由前面讨论过的基本图表组成的。

- 气泡图是一种点图,其中,点的大小与第三个值相对应,因此图中的每个点都对应存在着 x、y 和 z 这 3 个值构成的向量。
- 面积图是一种折线图,被填充的直线分界和数轴部分的区域用于突出显示 y 值所代表的数量。
- 马赛克图是按照变量的顺序及其比例生成并布置在画布上的图块。

3. 慎重选择颜色

在日常生活中,颜色起着非常重要的作用。颜色可以帮助我们辨别美味的水果和无法食用的食物;可以提醒我们注意潜在的危险;或是让我们沉醉于晚霞的美。作为人类,我们所看到的颜色总能引起我们的关注(甚至是无意识行为),并且我们总是会赋予颜色以意义。这就是在数据可视化过程中,人们不能忽略选用何种颜色的原因。接下来将简要地讨论如何通过使用颜色来简化人们对数据可视化所传达信息的理解。

关于色彩的理论知识——色环、色调和亮度

关于色彩的各种理论层出不穷,但这些理论都有着一些共同的特征,具体如下。

- 色环。
- 色调。
- 亮度。

色环:用来显示所谓的三原色(青色——一种蓝色、品红色——红色、黄色),以及其他颜色之间是如何关联的一种非常方便的方式,如图 2-7 所示。

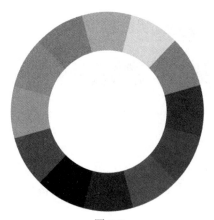

图 2-7

根据色环,可以定义两个相关概念:色调和互补色。

色调：在色彩理论中，色调即人们通常所说的颜色。例如，在图 2-7 所展示的色环中，每一个单独成分都可被看作不同的色调。对于任一给定的色调，都能看到人们称之为色度（色彩的浓淡深浅）的部分。但是要如何才能获得色度呢？只需要在主色调上添加黑色或者白色即可。

比如，图 2-8 所示的"毕加索的自画像"主要由基于蓝色色调的不同色度组成。

图 2-8

互补色：相邻放置时会形成高度对比的成对颜色。关于如何定义互补色，存在着不同的理论。传统的互补色罗列如下。

- 红色—绿色。
- 黄色—紫色。
- 蓝色—橙色。

这很有趣，不是吗？在数据可视化时，读者要如何利用这些理论呢？基于刚刚所学的内容，让我们利用下面的例子，来了解在使用颜色时需要遵守的两个简单但强大的规则吧！例子中将用到一组记录，每个记录都包含 3 个不同的属性。

- 数值属性 x。
- 数值属性 y。
- 分类属性，从 A 到 D。

规则一：对不同分类的数据使用互补色。相同色调但不同色度可以显示和传达共性，互补色可以传达不同数据组之间的差异。如果读者要表示一个给定属性的不同类别的记录数据，可以使用互补色来突出显示不同类别数据之间的差异，如图 2-9 所示。

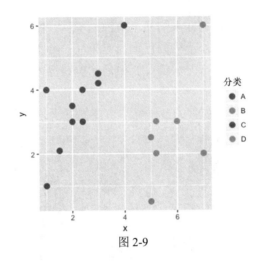

图 2-9

规则二：对于同一分类的数据，使用具有不同色度的相同色调。当处理同一组相关的数据时，比如与一个国家的区域相关的时间序列数据，展现区域共性的一种比较好的方式就是使用具有不同色度的相同色调。这种方式能够及时、有效地传递共性，并轻松地将这个组与其他组区分开来。

图 2-10 所示是关于上述两个规则概念的一个示例。读者会注意到，即使对表示的数据不了解，读者也会倾向于分类 A 和分类 C 在某种程度上是相似的；同样，分类 B 和分类 D 在某种程度上也是相似的。

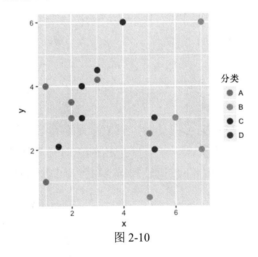

图 2-10

2.3.2 使用 ggplot 进行数据可视化

现在，终于轮到学习 R 语言中的另一个强大的工具 ggplot2 程序包，并且将其放置读者的"R 语言工具背包"里的时候了。ggplot2 程序包是 R 语言中最有名的程序包之一，该程序包在短时间内便获得了在 R 语言中执行数据可视化操作的标准程序包的地位。就像每位良好的继承者一样，ggplot2 程序包利用了其父辈 plot()函数的"遗产"。设计 ggplot2 程序包的目标是充分利用 R 语言所提供的强大图形环境。ggplot2 程序包是在利兰·威尔金森（Leland Wilkinson）开发的图形化语法的逻辑框架内实现的。

在本小节中，读者将完成以下任务。

- 简单了解一下图形化语法。
- 了解如何将图形化语法应用于 ggplot2 程序包。
- 使用 ggplot2 程序包来可视化读者之前汇总的结果。

1.　图形化语法简介

图形化语法是一种以声明方式思考图形的方法，该方法为读者提供了一种用于设计图表主要组成部分的简便方式，就像读者习惯于使用单词来撰写语句一样。

图形化语法的主要组件如下。

- **数据**：要绘制的实际变量。
- **美学**：绘制数据的尺度。
- **几何图形**：用于表示数据的形状。
- **小平面**：子图的行和列。
- **统计**：统计模型和汇总。
- **坐标**：正在使用的绘图空间。

2.　图形的分层语法——ggplot2 程序包

读者要如何操作才能将刚刚读入 R 语言环境的数据进行图形化转换呢？这时，就需要用到读者所敬爱的哈德利·威克姆开发的 ggplot2 程序包了。哈德利·威克姆曾学习过 R 语言的创作者（伊哈卡和金特尔曼）所授的课程。通过分层绘图，ggplog2 程序包将图形化语法的强大功能和简单逻辑带入了 R 语言的世界。每个 ggplot 图形实际上都至少由以下两个编程组件构成。

- ggplot(data = data, aes())：指定数据层和美学层。
- geom_whatever()：遵循 aes()层中给出的规范，引入用于表示数据层中数据的形状。

以上两个组件是 ggplot 绘图中所需的最小组件集合。通过图 2-11 可以看出，由于笛卡儿坐标是自动选择的，因此可以叠加设置更多隐含层。

此处需要强调的是：如果没有指定其他美学层，那么在调用 ggplot()函数之后对每个 geom 几何图形函数的调用中，都将继承该 ggplot()函数调用中所传递的美学层。

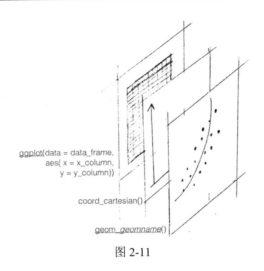

图 2-11

3. 使用 ggplot2 程序包可视化银行账户变动情况

现在就请读者自己动手实践数据可视化。读者要执行的是展示之前所汇总的数据，并利用 ggplot2 程序包的数据可视化来获得有关读者财务习惯的一些新洞察。

可视化一周中每天的银行账户变动次数

作为准备工作，读者首先可视化每天的银行账户变动次数。读者需要从 daily_summary 数据帧开始执行可视化操作。具体该怎么做呢？首先，需要选择正确的图表类型。请查看 2.3.1 节中的内容，并思考哪种类型的图表可以作为当前绘图的最佳选择。

由于读者要在分类变量的不同取值（星期几）中比较相同属性的值（银行账户变动的次数），因此读者进行可视化操作的最佳选择是条形图。

使用 ggplot 绘制条形图，都需要调用哪些函数呢？

- ggplot() 函数，调用时需要传入以下参数：
  - ◆ daily_summary 数据帧对象——作为 data 参数的值；
  - ◆ name_of_the_day 和 number_of_movements——分别作为美学层中 x 轴和 y 轴的取值，并且分别在 x 轴和 y 轴上进行表示。
- 作为几何图形函数的 geom_bar() 函数，调用时通过将其 stat 参数设置为 identity，指明不必为被指定为美学层的数据进行统计计算。

利用众所周知的管道运算符，读者可以编写如下绘图代码：

```
daily_summary %>%
 ggplot(aes(x = name_of_the_day,y = number_of_movements)) +
 geom_bar(stat = 'identity')
```

在执行上述代码后，新生成的数据可视化结果如图 2-12 所示。

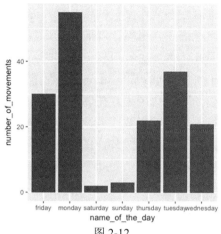

图 2-12

很显然，星期一是账户变动次数最多的一天，而周末的时候，读者通常在休息（账户变动次数少）。通过将条形图旋转 90°，可以轻松地提升图表中信息的清晰程度。旋转图表可提高图表的可读性——因为相对于垂直的条形图，人们更容易对水平条形图中条形的长度进行比较。为了对代码所生成的条形图进行旋转，读者认为需要对哪一层进行操作呢？读者可能倾向于"几何图形层"。这个答案是"错误的"，因为确定条形图在画布上的方向，所需操作的图层是坐标层。读者可以在生成条形图的代码之后添加一个 coord_flip() 函数调用，来显示旋转后的水平条形图（见图 2-13）：

```
daily_summary %>%
ggplot(aes(x = name_of_the_day,y = number_of_movements)) +
geom_bar(stat = 'identity') +
coord_flip()
```

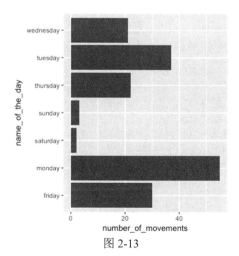

图 2-13

坦白地说，只是了解读者在一周中某天的银行账户变动次数，并不是当前所进行的财务习惯调查的一个重点。在周末，虽然读者的银行账户变动次数更少了，但是如果所发生变动的金额更大呢？因此，读者进行可视化操作时，应该在银行账户变动次数信息的基础上，添加已经存在于每日汇总 daily_summary 数据帧中的变动金额信息。

请读者思考一下要输出的可视化图表，在图表中，读者想要展示什么内容呢？要展示：一周中任意一天的银行账户变动次数，以及所有变动次数所对应的资金总额。因此图表中包含一个 x 变量和两个 y 变量。此外，图表中可能需要两个几何图形层，一层用于表示账户变动的次数，另一层用于表示变动所对应的资金总额。

要显示上述信息，比较简练的一种方式是：绘制一条与一周内每一天的账户变动次数成比例的线段，并在这条线段的上方放置一些与这些变动所对应的金额成比例的点。在代码中，可以通过使用两个新的几何图形函数来绘制所需的图表，这两个函数是 geom_linerange() 和 geom_point()。

geom_linerange() 函数需要指定在坐标系的何处开始线段的绘制，即每个 x 变量所对应的 y 变量的最小值，以及在坐标系的何处停止线段的绘制。

geom_point() 函数会为数据中找到的每个 x-y 坐标对绘制一个点。该几何图形函数的一个相关特性就是：能够将点的大小映射到在 ggplot() 函数调用中所指定的数据帧中可用的另一属性的值。例如，读者可以将点的大小映射到进行交易当天的时刻，随着当天时间的推移，点会越来越大。

在当前的数据可视化中，读者要将以下规范传给几何函数。

- 将线段范围 y 的最小值设置为 0，因为读者希望每条线从 0 开始。
- 将线段范围 y 的最大值设置为任何 x 值所对应的银行账户的变动次数。
- 每个点的大小与在一周中任意给定的某天的银行账户变动金额的平均值成比例。

最后，通过代码添加标签，输出任意给定某天的银行账户变动的平均金额。这是通过在 ggplot() 函数调用中另外指定一个名为 label（标签）的美学层参数以及添加一个 geom_text() 函数来实现的，具体如下：

```
daily_summary %>%
 ggplot(aes(x = name_of_the_day, y = number_of_movements, label =
number_of_movements)) +
 geom_linerange(aes(ymin = 0, ymax = number_of_movements)) +
 geom_point(aes(size = (sum_of_entries +
sum_of_expenses)/number_of_movements))+
 geom_text(nudge_y = 1.7)+

coord_flip()
```

运行上述代码，得到可视化输出结果如图 2-14 所示。

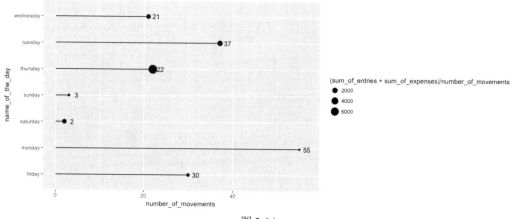

图 2-14

在对银行数据的可视化分析结果发表评论之前，请读者先回顾一下刚刚执行的代码：这一段代码的量并不少，但这不过是学习使用 R 语言进行数据挖掘分析的热身而已！

图 2-13 清晰地表明，在周一读者的银行账户变动次数是最大的，但是这一天发生的银行账户变动的平均金额很小。在周四发生的银行账户变动的平均金额最大。难道读者在周四有经常性的开支吗？这需要进行进一步的分析，因此请大家将注意力转回到原始数据上。

2.4　更多参考

- 大脑的可视化进程：由 Morgan Kaufmann 出版，Ware、Colin 编著的 *Information Visualization*（第 3 版）。
- Joseph Alber 编著的 *Interaction of Color*——关于色彩理论的最伟大图书之一。
- Hadley Wickham 和 Springer-Verlag 撰写的 *ggplot2: Elegant Graphics for Data Analysis*。

2.5　小结

读者感觉到身上的"R 语言工具背包"变得越来越重了吗？学习本章内容，对扩展读者的 R 语言知识有着很大的推动作用。在第 1 章中，读者仅仅了解了如何使用 R 语言输出"hello world"。学到这里，读者已经可以从真实的银行数据中发现有帮助的洞察了。

通过本章的学习，读者可掌握如下内容：

- 在 R 语言的基础版本中安装其他程序包。
- 将数据导入 R 语言环境。
- 使用 R 语言创建数据透视表。
- 通过数据可视化技术发现并展示信息。
- 使用 ggplot2 程序包绘制数据图表。

作为本书作者，我很想在第 3 章加快读者的学习进度，恨不得立即向读者展示如何使用强大的 R 语言工具来实现数据挖掘算法。但是，我们必须谨慎、坚定地打好 R 语言基础，只有这样，我们才能稳健地掌握 R 语言技能。因此第 3 章将带领读者学习如何使用 CRISP-DM 方法来组织并实施数据挖掘项目。

也就是说，如果读者喜欢激进的学习方法，想加快学习的进度，就可以选择直接跳转到第 4 章进行学习。

第 3 章　数据挖掘进阶——CRISP-DM 方法论

前进至此，读者的"R 语言工具背包"中已经装满了令人激动的工具：有了 R 语言，也有了 R 语言开发平台。此外，大家还知道了如何使用这些工具有效地汇总数据。并且，最终掌握了如何有效地表示数据的相关信息。然而，如果真的突然出现了需要处理的数据挖掘问题，该如何面对呢？假如第二天读者来到办公室，老板交代了一项任务："对了，你可以对我们的数据使用神奇的 R 语言了，先对我们客户数据库中的数据进行数据挖掘吧，让我看看你要怎么做。"好吧，也许这个假设有些过于随意，但是通过此项任务，读者明白了一点，自己还需要再获得一样工具，类似于面对数据挖掘问题时所需要的一个结构化过程。

当时间和资源有限时，要确保数据挖掘活动成功，关键的一点是要拥有精心设计、可以帮助达成目标的步骤。因此，读者可能想知道，是否存在关于如何进行数据挖掘活动的一些"黄金法则"呢？实际上在 1996 年前后，基于一些主导产业在数据挖掘方面的经验，该黄金法则便已形成。

从那时起，基于该黄金法则的方法论已被拓展到几乎所有主要行业，并且被认为是目前数据挖掘领域的最佳实践。这也就是在学习数据挖掘之初，便要求读者学习该方法论的原因，目的是借助行业顶级人员的做法来规范读者的数据挖掘行为。

在深入介绍本章的内容之前，先对本章与本书整体流程的关联做一下说明。本章中涉及的理论性概念，全部会在后文中全面展开讲解，尤其是以下几个概念。

- 业务理解：第 5 章。
- 数据理解：第 5 章和第 6 章。
- 数据准备：第 5 章和第 6 章。
- 建模：第 7～12 章。
- 部署：第 13 章。

此外，读者需要了解的是，接下来将以在本章所学到的方法论作为工具，将其用于处理贯穿本书的数据挖掘问题。在完成本书的阅读之后，读者将经历一场由始至终、基于真实场景的数据挖掘项目的完整体验。

在完成了必要说明之后，接下来带领读者了解什么是数据挖掘标准流程（CRISP-DM）。

3.1　CRISP-DM 方法论之数据挖掘周期

CRISP-DM 方法论将分析活动视为一组可重复执行直至获得满意结果的周期性阶段。因此 CRISP-DM 方法论各阶段通常用于表示一个从业务理解到部署的周期，具体如图 3-1 所示。

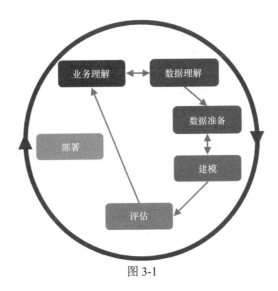

图 3-1

正如图 3-1 所示，该周期由 6 个阶段组成。

- 业务理解。
- 数据理解。
- 数据准备。
- 建模。
- 评估。
- 部署。

上述 6 个阶段是人们对 CRISP-DM 方法论的抽象理解，意味着该方法论可以应用于所有的数据挖掘问题。另外，作为上述通用模型和特定数据挖掘项目之间的连接，还存在如下 3 个更加具体的层级。

- 通用任务。
- 特定化任务。
- 流程实例。

位于 6 个阶段中的每一个层级上的所有组件，都可以映射到上述 3 个具体层级的某个组件上。因此在处理特定的数据挖掘问题时，既可以采用"自上而下"的方法，也可以采用"自下而上"的方法。读者将在本章的最后一节中看到具体示例。

3.2 业务理解

这是一个经常会被低估的阶段，然而鉴于它对其他所有阶段所具有的决定性作用，读者应该慎重对待。在业务理解阶段，需要从根本上回答以下两个问题。

- 产生数据挖掘问题的业务的具体目标是什么？
- 该项目对应的数据挖掘目标是什么？

对以上两个问题中的任何一个给出错误答案，都将会导致数据挖掘活动生成与业务无关的结果，或者无法从根本上解决问题。

在业务理解阶段，先要了解客户的需求和具体目标，客户的具体目标也就是项目的具体目标。读者可通过客户访谈和技术文献来收集信息，最终确定一个项目计划，该计划用于明确数据挖掘目标以及阐述要如何实现该目标。

项目计划应该是可以进行修改的。因为在后续阶段中，读者通常会采纳新的或者更精确的方法来实现数据挖掘目标，而这势必会导致项目原有计划执行过程的反复，进而导致项目计划的修改。

此外，读者还需要在项目计划中列出所有相关的资源，包括技术资源（硬件、软件和其他类似资源）以及人力资源。

3.3 数据理解

在明确了数据挖掘活动的目标和数据挖掘项目的成功标准之后，读者就可以开始为项目收集相关数据了。读者应该在何处收集数据呢？当然是在项目计划的资源列表里。因此这一阶段的首要任务是：从资源中获取相关数据。

3.3.1 数据收集

数据的可复制性是在数据收集活动中需要遵守的核心原则。读者应该仔细记录数据收集阶段所采用的所有步骤和标准，以便第三方及读者自己（如果需要）可以复制数据。此阶段的典型输出是关于数据收集的内容，内容中列出了数据收集的步骤和用于过滤收集数据的条件。

使用 R 语言进行数据收集

如果读者打算使用 R 语言处理数据挖掘项目（基于读者阅读本书而给出的结论），数据收集阶段的主要工作内容包括：从原始数据源下载数据，并将数据导入 R 语言环境。

虽然上述描述文字非常简短，但是其中却隐含着各种各样的数据收集活动以及 R 语言社区所提供的用于执行各种数据收集活动的各种工具。本书会尝试对这些数据收集活动及工具进行简要总结，具体参见接下来段落中的介绍。欲了解有关如何与数据源建立连接的更全面的知识，读者可以参阅第 4 章。

（1）**从 TXT 文件和 CSV 文件导入数据**

针对此目的，读者可以使用传统的 read.csv()函数，也可以使用 2.2.3 节介绍过的 import()函数。

（2）**从已结构化为表的不同格式文件中导入数据**

在这里，将要讲解如何从诸如.STAT 和.sas7bdat 这样格式的文件中进行数据收集。对于这些文件，应该调用 import()函数，而不是 read.csv()函数或 read.txt()函数，因为后两者无法对这些格式的文件进行读取。如果出现任何问题，读者总是可以通过将.STAT 格式和.SAS 格式的数据文件下载为.csv 格式的数据文件，然后应用之前所提到的 read.csv()函数，将数据导入 R 语言环境。

（3）**从非结构化数据源导入数据**

如果读者的数据来源于网页，那应该怎么办呢？不用担心，在这种情况下，也有一些提供数据导入支持的工具软件可以使用。在技术层面上，当前所讨论的数据涉及网络抓取活动。网络抓取技术超出了本书讲解的范畴，因为本书只是 R 语言入门级别的图书。

3.3.2　数据描述

数据描述是一个涉及仅对所收集到的文件类型和数据结构进行描述的正式活动。读者应该探究并描述数据的以下属性。

- 文件类型。
- 数据属性。
- 需求满意度。

关于文件类型的描述，还涉及针对文件互操作性的考虑。从实际的操作细节来看，读者应该知道所收集到的数据在数据描述任务中是否能够协同工作。打个比方，读者收集了一些.STAT 格式文件的数据和一些.sas7bdat 格式文件的数据，那么能在不更换编程语言的情况下使用这两种格式文件的数据吗？除了该问题本身的答案（读者可以将 SAS 数据读入 STATA 软件，反之亦然，甚至可将这两种格式的数据都读入 R 语言环境），这个例子还说明了在数据描述任务中，读者需要判断数据的可操作性。

如何使用 R 语言进行数据描述

在 R 语言环境中，读者可以通过调用 Hmisc 程序包中的 describe()函数或者 R 语言基础版本中的 str()函数来轻松地执行数据描述任务。这两个函数都可以通过列出数据的属性、属性变量的取值范围来描述数据。

此外，如果需要进行文件类型转换，读者可以随时使用 2.2.3 节介绍过的 rio 程序包，并调用函数 convert()。该函数会将 file.xlsx 文件的全路径名及最终想要的转换后的文件路径名（比如 file.sas7bdat）作为输入参数，并且能够自动地推断读者想要转换生成的文件格式。

3.3.3 数据探索

既然读者已经在个人计算机上生成了数据，怎能忍住冲动不去看一眼呢？而这也是数据探索任务的意义所在：动手处理数据，获得对数据清晰的描述性认识。然后，读者便可以回答以下问题。

- 表中是否存在分类数据？
- 在进行的分析中，需要处理的最大记录数量是多少？
- 变量中的最大值、最小值和平均值是多少？
- 变量中的数据是否存在不对称情况？

在数据探索阶段，可使用的工具包括：用于诸如平均值、中位数和四分位数等值的汇总统计技术，以及用于诸如箱线图、直方图等图表的探索性数据分析技术。通过阅读接下来的段落，读者可以获得有关在 R 语言中如何使用这些工具的更多详细信息。

R 语言中的数据探索工具

毫无疑问，R 语言基础版本包含进行数据探索分析所需的全部工具。接下来，请看一些主要的函数。

（1）summary()函数

应用 summary()函数查看数据分布是一种非常简单的方式。读者只需要将正在处理的数据帧传递给 summary()函数，就可以得到针对每一列的如下汇总统计值的输出。

- 最小值。
- 第一四分位数。
- 中位数。
- 平均值。
- 第三四分位数。
- 最大值。

例如，请读者尝试将此函数应用于 ToothGrowth 数据集，该数据集是 R 语言的内置数据集之一（如果读者想要找到更多的数据集，只需在控制台中运行 data()函数）：

```
summary(ToothGrowth)
      len           supp         dose
Min.   : 4.20   OJ:30   Min.   :0.500
1st Qu.:13.07   VC:30   1st Qu.:0.500
Median :19.25           Median :1.000
Mean   :18.81           Mean   :1.167
3rd Qu.:25.27           3rd Qu.:2.000
Max.   :33.90           Max.   :2.000
```

如读者所见，在函数输出中，读者可以找到针对每个变量（len、supp、dose）的汇总统计值的描述。最后需要说明的一点是：由于 supp 变量是分类变量，summary()函数会找到在记录中出现的对应该变量的两个不同的取值（即 OJ 和 VC），以及它们各自在记录中出现的频率（频率均为 30）。通过一个函数，就可以获得很多汇总统计信息，不是吗？

（2）箱线图

一次性汇总关于总体变量属性的大量信息时，可以采纳另一种方法，即针对每个变量创建一个箱线图。顾名思义，箱线图就是带有方框的图表。通常情况下，其重点是方框中的内容。在图 3-2 的方框中，读者会发现其中分布着总体的 50%。此外，方框中还包含一个点，该点强调了总体分布的平均值/中位数。

如读者所见，箱线图实际上传达了一组完整的信息。在箱线图的内部和四周，可以找到以下信息内容（按照"从左到右"的顺序）。

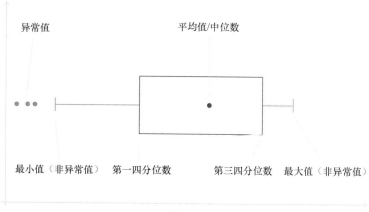

图 3-2

- **异常值**：可被描述为散落在总体数据典型取值范围之外的值，并且该值可以通过使用不同的绝对阈值找到。例如，可以通过"四分位距"乘一个"特定的数"来找到异常值。在本书的后面，读者会看到，异常值都是相关的值。由于异常值能够影响到统计模型，因此有时候需要将其从模型中删除。

- **最小值和最大值**：可用于标记典型分布（即不包含异常值的分布的那个部分）的下限和上限。

- **第一四分位数和第三四分位数**：分别显示总体分布的 25% 的数值点和 75% 的数值点。比方说，一个有 1200 条记录的总体，它的第一四分位数等于 36，也就是说有 300（1200×0.25）条记录的值小于或等于 36。第一四分位数和第三四分位数是相关的，因为通常通过这两个指标来检查总体中真正具有代表性的值。这两个值也用于计算四分位距（第三四分位数–第一四分位数=四分位距），而四分位距则代表总体分布中数值的典型变化范围，即总体样本的 50% 的主要范围。

- **平均值/中位数**：这两个指标都可以对总体进行概括。相较于平均值，中位数更加稳定，更不易受异常值的干扰。因此，当总体内存在相关异常值时，常常使用中位数对总体进行概括。

在 R 语言中，读者可以使用 boxplot() 函数轻松地生成箱线图。鉴于读者已经习惯了使用 ggplot() 函数，因此有必要指出，ggplot() 函数也可以用于方便地绘制箱线图，具体如下：

```
ggplot(data = ToothGrowth, aes(x = supp,y = len))+ geom_boxplot()+
coord_flip()
```

上述代码获取 ToothGrowth 数据集，并为 x 的每一个值绘制箱线图。x 是我们之前提到的分类变量 supp。每个箱线图将汇总与给定的 x 值相关联的 len 属性的分布。在实际运行代码时，使用 geom_boxplot()函数来绘制图表，该函数会继承 ggplot()函数的 x 值和 y 值。最后，代码会将箱线图旋转，因为人们发现将箱线图水平放置时，能够更好地比较其长度。

上述代码段生成图 3-3 所示的箱线图。

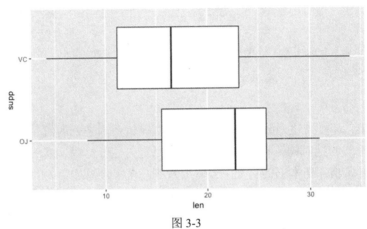

图 3-3

图 3-3 突出显示了使用箱线图的一个相关特性：简化不同分布之间的比较。通过图 3-3，可以很容易地发现，平均而言，喂食橙汁（OJ）与牙齿长度的相关性更大。此外，通过观察还可以发现，喂食橙汁会产生一个更可预测的结果，这一点可从喂食橙汁对应的牙齿长度围绕平均值的变动范围（指分布的最大值和最小值之间的距离）较小看出。通过图 3-3 读者还可以得出更多信息。不过，仅通过以上信息，读者便足以认识到，箱线图在数据描述任务中具有多么大的作用。

（3）直方图

当谈论使用 R 语言进行数据探索时，不可避免地会提及直方图。直方图是了解总体是如何沿最小值和最大值分布的一种非常有用的方法。在直方图中，数据以或大或小的间隔进行分割，并且绘制的柱状图的高度与投影到坐标轴的面积跟每个间隔内的元素数量成正比。R 语言基础版本提供了非常方便的 hist()函数。在前面的内容中讲过，通过本书读者还将学习如何使用 ggplot2 程序包来生成直方图。在 R 语言学习之旅的当前阶段，读者可能已经猜到了使用 ggplot2 程序包生成直方图所需要的代码，尤其是第一行代码，即 ggplot()函数代码：

```
ggplot(data = ToothGrowth, aes(x = len))+ geom_histogram()
```

上述代码生成的结果如图 3-4 所示。

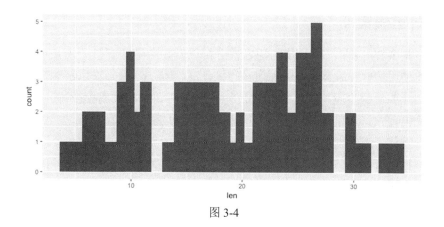

图 3-4

3.4 数据准备

经过 3.3.3 节的学习之后，我们对数据有了更多的了解，接下来继续下一步的工作：为建模活动准备数据。数据准备主要涉及一些操作，包括数据清理、数据验证、数据调整和数据加工。之所以需要这些操作，原因非常简单，那就是应用到数据上的建模技术具有特殊要求，例如建模所采用的数据不能包含空值，或模型需要特定类型（分类、数值等）的变量作为输入。因此，准备适合模型的数据至关重要。此外，可能需要对原始数据进行转换，例如合并数据或追加表数据。最后，建模活动还可能需要从数据中抽取样本，以解决软硬件资源限制等问题。

在本书的第 5 章和第 6 章中，我将更加详细地讲述如何使用 R 语言执行这些数据准备任务。

3.5 建模

终于到了实际开始工作的阶段，在建模阶段，读者将尝试从数据中获取信息，回答读者在业务理解阶段所定义的问题。由于每个模型都有数据类型和数据分布的约束，因此在建模阶段将要使用的模型在很大程度上依赖于将要处理的数据的类型。

理解建模阶段的关键之处在于，应将建模阶段看作周期性阶段，而不是线性阶段和顺序阶段。要理解其原因，通常通过了解该阶段如何执行就足够了。建模阶段包括以下步骤。

- 定义数据建模策略。
- 模型假设评估。
- 模型评价。

定义数据建模策略

在此步骤中，从前面已经执行的探索性分析以及在业务理解阶段所声明的目标开始，首先将可能使用的建模技术限制在一定范围内，以便定义数据建模策略。数据建模策略是为了得到业务理解阶段所声明的结果，而可能使用到的一组建模技术。必须承认，特别是在企业内，大家通常会受到流行的建模方案的影响。例如，对于为客户违约事件建模，读者可以使用逻辑回归。

这并不算什么问题，一项技术之所以流行，就是因为它被证明是有效的。尽管如此，读者还是应该开拓思维，通过技术文献、与同行讨论等各种形式展开有组织的研究。

但是，具体要研究什么呢？读者应该将焦点放在以下两部分内容上。

- 过去类似的问题是如何解决的？
- 鉴于读者拥有的数据类型和读者想要解决的问题，是否存在新的技术可以满足读者的需求？

1. 过去类似的问题是如何解决的

在谈及上述第一部分中过去类似的问题时，如果存在以下情况，则表明这个问题与当前建模问题相似。

- 它是由相同类型的问题和相同的知识领域确定的。例如，关于银行业内有关违约预测的一些问题。
- 与读者问题涉及的数据类型相同。例如，来自医学领域的癌症预测工作，该工作中需要预测是/否患癌的变量（患者有没有得癌症，而不是有没有违约）以及其他可以产生这种输出的一些变量。

新兴技术

可以查看最新的论文，以及寻求咨询。幸运的是，R 语言相关的论文通常是最新的。

2. 建模问题分类

在选择合适的模型来解决问题时，读者应该牢记以下建模问题的分类，这会帮助读者朝着正确的方向进行探索。

- **聚类**：此类问题是基于一些通用特征（即相似性度量）对数据进行重新分组的问题。例如，读者可能需要对客户进行聚类，以便进一步分析他们的购物行为。
- **分类**：在此类问题中，读者需要定义一个规则，以便在给定一组特征的情况下，能够利用该规则将新元素分配到总体中的某一个分类。例如，当考虑如何定义一个新客户最可能喜欢的产品类别时，要基于读者所拥有的关于该客户的一些个人信息。

- **回归**：当需要理解不同的成分对最终结果的贡献时，读者就会面临回归问题。举一个典型的例子，读者想为一个产品做广告，那就需要确定将大部分预算花费在哪一个广告平台上。想象有一个数据集，该数据集给出了一个产品在每一个广告平台上的预算是多少，以及该产品的最终收入是多少。对每个广告平台的预算水平与最终收入之间的关系进行建模，就是回归的典型案例。

3. 如何使用 R 语言进行数据建模

在第 7 章，我将带领读者深入研究如何使用 R 语言进行建模。

3.6 评估

评估阶段是读者验证建模活动产出结果的阶段。针对这个阶段，可以提出两个主要问题。

- 模型的性能是否良好？
- 模型是否解决了最初业务理解阶段所提出的问题？

第一个问题涉及识别一组适当的指标，以便确定所开发的模型是否具有读者所期望的性能。

针对之前所给出的模型分类，本书在此介绍如何解决以下建模难题。

- 聚类评估问题。
- 分类评估问题。
- 回归评估问题。
- 异常检测评估问题。

3.6.1 聚类评估

如何评估聚类模型的有效性？这个问题很容易理解。由于聚类模型的目标就是将总体划分成给定数量的相似元素构成的组。要评估这类模型，必然要完成某种理想化聚类的定义（当然，所谓的理想化聚类是人为判断的）。在完成定义设定之后，聚类评估的真实模型与理想化聚类的接近程度就决定了模型的性能。用于评估聚类模型性能的一个典型度量是纯度指标，该指标大体上是将每一个聚类分配到一个理想的类别，其判定依据是：聚类的大多数元素被分配到了该类别。在完成分配之后，接下来要做的是观察理想化聚类和实际聚类的一致性水平。

3.6.2　分类评估

与处理聚类评估时的方式类似，在处理分类评估时，也依据模型与理想化分类的接近程度评估模型的性能。对总体中的每个元素（更常见的是，单独验证数据集中的每个元素）进行分类评估时，都要进行正确的理论分类、加注标签，再将实际分类与模型所提供的分类进行比较。模型的输出分类与实际分类的一致性越高，则表示模型越准确。在处理分类评估时，混淆矩阵（见图 3-5）是一个非常有用的工具，作为一个二维表，它可以帮助读者理解给定分类模型的性能水平。

混淆矩阵会在一个维度上显示模型分类的真和假，而在另一个维度上显示实际分类的真和假。因此，通过混淆矩阵，读者会得到以下 4 种可能的组合。

- **真阳性（True positive）**：模型分类和理论（即实际——译者注）分类都显示出给定属性的案例数。这些是分类模型正确执行的案例。
- **真阴性（True negative）**：模型分类和理论分类都没有显示出属性的案例数。这些同样是模型正确执行的案例。
- **假阳性（False positive）**：模型分类显示出属性的存在，但理论分类没有显示出属性的存在。假阳性是模型的第一类误差。
- **假阴性（False negative）**：与假阳性相反，模型分类没有显示出属性，但理论分类显示出属性。

		实际模型执行的分类	
		真	假
理论上的正确分类	真	780	154
	假	164	610

图 3-5

基于混淆矩阵中所给出的数字，读者可以轻松地计算模型性能的综合度量：准确度（accuracy）。

准确度的测量如下：

$$准确度 = (\Sigma\ 真阳性 + \Sigma\ 真阴性)/\Sigma\ 总体$$

上面的公式很容易理解，所谓的准确度就是，对于给定总体，模型能够正确执行分类次数的度量。

3.6.3　回归评估

在处理回归问题时，与之相关性最大的一个概念是残差（residual）。什么是残差？残差就是估计值和真实值之间的差值。假设读者正在训练一个模型，将其用于预测因投资到广告活动的费用而产生的收入水平。读者假设了一个回归模型，在该模型中，100万欧元的广告费用所产生的关联收入为 250 万欧元。如果在训练数据集中，给定的实际收入金额是 190 万欧元，那么模型得到的残差就是 60 万欧元。通过在所有数据集记录中应用这类推理来训练回归模型，将会得到由残差表示的全部新的数据序列（见图 3-6）。

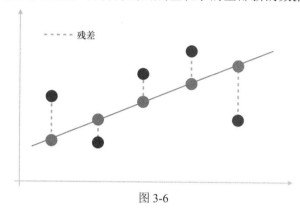

图 3-6

实际上，这些残差数据在回归模型中都是非常相关的，究其原因，至少包括以下两点。

- 残差是衡量回归模型准确度的直接方式。
- 为了确认可以对读者数据使用回归模型，读者数据需要满足一些特定条件。

对于第二点，本书的第 7 章将进行详细介绍。现在，让我们将重点放在作为模型准确度的度量"残差"上。

关于使用残差来评估回归模型准确度水平，非常流行的一种方法是使用残差来计算平均绝对误差（Mean Absolute Error，MAE）。平均绝对误差是所有残差绝对值的平均值：

$$MAE = (\Sigma \, |残差|)/n$$

该度量是以数据集内数据的相同计量单位来表示的，并且该度量能够清楚地表达出平均情况下模型预测的估计值与真实值的差别。

3.6.4 如何判断模型性能的充分性

从前面的内容中，读者可以得出一组非常显眼的数字和指标。但是，如何评估这些数字和指标的优劣呢？如何确定读者的业务模型是否运行良好，是否可以直接进入数据挖掘的部署阶段呢？这些问题部分涉及在本章 3.6 节开头就提出的两个问题之一："模型是否解决了最初业务理解阶段所提出的问题？"

确定模型性能的充分性，必然涉及了解模型的质量水平是否可接受，以及模型是否能够解决在业务理解阶段所提出的问题。幸运的是，特别是在商业运营环境中，读者可以意外地得到某个特殊援助——损益表。

当在工业流程、风险管理或会计流程中应用模型时，可以通过回答一个简单的问题来帮助读者了解模型是否合适，即"是否可以接受预期中的模型误差所导致的成本"。当应用异常检测模型时，该问题可以演变为"遗漏 10%的欺诈事件所导致的成本是否可接受"。要回答这类问题，可能需要通过查看历史数据来衡量欺诈事件会对公司造成多大损失，这样可以帮助读者理解到目前为止所开发的异常检测模型是否足够准确，或者是否需要重新估算/重新开发。

关于第二个问题，如果模型能够解决业务理解阶段所提出的问题，那么读者需要了解从模型中得出的答案是否正是业务阶段所寻求的。例如，如果企业正在寻找一种方法，以基于客户订单的历史数据来增加其在线商店的交叉销售额，而读者提出了一个推荐引擎，该引擎能够基于客户之前的一个或多个订单来预测其未来可能产生的订单，那模型可能已经满足了预期。

在 R 语言中使用什么工具来判断模型性能的充分性

本书将在第 8 章中详细介绍如何使用 R 语言执行那些任务。

3.7　部署

现在到了最后一个阶段：部署阶段。在该阶段，我们将把模型应用到生产系统中。但是，如果之前的某一阶段进展不顺怎么办？现在，读者就会理解为什么 CRISP-DM 模型被称为迭代模型了。假设在完成之前的评估阶段后，数据显示模型性能水平不理想，那么开发部署阶段的计划就会变得毫无意义，因为部署的解决方案无法满足业务预期，并且后期还会产生解决问题所需要的额外成本。

在部署之前的阶段进展不顺的情况下，读者更应该投入一些时间来了解何处出现了问题，并确定需要处理 CRISP-DM 周期的哪一个阶段。例如，由于用于评估模型参数的训练数据集的数据质量不够良好，从而在进行模型的性能分析时出现较低的模型准确度水平。针对这种情况，就需要返回到数据准备阶段，甚至是数据收集阶段。

一旦经过多次迭代，产生了令人满意的模型，就可以进入模型的部署阶段了，该阶段包括两个主要步骤。

- 部署计划开发。
- 维护计划开发。

3.7.1　部署计划开发

部署计划开发，就是确定部署之前所需的步骤并将这些步骤工业化的最佳策略。在这里，需要考虑构建最佳的数据架构，以便从之前阶段所识别的数据源中自动获取数据，并使用已开发的数据准备程序来处理这些数据。此外，还需要定义如何将处理后的数据提供给模型，以及如何将模型生成的结果传达给最终用户。

为了保证一定的质量水平，并降低未来部署活动的难度以及维护成本，需要对所有阶段的步骤进行记录和审核。

还需要提到的一点是：特别是在更加学术和理论化的环境中，部署计划开发可能不会涉及适当工业流程的部署（如前面章节所描述）。在工业流程中，为了确保流程的可复制性以及所获得结果的质量，读者需要按顺序清晰定义和形式化所有执行步骤。

3.7.2 维护计划开发

这是一个非常关键的步骤，因为一旦完成模型的开发并且模型的质量也达到了令人非常满意的程度，数据挖掘这项工作就完成了一半。之所以说是完成了一半而不是全部，是因为虽然模型在当前的性能表现良好，并不意味着该模型的性能在以后也同样会表现良好，这主要归结于以下两个方面。

- 举例来说，由于所提供的文件类型或者数据值更新频率的变化，需要改变数据收集和数据准备活动，这样会导致模型所使用的数据在生成过程中发生技术性变化。
- 模型使用的数据在生产过程中发生的结构性变化，会导致模型产生的估计不可靠。一个典型的例子是：引入了一项新的法律，该法律规定了现金使用的限制，这将导致从 ATM 取款的现金价值发生结构性变化，从而导致需要重新评估基于假设的异常检测模型。

读者如何才能解决这些潜在的问题呢？答案是使用精心设计的维护计划。该计划将规定采用哪种持续的分析来监控模型的性能水平，并且依据所出现的性能结果来决定是否需要对模型进行重新评估，甚至重新开发。

图 3-7 所示是一个模型维护活动的典型流程。

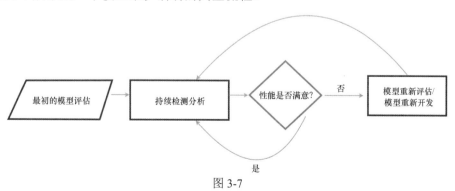

图 3-7

- 流程从"模型评估"开始。
- 然后利用预定义的"持续检测分析",可以对如准确度进行系统评估。
- 然后是"决策点"——评估的表现令人满意吗?
- 如果满意,则再次从"持续检测分析"开始循环。
- 如果不满意,则需要基于结果的糟糕程度,确定是否进行适当的重新评估或重新开发。

一旦模型部署计划和模型维护计划准备就绪,接下来要做的工作就是:进行模型的实际部署,体验数据挖掘项目实施成功的感觉。

3.8　小结

为了便于大家更好地理解内容,本章采用了较大篇幅来说明应该怎样构建数据挖掘活动。虽然按下这个"暂停键"耽误了大家的 R 语言学习之旅,但这一步是非常必要的。现在,读者可以解决任何类型的数据挖掘任务了,读者需要做的就是:遵循所学到的数据挖掘活动的逻辑和时间顺序来构建数据挖掘活动,具体包含如下。

- 业务理解(问题是什么,相关问题又是什么)。
- 数据理解(可以使用哪些数据来解决问题)。
- 数据准备(准备好数据)。
- 建模(尝试从数据中获取信息来解决问题)。
- 评估(通过分析来查看模型是否存在问题)。
- 部署(如果需要,将模型投入生产环境)。

CRISP-DM 方法论的确非常强大,现在读者可以利用所学到的框架和方法论来启动项目了。准备好再次出发了吗?不过,即使已经准备就绪,还是需要花费点儿时间再学习几页内容:第 4 章将带领读者更加仔细地学习数据挖掘架构的组成部分,这些组成部分构成了数据挖掘的基础。

第 4 章　保持室内整洁——数据挖掘架构

第 3 章讲解了数据挖掘活动的动态部分，通过学习，读者了解了如何根据数据挖掘过程中的不同阶段以及输入和输出来组织数据挖掘项目。本章将带领读者设置场景，讲解数据挖掘项目中的静态部分，即数据挖掘架构。

在数据挖掘项目中，如何组织数据库、脚本和输出呢？这就是本章将要解决的问题。在本章中，我们将探讨：

- 数据挖掘架构的一般结构；
- 如何应用 R 语言来构建该结构。

本章内容非常实用，尤其是对第一次接触数据挖掘项目的读者而言。不管读者之前使用的编程语言是不是 R 语言，都没关系。因为通过本章的学习，读者可以对在数据挖掘环境中通常会发现的内容有一个初步的认识。无论是在单人还是在团队项目中，读者都能够或多或少地发现本章所要介绍的组件。

每当处理一个新的数据挖掘问题时，尝试将问题中存在的实际元素与本章接下来所要探讨的抽象元素联系起来，这非常有助于读者解决问题。4.1 节将为读者提供一张非常有帮助的数据挖掘架构的逻辑图，读者可以复制该逻辑图，将其作为开始一段新的数据挖掘旅程的参考。

在 4.6 节，读者将了解如何通过大家所喜爱的 R 语言来实现数据挖掘架构。

4.1　概述

首先，带领大家了解一下数据挖掘架构中的主要组件。基本上，这些组件是由读者执行第 3 章中所描述的活动时需要的所有基本要素组成的。关于这些组件，最小集合一般包括以下几个部分。

- 数据源。
- 数据仓库。
- 数据挖掘引擎。
- 用户界面。

图 4-1 给出的是数据挖掘架构的逻辑图，其中包含上面所提到的每个组件，其中，灰色箭头指示了组件间的连接关系。

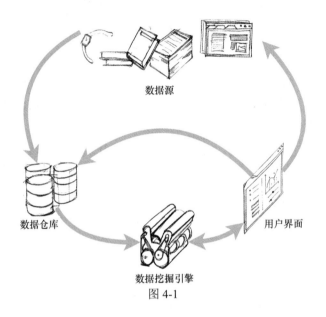

图 4-1

接下来将详细介绍数据挖掘架构。在开始介绍之前，读者可以先简单地查看一下这些组件，了解它们之间的关系。

- **数据源**：指要进行分析的少量信息的所有可能来源。数据仓库通过数据源获得数据，而数据源的数据则通过用户界面的活动产生。
- **数据仓库**：用于存储从数据源获取的数据。
- **数据挖掘引擎**：包含实际执行数据挖掘活动所需要的全部逻辑和过程，其数据来自数据仓库。
- **用户界面**：计算机的前端部分。通过该部分，读者可以实现用户和数据挖掘引擎之间的交互，创建存储于数据仓库的数据，而这些数据也将成为数据源的一部分。

通过以上学习，读者对数据挖掘活动所涉及的组件之间的逻辑关系有了更加清晰的认识，接下来带领读者学习一下每个组件的功能。

4.2　数据源

数据源无处不在，正如图 4-2 所示，数据隐藏在现实生活中的方方面面。由于物联网的迅猛发展，"数据源无处不在"这句话成了真实写照。如今，各种各样的物体都可接入网络，人们开始从大量新的物理来源收集数据。在这些数据中，有些数据可以直接收集并存储在数据库中，以供人们使用；有些数据则需要进一步修改，以便人们对其进行存储并加以分析利用。

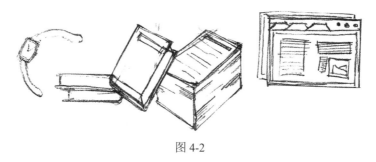

图 4-2

因此，大家可以看到，在数据源和存储数据的实际数据仓库之间，存在很多小的组件，借助这些工具和软件，可以将大量物理来源的数据变成可存储数据。

读者应该注意到的是，此处讨论中所提及的工具和软件并不是关于数据清洗和数据验证的。有关数据清洗和数据验证的活动，后续在经由数据挖掘引擎将数据从数据仓库中检索出之后再执行。为了举例说明，读者可以设想以一组物理图书作为数据源（听起来是不是有点儿老套？）。在实际对该数据源进行数据挖掘活动前，需要先将这个物理数据源映射为某种电子表示。

在当前所举例子中，光学字符识别（OCR）技术为我们提供了帮助，借助该技术，我们能够从实体书的扫描文件中提取书中包含的所有单词。有关 OCR 技术的更多信息，请见下方的信息框。

OCR 是一种数据分析技术，用于对物理介质的书面文档提取对应的电子版本。该技术不仅适用于印刷文档，也适用于手写文档。

在将物理图书填充到数据库之前，需要对物理图书进行 OCR 基本操作。一旦将这些图书转换为数字文件（例如.txt 文件）后，就可以方便地存储这些图书数据了。读者当前需要清楚的一点是，后续将要进行的数据清洗活动（例如去掉 the、if、similar 等停止词）在逻辑上和时间上，都要与当前所介绍的电子转换等基本操作分开。

数据源类型

通过本书前面所介绍的例子，读者学习了将数据源划分为结构化数据源和非结构化数据源。这种分类有助于读者快速获得适合应用于这两类数据的数据挖掘技术，并以此定义数据建模策略的最初标准（如果读者还不了解数据建模策略的作用，可以回顾一下 3.5 节中所讲到的方法）。接下来将带领读者仔细研究一下这种分类。

1.　非结构化数据源

非结构化数据源是指缺少逻辑数据模型的数据源。无论何时，只要读者发现数据源是在没有特定逻辑和结构的基础上进行数据收集、存储和展示的，这种数据源就是非结构化数据源。关于非结构化数据源，一个很典型的示例是充满文字的文档。

在充满文字的文档中，实际上包含很多信息，但是在某种程度上这些信息散布在整个文档中，并且没有明确的结构来定义每个信息片段所存储的位置。

正如将在本书的第 12 章中探讨到的，一些特定的数据建模技术可被用来从这类非结构化数据中提取有效信息，甚至可以从非结构化数据中导出结构化数据。针对这类数据的分析越来越引起人们的兴趣，尤其是对公司而言，它们可以利用该技术分析与其产品相关的评论和反馈，并从中获取综合统计数据，这就是所谓的"社交媒体倾听"。公司从社交媒体渠道捕捉不同的文本，并对其进行分析以获得关于其竞争地位及其竞争对手的有价值信息。

2.　结构化数据源

结构化数据源是一种高度组织化的数据源。这类数据源遵循一个特定的数据模型，而用于存储这类数据源的引擎也是遵循该数据模型开发的。

R 数据帧是结构化数据的一个典型示例，它由行和列构成，并且所有记录的每一列都有特定的数据类型。在结构化数据中，存在着一个众所周知的数据模型，该模型被称为关系数据模型。在该模型中，每个表都代表所要分析的问题空间的一个实体。对于每个实体，会在每一列中列出特定属性，而在每一行中列出与列中属性相关的观测值。最后，每个实体都可以通过键属性与其他实体相关联。

以一个小型工厂的关系数据库为例，在这个数据库中，使用一张表来记录所有客户的订单；用另一张表来记录所有的出货；最后用一张表来记录仓库的活动。

在这个数据库中：

- 仓库表通过 product_code 属性与出货表相关联。
- 出货表通过 shipment_code 属性与客户表相关联。

很容易看出，关系数据模型有一个优点，即它可以很容易地实现表内查询以及表间的合并。另外需要指出的是，分析结构化数据的成本远低于分析非结构化数据的成本。

3. 数据源的关键问题

当处理数据源并计划将其加载到数据仓库时，需要考虑以下几个方面的问题。

- 数据加载频率：数据加载频率能否满足数据挖掘活动的要求。
- 数据量：数据仓库系统是否能够处理数据源的数据，会不会出现数据量过大无法处理的情况？数据量过大的问题通常出现在使用非结构化数据的情况下，对于一条给定的信息，非结构化数据往往占用更多的空间。
- 数据格式：对于数据仓库和数据挖掘引擎而言，数据格式是否可读。

在进行数据采集之前，必须对以上 3 个方面进行仔细的评估，以避免在项目实施期间出现相关的问题。

4.3 数据仓库和数据库

现在是时候讨论数据仓库和数据库了，本节将向读者介绍它们的理论结构，以及市面上已有的一些用于构建数据仓库和数据库的实用技术（见图 4-3）。

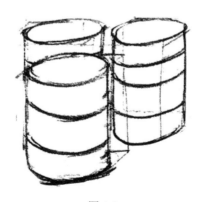

图 4-3

什么是数据仓库？它和简单的数据库有何区别？

数据仓库是一种软件解决方案，用于存储大量数据。在数据仓库中，数据之间会实现恰当的关联，并可通过时间相关的索引来进行检索。读者可以通过数据仓库的表亲"操作型数据库"来理解数据仓库。

操作型数据库通常都是小型的，主要用于存储和查询数据。当出现新数据时，操作型数据库通常会用新的数据覆盖旧的数据。数据仓库的数据通常来自数据库，该仓库会将来自这些数据源的数据存储起来，确保它们的历史深度以及用户和应用软件对存储数据的只读访问。另外，数据仓库往往是企业级层面上的应用，用来存储进/出公司所有流程的数据并确保这些数据的可用性，而数据库则往往只和一个具体的流程或任务相关。

4.3.1　中间层——数据集市

如何在数据挖掘项目中使用数据仓库呢？也许，读者可能并不打算在数据挖掘过程中使用数据仓库，如果存在这种情况，就需要用到数据集市。数据集市可被视为数据仓库的一部分或者子集。数据集市是直接从数据仓库中获取的数据集合，该数据集合只与企业特定的任务或者流程相关。举例来说，可创建一个用来存储与违约事件相关的数据的数据集市，以便对客户的违约概率进行建模。

数据集市从数据仓库的不同表中收集数据，并将它们恰当地汇总到与数据仓库相隔离的新表中。因此，读者可以将数据集市看作数据仓库的一种扩展形式。

数据仓库通常分为以下三大类。

- 单层架构：只有一个可用的简单数据库，并且通过中间的虚拟组件来进行数据仓库活动。
- 双层架构：由一组与不同活动相关的操作型数据库和一个可用、适当的数据仓库构成。
- 三层架构：由一个或多个操作型数据库、一个协调数据库以及一个适当的数据仓库构成。

现在，请读者仔细看一下这三大类不同的数据仓库。

4.3.2　单层架构的数据仓库[1]

单层架构的数据仓库无疑是最简单的，从某种程度上讲，它是数据仓库的原始版本。在单层架构的数据仓库中，实际上只有一个操作型数据库，用于进行数据的读、写操作以及读写的混合操作。另外，操作型数据库通过提供一个虚拟的数据仓库层来进行数据的查询。之所以说单层架构的数据仓库是一种原始模型，原因很简单：这种数据仓库不能确保由当前过程所产生的实时数据与历史数据间的适当隔离。因此这种模型不能保证数据的准确性，甚至可能会出现数据丢失的情况。

① 原文为 One-level database，应为 One-level warehouse。——译者注

这种模型对于数据挖掘活动特别危险，因为它无法保证数据仓库的开发环境和操作型数据库生产环境之间明确的隔离。

4.3.3 双层架构的数据仓库[①]

这种更复杂的数据仓库包含第一层的操作型数据库（例如，在市场营销、生产以及记账过程中使用的数据库）以及一个适当的数据仓库环境。在这种解决方案中，操作型数据库可被看作一种数据源，它会产生数据（可能已进行过校验）并将这些数据提供给数据仓库。

然后，数据仓库会存储和冻结来自操作型数据库的数据，例如，以每日一次的频率进行数据的存储和冻结。

在同一天内存储的数据会被标记上显示该记录生成时间的恰当属性。这样，读者就可以通过某个时间函数来检索特定时间段的记录。回顾本书前面部分所讲到的违约概率示例，通过这种函数，读者能够检索出某个给定时间段内发生的所有违约事件，用于构成模型的评估样本。

由于两层架构的数据仓库为读者提供了一个进行数据挖掘活动的安全环境（如同之前提到的数据集市），因此它是数据挖掘处理的最佳解决方案。数据挖掘活动不会影响到数据仓库中待处理的数据的质量，也不会影响到操作型数据库中数据的质量。

4.3.4 三层架构的数据仓库[②]

三层架构的数据仓库是最先进的。跟双层架构的数据仓库相比，三层架构的数据仓库最主要的不同之处是它多出了一个协调数据的层，该层可通过工具实现提取、转换和加载（Extraction, Transformation, and Load，ETL）等功能。为了理解这类工具的作用，读者可以借助一个实际的例子，也就是前面所提到的违约概率模型。

想象一下，读者正在为某大型企业评估该违约概率模型，其中该企业的公开预测、展望以及评级数据由穆迪、S&P等金融分析公司提供。

由于上述公开数据与客户违约概率存在一定的关系，因此我们可能会有兴趣将这些数据添加到我们的评估数据库中。要添加上述数据，通过ETL工具便可以轻松地实现。在数据协调层，ETL工具能够确保从内部来源收集的数据（例如个人数据和违约事件数据）与外部公司提供的数据实现正确匹配。

此外，即使仅在内部数据领域，这些工具也能确保来自不同数据源的数据至少达到数据仓库环境内所需要的质量和一致性水平。

---

① 原文为 Two-level database，应为 Two-level warehouse。——译者注
② 原文为 Three-level database，应为 Three-level warehouse。——译者注

4.3.5　实际应用的技术

现在，请读者更加详细地研究一下实际应用中的数据库和数据仓库技术。这些技术中的大部分是开源的，并且已经成熟，可用于构建数据仓库。对于这些技术，读者应该掌握到什么程度呢？适当地了解这些技术及其主要特性就足够了。因为在大多数情况下，读者将通过编程语言所提供的接口获取建模活动的输入数据。

然而，就像汽车一样，为了提升其性能，了解引擎盖下的部件以防止引擎损坏或者出现其他情况是很有必要的。

1.　SQL

SQL 是 Structure Query Language（结构查询语言）的缩写，多年来，一直被视为数据存储领域的标准。该编程语言被用于存储和查询数据，其也是所谓的关系数据库的基础。关系数据库的理论是由 IBM 的工程师埃德加·F.科德（Edgar F. Codd）首次提出的，它基于以下几个要素。

- 表：每张表表示一个实体。
- 列：每一列表示实体的一种属性。
- 行：每一行表示实体的一条记录。
- 键属性：借助它，能够将多张表关联起来，建立表之间的关系。

基于以上要素，SQL 提供了一种简洁而高效的方式来查询和检索关系数据。此外，基本的数据加工操作（如表合并和表过滤）也都可以通过 SQL 实现。

正如本书前面部分所提到的，经过多年发展，SQL 和关系数据库已经构成了全球大多数的数据仓库系统。其中包括一个基于 SQL 的非常著名的数据存储产品，那就是微软（Microsoft）的 Access 软件。在 Access 软件的用户界面后端，隐藏着存储、更新和检索用户数据的 SQL 代码。

2.　MongoDB

虽然基于 SQL 的产品仍然广受欢迎，但是 NoSQL 技术也存在很长时间了，并且它的实用性和有效性日益凸显。NoSQL 代表的是所有不基于关系模式及其要素的数据存储和管理解决方案。其中包括面向文档的模式，在该模式中，数据以文档的形式表示，这些文档是通过某种代码标识且没有固定模式的复杂虚拟对象。

MongoDB 是遵循面向文档的模式开发出的一个比较流行的产品。该产品以 JSON 格式存储和展示数据。在 MongoDB 中，数据被组织为文档或集合（集合即一组文档）。文档的基本示例如下：

```
{
name: "donald" , surname: "duck",
style: "sailor",
friends: ["mickey mouse" , "goofy", "daisy"]
}
```

虽然上面的示例看上去很简单，但读者从中可以看出，MongoDB 采用的模式使得读者能够轻松地存储拥有更加丰富和复杂的结构的数据。

3. Hadoop

作为数据仓库系统领域的一门领先技术，Hadoop 的主要优势在于它能够有效地处理海量的数据。为保证这种优势，Hadoop 充分利用了并行计算的概念，即通过一个中央主控节点将与作业相关的所有数据划分为更小的块，进而能够将这些数据块发送给两个或多个从节点。其中，从节点被视为 Hadoop 网络内的节点，每个从节点都分别在本地独立工作。中央主控节点和从节点实际上可以是在物理上分离的硬件，甚至可以是同一 CPU 内的不同处理器（这种情况通常被视为伪并行模式）。

Hadoop 的核心是 MapReduce 编程模型。该模型最初是由谷歌提出的，它包含一个分布式处理层，该层负责将数据挖掘活动移动到数据所在位置附近。MapReduce 编程模型允许把数据处理流程扩展至数百个不同的节点，实现计算时间和成本的最小化。

4.4 数据挖掘引擎

数据挖掘引擎是数据挖掘架构的真正核心。它是由一系列的工具和软件组成的，这些工具和软件被用来获取从数据源收集的、存储在数据仓库中的数据的洞察和信息（见图 4-4）。

图 4-4

"什么是数据挖掘引擎呢？"

一个好的数据挖掘引擎至少应该包含以下 3 个部分。

- 解释器：能够将数据挖掘引擎中所定义的命令传递给计算机。
- 引擎和数据仓库之间的接口：用于双向通信。
- 指令或算法的集合：用来进行数据挖掘活动。

本书将带领读者对这些组成部分展开进一步的研究。需要记住的一点是，数据挖掘引擎最重要的一个组成部分是指令的集合。这实际上也是本书的主题，本书后文将对它展开充分的讨论。

4.4.1　解释器

在本书前面的叙述中，读者实际上已经遇见过解释器这个角色了。解释器执行来自上层编程语言的指令，并将其翻译成运行环境内下层硬件所能理解的指令，然后将指令传递给硬件。获取执行数据挖掘活动的编程语言的解释器通常跟获取编程语言本身一样简单。例如对于读者所钟爱的 R 语言，在安装 R 语言的时候，R 语言解释器也会自动安装。

4.4.2　引擎和数据仓库之间的接口

在完成解释器的学习之后，读者在本节中学习的接口是一个新角色。接口是一种软件，通过该软件，读者的编程语言可以与数据挖掘项目所应用的数据仓库进行通信。

请读者考虑采取如下数据引擎配置：大量的 R 语言脚本的指令和算法、对应的 R 语言解释器及基于 SQL 的用于存储数据的数据库。在当前这种配置下，数据挖掘引擎和数据仓库之间的接口应该是什么？

对于上述所举示例，接口可能是 RODBC 程序包。该程序包是已经构建好的程序包，其设计宗旨是让 R 语言用户连接到远程服务器，并且将服务器上的数据传输到 R 语言的会话中。借助 RODBC 程序包，还可以将数据写入读者的数据仓库。

对 R 语言和 SQL 数据库而言，RODBC 程序包的作用就像是两者之间的传送带。这意味着读者编写 R 语言代码，代码会被转换成数据库所能理解的指令，并传递给数据库。

当然，这种转换也可以是反向的，即来自读者指令的结果（例如通过查询得到的新的结果表）将被转换成一种 R 语言代码能读取并且可以方便地展示给用户的形式。

4.4.3　数据挖掘算法

数据挖掘引擎的最后一个组成部分，也就是读者正在阅读的本书的真正核心主题：

数据挖掘算法。为了帮助读者对截至目前所学的本书内容有一个更加系统化的认识，建议读者将算法视为在第 3 章中介绍 CRISP-DM 方法论时所提到的数据建模阶段的结果。数据挖掘算法通常并不包含进行基本数据验证（例如，完整性检查以及将来自不同数据源的数据进行大量的合并）活动的代码，因为这些活动通常是在数据仓库内部，尤其是在拥有专门的数据协调层的 3 层架构的数据仓库中进行的。

除此之外，本书所提到的算法还包含从可用数据中获取信息的建模活动以及传递这些信息的所有活动。这也意味着数据挖掘引擎不仅包括统计模型（我们将在第 8 章到第 12 章进行学习）的实际估计算法，还包括在本书第 13 章中介绍的对数据挖掘的分析结果进行输出的活动。

4.5　用户界面

到目前为止，本书一直讨论的都是数据挖掘架构的后台部分，而最终用户无法直接感知这一部分。请读者设想一下，如何将这个只包含后台部分的数据挖掘架构提供给那些本身并不具备数据挖掘工作能力的人使用呢？我们需要通过某种方式，使得最终用户能够以恰当的方式与数据挖掘架构进行交互，并获取交互的结果。这就是用户界面的全部意义所在（见图 4-5）。

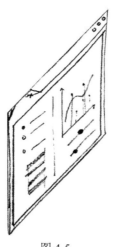

图 4-5

在如今这个数据挖掘技术越来越受欢迎的时代，一个突出的问题就是：如何使得大部分专业人员（非程序员或统计学家）能够使用它呢？答案就是通过用户界面，这也是用户界面发挥其巨大作用的场所。

虽然用户界面设计超出了本书的范围，但还是希望读者去挖掘一些公认良好的用户界面的设计原则，以便读者对在数据挖掘过程中可能遇到的其他用户界面和产品做出评估。

清晰性原则

这是用户界面设计理论中的一个突出原则。如果一个用户界面满足清晰性原则，那么读者就能够轻易地了解它的设计目的、功能以及使用方法。读者是否曾经因为不了解网页或软件的工作原理而裹足不前，不明白如何操作呢？也许这些网页或软件的界面看起来让人觉得很舒适，里面充满了各种控件、文本和颜色，但从未给读者提供任何有关于网页或软件操作路径和流程的提示。

读者是如何面对并处理这样的网页或软件的呢？肯定是放弃，如果读者无法理解如何使用它们就会得出"它们不是有用资源"的结论。

这个简单的示例清晰地解释了清晰性原则在用户界面设计中的重要性。作为人类，不知如何使用的东西会让我们感到气馁。

（1）清晰性和神秘性

清晰性一定不能与神秘性相混淆，后者也是众所周知的教学和设计原则。当人类一步步探索自己以前所不知道的新事物时，人们喜欢神秘性以及渐进式学习。神秘性往往令人着迷。但是要营造神秘感，读者必须清晰地传达或提示一条路径，并且有可能的话，甚至要给出一个最终结果或具体目标，将用户的关注清晰地锁定在这上面。

（2）清晰性和简单性

获取清晰性的一个好方法就是寻求简单性。在第 2 章讨论数据可视化的时候，大家已经看到了这一点。简单意味着关注事物的主要目标并删除与该目标无关的其他事物，也就是去除所有不必要的事物。简单是大自然的奥秘，在大自然中，每一部分都是必要的而不是多余的。

效率原则

在评估一个用户界面的时候，效率是读者必须要考虑的一个原则。读者可以通过回答以下问题，对效率进行评估："使用该产品时，操作人员需要几步才能够达成目标？"举一个有关真实场景的例子，假设读者需要对一个数据挖掘工具进行评估，特别是评估该工具的数据导入功能。在评估数据挖掘工具在数据导入功能方面的效率时，读者需要回答以下问题："需要几步操作，才能将数据集导入当前的数据挖掘环境？"

这可能要涉及评估是否在数据导入的操作过程中引入了任何不必要的步骤，反过来讲，也就是要评估是否运用了任何有用的自动猜测机制。继续前面这个例子，读者可以引用自己很熟悉的软件（rio 程序包）来对效率做出说明。大家在前面内容中遇到过该程序包，它有着十分高效（并且可能清晰）的用户界面。读者只需将一个简单的 import() 函数应用于数据集文件，该函数便可以自动执行接下来的步骤，将数据导入数据挖掘环境。

这个例子也可帮助读者理解用户界面作为一个术语的含义。从广义来讲，用户界面实际上包含用户在处理给定产品时所需要进行交互的所有对象。

一致性原则

读者是否思考过，为什么有些"设计浪潮"会从一个网站开始，逐步蔓延到各个领域？例如扁平化设计。经过一段长时间尝试重现真实 3D 环境的软件设计之后，网络上的一切东西似乎都开始变成了平面的，没有了阴影，呈现潜在的柔和色彩，如图 4-6 所示。

图 4-6

为什么会出现这种情况？为什么这么多人突然都改变了想法？平面设计的 3D 潮流是否像其他潮流一样，在某一时刻产生了变化？毫无疑问，某种潮流对平面设计的传播产生了影响，这也适用于一致性原则。在看到平面设计被应用于一些产品，尤其是读者喜欢的产品之后，读者就会开始希望将这种设计应用于其他产品。此外，读者以及像读者一样的其他用户也会开始对使用不同类型平面设计的网站和产品感到不舒服。这种感觉就像驾驶旧款车型一样。虽然旧车也可以搭载读者去想去的地方，但为什么驾驶起来这样困难呢？从某种程度上说，驾驶旧车之所以困难，是因为读者需要重新学习如何驾驶它，虽然读者熟悉车里的东西，但是这些东西的位置和外观稍微有所不同，如图 4-7 所示。重新学习会增加读者的学习成本，降低读者的工作效率。

图 4-7

上面驾驶汽车的例子，恰恰证明了平面设计是如何传播的：一旦读者习惯了平面设计，读者就会在适应其他不同设计的时候感到更费劲。一旦大多数的用户都有了同样的感觉，就会促使其他产品也采用平面设计。至于平面设计是否为一项全面的提升，这需要读者运用前面介绍过的清晰性和效率原则进行评估。

读者要如何将一致性原则运用到数据挖掘架构的用户界面之中呢？答案是：读者可以基于数据挖掘软件用户当前所惯用的一些或大或小的特征进行推断。例如语法高亮和自动补全。

（1）语法高亮

语法高亮（见图 4-8）是一个非常常见的特性，它能帮助读者理解一致性原则。语法高亮包含让数据挖掘工具理解代码的能力，通过该能力，为代码中具有相同逻辑角色的标记分配相同颜色。例如，R 语言中的语法高亮会将"if"和"else"标识符标记为同样的颜色，因为它们在逻辑上处于同一个条件语句中。

图 4-8

由于语法高亮是一个非常有帮助并且常见的特性，人们很高兴能够在可能遇到的新数据挖掘工具中找到该特性。如果新数据挖掘工具中没有这项特性，人们可能就要被迫去记忆很多在具有这项特性的工具中所不需要记忆的信息，从而导致学习成本的增加，学习成本的增加会导致该工具的使用价值降低。

（2）自动补全

代码自动补全特性同样适用于一致性原则。举一个基本的、有关自动补全特性的示例：在读者输入开头的括号时，工具会自动添加结束的括号。更复杂一些的示例是在读者输入 function 关键字后，工具会自动添加所有函数定义的基本结构。自动补全特性可免去读者在记忆这些基本的语义规则方面的时间成本，例如如何定义一个函数。如果没有这种特性，读者的学习成本也会增加。

如果这些成本高于该数据挖掘工具的感知价值，人们就会放弃它，去寻找更熟悉、更能满足需求的其他数据挖掘工具。

4.6 如何使用 R 语言创建数据挖掘架构

截至 4.5 节，本章一直都在总体层面上描述数据挖掘架构，定义数据挖掘架构的基本组成部分以及各个组成部分在数据挖掘系统中的角色。但是如何使用 R 语言来创建这种架构呢？这就是本节要讨论的内容。学完本章，读者将不仅能够了解数据挖掘架构的构成，还会知道如何构建适用于读者自身目的的数据挖掘架构。

首先要明确一点，这里要构建的不是一个企业级别的数据挖掘架构，而是一个读者首次利用 R 语言开发、构建的数据挖掘项目的小型架构。一旦完成这个小型架构的构建，读者就可以继续研究前面所提到的各个组件，以及琢磨如何使用 R 语言来实现它们了。

4.6.1 数据源

正如本书前面所提到的，数据是一切数据挖掘活动的源头。众所周知，R 语言能够处理来自大量数据源的不同种类的数据，这基于在本书第 1 章中所描述的 R 语言的灵活性。R 语言是开源的，通过其程序包，R 语言可以扩展应用到不同种类的数据。当面对新的数据挖掘项目时，读者应该先问一下自己：这个项目中需要处理哪一类数据？

数据已经存在于 Web 上了吗？数据是否仍然采用可靠纸质形式存储着？数据是以声音形式还是图像形式进行记录的？按照 CRISP-DM 方法论，解决这些问题是业务理解阶段的任务。一旦读者弄清楚这一点，就可以在 R 网站浏览一个非常有用的页面"CRAN Task View"（CRAN 任务视图）。

在这个页面中可以找到一个列表，列表中列出的每个页面都和使用 R 语言执行的特定任务相关。例如，读者可以找到自然语言处理、医学图像分析和很多类似重要内容的页面。

在找到了数据挖掘架构所需获取的数据的相关页面后，读者就可以浏览页面，找到所有为执行特定任务而开发的可用程序包。列表所指向的页面一直都有专人维护，并且页面内容很清晰，对于使用它的人而言，非常有帮助。

"如果列表中不存在与读者数据相关的页面怎么办？"

读者至少可以通过以下 3 个途径达到自己的目的（按照由易到难排序）。

- 寻找那些不完全等同于读者要面对的任务，但跟读者要面对的任务很接近的那类任务。这样的任务对读者的数据挖掘项目会很有帮助（可能需要进行一些定制化操作）。
- 查看 CRAN 任务视图之外的那些最近开发完成或仍处于开发中的程序包。由于这些程序包属于最近完成或仍处于开发中的，因此它们并不会出现在 CRAN 和 CRAN 任务视图中。
- 自己开发数据采集所需要的代码。

既然读者已经掌握如何将数据导入 R 语言环境，那么现在就继续进入数据仓库阶段的学习。数据仓库就是在读者获取数据之后，用于存储数据的地方。

4.6.2　数据仓库

不得不承认，R 语言设计之初并不是为了处理大量的数据。起初，R 语言实际上是被应用于学术界的一种工具。刚开始时，它能够处理 50 个数据记录都算是一个"奇迹"了。从这一点可以看出，R 语言并没有为繁重的数据处理工作配备合适的特性。不过，在这里，我们可以再次利用 R 语言强大的灵活性，通过在 R 语言和一些流行的数据库解决方案（比如 4.3.5 节提到的 MongoDB 和 Hadoop）之间使用成熟的程序包进行通信，进而实现大量数据的处理。如果能够随意使用这些程序包（例如 mongolite 或 rhdfs），读者就可以在数据挖掘项目中充分利用数据仓库解决方案所提供的数据。如果读者需要的数据已经存储在公司、实验室或大学的数据仓库中，就意味着读者可以直接访问这些数据了。

4.6.3　数据挖掘引擎

毫无疑问，数据挖掘引擎将成为 R 语言中最耀眼的组件。通过数据挖掘引擎，R 语言将展示出其强大的数据挖掘能力。借助 R 语言，读者可以将非常先进的数据挖掘技术和模型应用于数据。尽管读者对数据挖掘引擎使用 R 语言作为解释器没有任何疑问，但为了更进一步地突出本节的主题，我们对数据挖掘引擎的另外两个部分做一下介绍。

- 引擎和数据仓库间的接口。
- 数据挖掘算法。

1. 引擎和数据仓库间的接口

在关于数据挖掘引擎的讨论中，读者已经讨论过这个部分。引擎和数据仓库解决方案间的接口由本书前文中所介绍的程序包组成。为了让读者更实际地了解这一点，请继续前面所提到的违约概率的例子。假设有一个公司数据仓库，该数据仓库已经存储了建模所需要的所有数据信息，包括违约事件、违约处理数据和其他属性。假设该数据仓库是使用 MongoDB 开发的。在这种情况下，读者可能需要开发一个包含具体功能的脚本，并且该脚本要包含通过 mongolite 程序包与 MongoDB 建立连接的全部代码。这个脚本也可能包含创建一个完整的数据表的代码，这里所提到的数据表被用来评估样本的数据整理活动，例如进行数据连接和合并的过程。通过这种方式，这个脚本就可以作为数据仓库和数据挖掘引擎间的一个接口了。

2. 数据挖掘算法

使用 R 语言构建数据挖掘引擎的最后一步就是进行数据挖掘算法的实际开发。根据将要处理的项目类型以及最终用户类型，这些算法可能仅应用一次，或者留待后续分析中进一步使用。正如读者所猜测的那样，本章不会介绍这些算法的细节，因为后文会针对这些内容展开详细的介绍。

4.6.4 用户界面

在将用户界面主题引入 R 语言世界之前，读者需要区分两类不同的数据挖掘项目。
- 第一类项目是开发人员就是最终用户的项目，该项目通常只是为了获取并分享某种结果而开发。
- 第二类项目是开发人员为某些最终用户开发的项目，其目的是获取开发人员没有定义的新结果，这类项目可以被视为独立软件。
根据读者所面对的两种不同类型的数据挖掘项目，用户界面也会有所不同。
- 对于第一类项目，读者将要面对的是数据挖掘引擎的用户界面，特别是 R 语言的 IDE，读者将使用这些界面来编写并运行脚本，就像读者在第 1 章所看到的那样。即使是最基本的形式，用户界面实际上也是一个安全而可靠的 R 语言交互控制台。
- 对于第二类项目，Shiny 框架似乎是开发恰当用户界面的一个真正方便的选择。
Shiny 框架的最基本形式包含可以初始化的 HTML 页面、基于 Java 的网页的程序包。

该框架可接收用户的输入，运行 R 语言代码，并将其输出显示给用户。Shiny 框架最大的优势在于它完全基于 R 语言开发，开发者不需要再学习其他编程语言，就可将 R 语言的数据挖掘软件功能提供给最终用户。

本书的第 13 章将对 Shiny 框架进行详细介绍，同时也会讨论 R Markdown 文档。

4.7　更多参考

- 关于 RODBC 程序包：rstudio 官网。
- 关于 R 和 Hadoop：GitHub 官网。
- 关于 mongolite 包：datascienceplus 官网。

4.8　小结

在本章结束的时候，读者可能有这样的感觉，自己在前几章所积攒的对 R 语言学习之旅的兴奋感有所下降，那你就错了。本章围绕找到一个精心设计且实施良好的数据挖掘项目所需要的基本要素（组成部分）展开，这些基本要素包括：

- 数据源（能够找到解答读者问题的数据的地方）；
- 数据仓库（用于恰当地存储数据，并在需要时为读者的项目提供数据的地方）；
- 数据挖掘引擎（用于进行数据建模，并从读者的数据中获得信息）；
- 用户界面（用于和数据挖掘引擎进行交互）。

在学徒阶段，读者找到了数据挖掘项目所需要的"武器"，了解了这些"武器"的力量及其使用方式。现在是时候告别象牙塔，前往第 5 章去挑战真正复杂的问题了。祝你好运，亲爱的读者。

第 5 章　如何解决数据挖掘问题——数据清洗和验证

从本章开始,将开启真正的 R 语言学习之旅(终于盼来了,我能听到你们的欢呼声!)。现在,大家对 R 语言以及数据挖掘过程和架构已经足够熟悉,可以去处理一个真正的问题了。

此处所说的真正的问题,意味着它是真实存在的问题,因为大家都要面对实际发生的,以及的确困扰着真实公司中很多人的事情。我们将会用到随机数据并且采用虚构名称,不过这样做不会降低问题的棘手程度。读者会很快进入真实出现的某种谜团之中,我们需要利用数据挖掘技术来解决其中的问题。

读者可能会想:"行了,别搞得太严重了,这不是已经解决了的事情吗?"你说得对,但是如果将来的某一天,在你身上发生了类似的事情怎么办?你要怎么做?我们要面对的谜团不会以一种典型的方式呈现:这是表格,请对表格数据应用模型,告诉我们哪个模型最合适。在现实生活中,通常不是这样的。我们只能得到有关问题的信息以及可以借鉴的一些非结构化数据,通过这些来寻找答案。

大家准备好了吗?需要回顾一下前面所学的内容吗?没问题,我们在这里暂停一会儿,等大家回顾完前面所学内容再继续下面的学习。

5.1　安静祥和的一天

今天天气很好,读者进入了一家位于 6 楼的批发商公司(公司名称"西波勒斯"),泡上一杯咖啡,然后坐在办公桌前。突然,一封电子邮件出现在读者的收件箱里:"紧急事件——利润下滑。"一旦读者弄清楚了这几个字的含义,就会明白:办公室的每个人都会收到这封同样的邮件,并会开始讨论这封邮件的内容。同时意味着,在 15min 内,主管将会召开会议。当读者到达会议室,心里还惦记着留在办公桌上的咖啡时,墙上出现了一张大图(见图 5-1)。

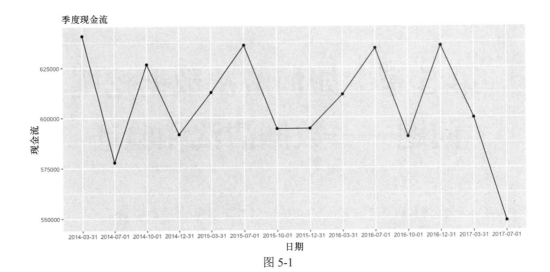

图 5-1

　　读者学习过第 2 章的内容，所以知道墙上显示的是折线图。在折线图上可以看到一个时间序列，但是图上没有标题。从折线图上可以观察到时间序列的最后出现了急剧下降。"吁，这是我们这个季度的现金流。"坐在一侧的同事惊讶地说道。

　　"利润怎么会这么低？"坐在另一侧的同事说。这时主管开始发言道："感谢大家参加会议。大家可能已经注意到了。这张图表给出了公司在过去 3 年的利润表现。到目前为止，公司的利润其实一直都表现得不错。但在最近一个季度不知道哪里出现了问题，公司的现金流下降了 50%。CEO 要求我们调查原因，并找出补救措施。大家知道，公司现在还不能使用即将建成的数据挖掘架构来调查，因此我们必须采用传统方式来展开调查。"

　　"为了调查这个问题，读者手里有哪些数据呢？"

　　"现金流报告、客户列表以及有关这些客户的某些属性的记录。"

　　好的，读者有了一份客户列表、有关现金流收入的报告，以及一些记录客户属性的列表。接下来要怎么做呢？

　　"按照优先级顺序展开行动，首先需要了解一下利润下降的源头。读者要对数据执行 EDA 操作，以确定是否存在某些市场或是投资组合导致了折线图中的大幅度利润下降。"

　　什么是 EDA？读者不要着急，我们将在第 6 章介绍。

　　"一旦完成 EDA，接下来将应用一些数据挖掘技术来推导出一个可用模型，用于解释现金流下降最相关的因素。但当前面对的第一个真正任务是对数据进行清洗，以便数据可用。我需要你的帮助，[读者姓名]。"

是的，主管叫出了读者的名字。恭喜读者，你将要做一些数据清理和数据验证相关的工作。

"这是一项至关重要的工作。如果数据质量低或者整理得不好，我们就很难从数据中获得足够多有帮助的信息。你只有大半天的时间来进行数据清洗和验证工作。我会将现有的数据以邮件的形式发送给你。5h 后，我们再回到这里开会，谢谢大家！"

那么，读者有 5h 的时间来清洗这些数据。读者坐回到自己的办公桌前，拿起咖啡，现在的咖啡几乎凉了。读者如期地收到了主管发来的邮件："脏数据。"这个标题可不太好……

现在，拿到了主管承诺提供的数据，如下。

- 一个.csv 格式的现金流报告。旁注：自 2014 年起至今年（2017 年）第二季度按地理区域划分的季度销售报告，所有数据均以欧元为单位。
- 一份.txt 格式的客户列表。旁注：自 2013 年起至目前的客户列表和其他数据。
- 一份.rds 格式的其他记录。旁注：从不同数据库合并的与客户相关的本年度数据。每个客户对应一条记录。

实际上，读者可以在本书相关的配套文件包中找到名为"dirty data.zip"的电子邮件附件数据。接下来读者将如何开始清洗数据呢？

5.2 数据清洗

首先，读者需要将数据导入 R 语言环境（本书作者想当然地认为读者会使用 R 语言来进行数据清洗，请见谅）。

在解压完主管通过邮件提供的 3 个文件后，读者就可以使用熟悉的 R 语言环境下的 rio 程序包，将相应 3 个文件所包含的数据导入 R 语言环境。请读者花点儿时间想一下，是否还记得执行这项任务的函数呢？

完成了吗？以下解决方案供读者参考：

```
cash_flow_report <- import("cash_flow.csv")
customer_list    <- import("customer_list.txt")
stored_data      <- import("stored_data.rds")
```

5.2.1 tidy data 框架

在查看数据之前，读者应该定义好如何组织数据，以便进行后续的操作和分析。目前，tidy data 框架是用于进行数据整理和处理的最常用框架之一。这个框架最初是由哈德利·威克姆定义的，如今 tidy data 框架同 R 语言下的另外几个程序包协同工作，共同帮助读者进行数据整理及分析。

不过，读者需要一步一步地学习及操作 tidy data。tidy data 是什么？tidy data 是以表格形式排列的数据，其中：

- 每个变量构成一列；
- 每个观察构成一行；
- 每种类型的观察单位构成一张表。

读者可能会疑惑，tidy data 的概念与之前在谈到 SQL 时所提及的表的概念是否存在某种关联呢？哈德利本人明确地宣布了存在关联。他通过使用统计学家所熟悉的关系数据库框架，构建了 tidy data 框架。tidy data 框架专注于单个表，而不是一组表。

比如，请观察表 5-1。

表 5-1

city	date	temperature
london	june_ 2016	15
london	july_ 2016	18
london	august_ 2016	19
london	september_ 2016	18
moscow	june_ 2016	17
moscow	july_ 2016	20
moscow	august_ 2016	19
moscow	september_ 2016	11
new_ york	june_ 2016	22
new_ york	july_ 2016	26
new_ york	august_ 2016	26
new_ york	september_ 2016	23
rome	june_ 2016	23
rome	july_ 2016	27
rome	august_ 2016	26
rome	september_ 2016	22

表 5-1 内的数据整洁吗？请读者逐条检查并进行验证。在该表中，每列是否只显示一个属性/变量？是的，因为不存在记录多个变量的列。记录多个变量的列的例子如某列中既包含气温数据，也包含天气数据。

每个观察都构成一行记录吗？是的，因为每一行都显示不同的日期和记录。

最后一个问题，每种类型的观察单位都构成一张表吗？说实话，目前没有足够多的数据来确保这一点，因为目前只存在一张表，读者甚至不知道基于该表进行分析的主题是什么。尽管如此，仍然可以肯定地认为，生成的表可以表示一个独立的观察单位，在本示例中，该观察单位可以满足第三条原则，即每种类型的观察单位构成一张表。

这样，我们就遇到了第一张整洁的表。回头再看一下我们的数据，想必读者的脑海中已经浮现出了这样一个问题："主管所提供的数据是否整洁呢？"

5.2.2　分析数据的结构

当读者第一次用 R 语言处理数据时，可以借助一些函数来增加信心。在 R 语言的第一段旅程中，我们遇到过一些函数，现在是时候对这些函数进行适当介绍了。

1.　str()函数

一旦理解 str 代表的是结构（structure），读者就会明白这个函数可以帮助我们清楚地描述数据中的属性和层次结构。请读者尝试在当前处理的 3 个数据集上运行该函数：

```
str(cash_flow_report)
str(customer_list)
str(stored_data)
```

看到输出结果了吗？对于 cash_flow_report 数据集，通过 str()函数，会得到如下输出：

```
'data.frame': 84 obs. of 3 variables:
 $ x : chr "north_america" "south_america" "asia" "europe" ...
 $ y : chr "2014-03-31" "2014-03-31" "2014-03-31" "2014-03-31" ...
 $ cash_flow: num 100956 111817 132019 91369 109864 ...
```

对于 customer_list 数据集，通过 str()函数，会得到如下输出：

```
'data.frame':    148555 obs. of 3 variables:
  $ customer_code      : num 1 2 3 4 5 6 7 8 9 10 ...
  $ commercial_portfolio: chr "less affluent" "less affluent" "less
affluent" "less affluent" ...
  $ business_unit      : chr "retail_bank" "retail_bank" "retail_bank"
"retail_bank" ...
```

对于 stored_data 数据集，通过 str()函数，会得到如下输出：

```
'data.frame':    891330 obs. of 9 variables:
  $ attr_3     : num 0 0 0 0 0 0 0 0 0 0 ...
  $ attr_4     : num 0 0 0 0 0 0 0 0 0 0 ...
  $ attr_5     : num 0 0 0 0 0 0 0 0 0 0 ...
  $ attr_6     : num 0 0 0 0 0 0 0 0 0 0 ...
  $ attr_7     : num 0 0 0 0 0 0 0 0 0 0 ...
```

```
$ default_flag : Factor w/ 3 levels "?","0","1": 1 1 1 1 1 1 1 1 1 1 ...
$ customer_code: num 1 2 3 4 5 6 7 8 9 10 ...
$ parameter    : chr "attr_8" "attr_8" "attr_8" "attr_8" ...
$ value        : num NA NA -1e+06 -1e+06 NA NA NA -1e+06 NA -1e+06 ...
```

因此，对于每个数据集，读者可以得到列名、类型（此处的类型是 num 和 Factor 等）以及前 10 个记录的列表。在本小节的最后部分，要对上述 3 个数据集的整洁程度进行评估，但是不管怎样，读者可以考虑一下前面所讲述的 3 个整洁数据原则，并尝试找出这 3 个数据集中的哪一个遵循上述原则（如果有的话）。

2．describe()函数

在描述数据结构时，describe()函数是真正的"利器"。该函数并非 R 语言内置的函数，而是来自小弗兰克·E.哈勒尔教授精心设计的 Hmisc 程序包。在读者的数据上运行该函数，不仅可以得到数据的结构，还可以发现每列值的变动范围。

只需要安装、加载 Hmisc 程序包，并在 customer_list 数据集上应用该函数就可以领略该函数的强大功能：

```
library(Hmisc)
describe(customer_list)

customer_list

 3 Variables 148555 Observations
 -----------------------------------------------------------------------
 ----------------------
 customer_code
       n missing unique Info Mean .05 .10 .25 .50
.75      .90      .95
  148555 0 148555 1 74278 7429 14856 37140 74278
111416 133700 141127

lowest : 1 2 3 4 5, highest: 148551 148552 148553
148554 148555
 -----------------------------------------------------------------------
 ----------------------
 commercial_portfolio
       n missing unique
  148555       0       3

less affluent (145940, 98%), mass affluent (1557, 1%)
more affluent (1058, 1%)
 -----------------------------------------------------------------------
 ----------------------
```

```
business_unit
       n missing unique
 148555        0       2
corporate_bank (11288, 8%), retail_bank (137267, 92%)
-----------------------------------------------------------------------
-----------------------
```

通过查看 describe()函数的输出，读者可以很容易地看到，基于不同的数据类型，该函数给出了变量的变化范围。例如，对于 customer_code 变量，由于它是数字，该函数给出的是分位数分布；而对于 business_unit 变量，由于它属于分类变量，该函数给出的是频率表。

读者可能会问，既然已经有 describe()函数了，为何还需要 str()函数呢？

这是因为这两个函数的使用场景不同。在有的场景下，只希望快速查看数据而不需要了解更多细节，这时就可以使用 str()函数，因为该函数可以输出少量但易于获得的信息。但如果想得到更加详细的描述性统计数据，describe()函数就可以派上用场了。

3.　head()函数、tail()函数和 View()函数

读者现在已经对数据有了足够多的了解，但仍然可能认为自己还没有直观地看到这些数据。幸运的是，在 R 语言中提供了 3 个函数来满足读者的需求，这 3 个函数分别为 head()函数、tail()函数和 View()函数。使用前两个函数，可以在控制台中显示数据的前 n 行或者后 n 行；使用 View()函数，可以通过可视化电子表格在新的窗口中显示所有数据帧的数据。head()函数和 tail()函数默认显示的数据行数为 5，但是读者可以通过函数的参数项来调整输出显示的行数。

正如读者猜到的那样，要使用 head()函数和 tail()函数，只需将导入操作生成的数据对象作为参数，进行函数调用即可。具体如下所示：

```
head(customer_list)
```

运行结果如下：

```
customer_code  commercial_portfolio  business_unit
1 1             less affluent         retail_bank
2 2             less affluent         retail_bank
3 3             less affluent         retail_bank
4 4             less affluent         retail_bank
5 5             less affluent         retail_bank
6 6             less affluent         retail_bank
```

在 customer_list 数据集上运行 View()函数（注意函数首字母大写），该函数会创建窗口。如果读者没有使用 RStudio 的话，View()函数执行时所创建的窗口与图 5-2 所示类似。

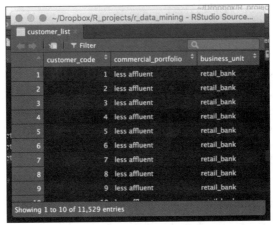

图 5-2

在进入下一段落的阅读之前，请读者尝试对需要处理的数据运行这 3 个函数。这将帮助读者更好地理解 3 个数据集中的内容，并有助于读者回答即将面临的问题。

4．评估数据整洁度

既然读者已经对数据的结构和数据的填充方式有了很好的理解，那么可以尝试解决下面这个基本问题了：数据整洁吗？

请读者回顾以下 3 个基本问题：

- 每一列只包含一个属性吗？
- 每一行只包含一个观察吗？
- 每一张表只代表一个观察单位吗？

通过回答以上 3 个问题，读者可以很容易地看到前两张表的结构比较理想：第一张表 cash_flow_report 中存放了由客户所在地区和月份的不同组合构成的数据；在第二张表 customer_list 中，每个客户对应一行数据，相应的列中有序地显示了客户的属性信息。

那第三张表 stored_data 如何呢？既然将其与前两个表分开讨论，读者应该已经猜到这个表不够整洁。但是为什么这样说呢？请仔细查看上面的三条原则，并将这些原则应用到 stored_data 表上。

（1）每一行都是一条记录

"这条原则究竟意味着什么呢？"为了正确理解这条原则的含义，需要先理解背景——在 stored_data 表中记录的内容是什么？读者可以使用旁注对比数据集来获得提示，旁注为"从本年度不同数据库中合并的与公司客户相关的记录"。很好，如此说来，这些记录是与公司客户相关，且在本年度进行记录的。继续阅读旁注，读者会发现"针对每个客户都应记录一条数据"这个表述很清楚，每一个客户的每个属性都应该记录一次。因此，读者可以得出结论，即每条记录都应该代表一个客户。这符合当前所给出数据集的结构吗？

读者想查看是否每条记录都代表一个客户，因此就需要查看每个客户在表中出现一次还是多次。通过调用 unique()函数，读者就可以很容易地进行判断。unique()函数将一个向量作为输入参数，输出一个向量，输出向量的元素为输入向量中具有唯一值的元素。在当前例子中，读者要做的事情是获取 customer_code 变量，并获取它的长度（观察 customer_code 变量存储的元素个数）。接下来读者要获得一个包含 customer_code 中唯一值的向量。读者将这两个向量的长度进行比较，如果两个向量的长度相等，就表明数据遵循当前讨论的原则，否则就认为数据不遵循原则：

```
stored_data$customer_code %>%
 length()
```

上述函数的输出结果为 891330，意味着读者的表中包含 891330 行数据（如果读者对%>%符号不熟悉，请阅读第 2 章）。现在是时候应用 unique()函数获得输出向量的长度了：

```
stored_data$customer_code %>%
 unique() %>%
 length()
```

上述函数的输出结果为 148555，等于输入向量长度的 1/6。怎么会这样呢？需要读者找出其背后的原因，与此同时，可以得出有关 stored_data 数据的第一个相关迹象：数据不整洁。

当然，读者并不会止步于此，读者需要更好地理解数据究竟是如何不整洁的。接下来跳转到第二条原则，并尝试对数据获取更清晰的认识。

（2）每一列显示一个属性

"名字代表什么？"是的，这是莎士比亚提出的，借其引出我们的问题：属性是什么？如何定义属性？首先，让我们探索一下，我们可以说属性是用来描述实体的特定特征的东西。由此，对当前所讨论的第二条原则，读者可以将其理解为每一列显示的数据应该只与客户的一个特征相关。

由于读者已经知道，数据集中的客户数据不止记录了一次，因此可以推断出数据集中某一列包含多个属性。但是读者要如何才能确定是哪一列呢？

请读者回顾一下数据的结构：

```
'data.frame': 891330 obs. of 9 variables:
$ attr_3 : num 0 0 0 0 0 0 0 0 0 ...
$ attr_4 : num 0 0 0 0 0 0 0 0 0 ...
$ attr_5 : num 0 0 0 0 0 0 0 0 0 ...
$ attr_6 : num 0 0 0 0 0 0 0 0 0 ...
$ attr_7 : num 0 0 0 0 0 0 0 0 0 ...
$ default_flag : Factor w/ 3 levels "?","0","1": 1 1 1 1 1 1 1 1 1 1 ...
$ customer_code: num 1 2 3 4 5 6 7 8 9 10 ...
$ parameter : chr "attr_8" "attr_8" "attr_8" "attr_8" ...
$ value : num NA NA -1e+06 -1e+06 NA NA NA -1e+06 NA -1e+06 ...
```

读者可以看到前 5 列分别为 attr_3、attr_4 等（这些是什么属性？如果不知道，稍后询问一下办公室的某位同事），此外，读者还会发现 default_flag 列以及非常熟悉的 customer_code 列。读者看到一个难以理解的、名字为 parameter 的列了吗？该列似乎填充了无数的 attr_8。但是读者不应该被该列前几行的数据左右了想法，可以确定该列只包含 attr_8 吗？要怎样做才能得到更多信息呢？

读者可以再次使用 unique() 函数，得到结果如下：

```
stored_data$parameter %>% unique()
[1] "attr_8" "attr_9" "attr_10" "attr_11" "attr_12" "attr_13"
```

找到了！有一大堆属性隐藏在这个神秘的 parameter 列之下。parameter 列必定是相关的。不过据其内容看来，这些类似 attr_8 的属性只是标签，属性的实际值在哪里呢？数据中本该可以找到一些诸如眼睛颜色、身高和孩子数量的实际属性值，但是对于给定的用户，应该从何处查找类似孩子数量的实际属性值呢？数据中恰好缺少了一列，我们要找出这一列：value 列（作为作者，我知道列名 value 不是很有创意，实际上我可以在后续版本中对此做出修改）。在 value 列中可以发现什么呢？通过对数据集 stored_data 使用 str() 函数，得到以下输出内容。

```
num NA NA -1e+06 -1e+06 NA NA NA -1e+06 NA -1e+06 ...
```

虽然实际上得到的信息并不是很多，但至少让读者知道了在这一列中包含一些数字。现在情况更加清晰了，一些属性有序地存放在单独的列中，而一些属性则融合到了某一个列中。这种情况可能是因为 stored_data 这张表是通过合并不同数据源得到的。这一点可以从所提供的数据的旁注获知，生产数据中经常会出现这种情况。

实际上第二条原则已被打破了，那第三条原则呢？

（3）每张表代表一个观察单元

说实话，该原则在 3 条原则中并不那么突出，其含义也不太好明确指定。然而，假设前面两个被打破的原则得以修复，读者可以认为数据集包含与观察单位（即公司的客户）有关的所有数据，因此也可以认为数据满足了第三条原则。

5.2.3 数据整理

两张表很整洁，一张表不整洁。当读者面带微笑看着显示器，得意于已发现的数据整洁度时，一个同事经过身旁，问道："进展如何？你修复好这些数据了？时间不多了，领导想在 12 点之前完成数据的清理工作。"这位同事肯定明白了这一点：我们现在确定的是有一张表的数据是脏的，而当前的任务实际上涉及对数据进行清理。既然已经和同事进行了讨论，为什么不弄清楚 attr_1、attr_2 等这些属性的含义呢？同事就此回应道："这些标签？在我的电子邮件历史记录中可以找到一些转码表，我查看之后告诉你。不错，表中的脏数据应该是有希望被清理的。"

现在读者可以回到当前要处理的工作，面对一个难题：要如何清理 stored_data 表中的脏数据呢？

1. tidyr 程序包

在通常情况下，发现问题的人也会提出一个对应的解决方案。在提出了不整洁数据的问题之后，哈德利·威克姆开发了一个 tidyr 程序包，其开发该程序包的目的非常明确：整理不整洁数据，使之变得整洁。该程序包与读者之前所遇到的 dplyr 程序包类似，即使用动词来表示操作。在接下来的段落中，会对 tidyr 程序包内的动词进行讲解，一旦读者掌握了这些动词，就可以利用它们来整理数据集。在实际了解这些动词之前，先介绍一下第三种查看表结构的方式：长数据与宽数据。

长数据与宽数据

在讨论关系数据库和数据整理时，实际上读者已经遇到过将数据划分为长数据、宽数据两种的表达方式。然而，由于该表达方式是读者将要应用于 tidyr 动词的概念框架，因此在本节中引入长数据/宽数据是非常有帮助的。

能够帮助正确理解长数据/宽数据的第一要点就是思考一下表的形状。

- 长数据表的长度会比宽数据表的长度长。
- 宽数据表的宽度会比长数据表的宽度宽。

长数据表和宽数据表所包含的信息是一样的，但这怎么可能呢？实际上，只是两种类型的表处理变量的方式不同而已。在长数据表中，所有属性都分开显示，并形成不同的列，这会使得关于给定属性的所有信息通过垂直的维度进行展示。在宽数据表中，表的列包含相同属性但不同取值变量的组合，这会增加列的数量，因此会使宽数据表的宽度大于长数据表的宽度。读者可以从谈论整洁数据时所遇到的表开始实现长数据到宽数据的可视化转换。读者可以从我们前面谈论脏数据（显示对应一组日期和城市的气温）时遇到的图表开始进行可视化。为免去读者翻阅前面内容的麻烦，在此重新绘制该表，如表 5-2 所示。

表 5-2

city	date	temperature
london	june_2016	15
london	july_2016	18
london	august_2016	19
london	september_2016	18
moscow	june_2016	17
moscow	july_2016	20
moscow	august_2016	19
moscow	september_2016	11
new_york	june_2016	22
new_york	july_2016	26
new_york	august_2016	26
new_york	september_2016	23
rome	june_2016	23
rome	july_2016	27
rome	august_2016	26
rome	september_2016	22

如何将表 5-2 变成宽数据表呢？一种方式是将"日期-气温"信息调整为列，例如标记为 may-2016-temperature、June-2016-temperature 等。在每个单元格中填充给定城市的气温。显示结果如表 5-3 所示。

表 5-3

city	august_2016	july_2016	june_2016	september_2016
london	19	18	15	18
moscow	19	20	17	11
new_york	26	26	22	23
rome	26	27	23	22

上面的例子可以帮助读者理解 tidyr 程序包的用途，即将长数据表调整为宽数据表，或者将宽数据表调整为长数据表。在实际学习 tidyr 程序包所提供的两个用于完成长数据/宽数据转换的动词之前，读者应该了解的是，根据前面提到的关系数据库框架和数据整理框架，长数据表应该作为首选。为什么呢？如下 3 个经典论点可帮助说明为何选择长数据表。

- 如果属性的取值范围非常宽泛，比如包含许多日期的 date 属性，那么以该属性的不同取值作为列名，就会使得表变得非常宽，看起来会比较费事。

- 长数据表的形式使得观察单位更加清晰。

- 如果要对数据应用某些建模技术，则可能需要将每个变量作为单独的处理单元。如果使用上面的宽数据表的话，那么如何描述天气随时间的变化趋势呢？在这种情况下，只能在使用数据之前对其进行调整，将其转换为长数据表。

既然读者已经意识到长数据表的优点，接下来介绍一下如何使用 spread()函数和 gather()函数在这两种格式之间进行转换。最后，本书会向读者介绍 tidyr 程序包所提供的第三个动词函数 separate()，该动词函数可以将一列创建为多列。

spread()函数

spread()函数所执行的操作正如单词本身所代表的含义那样，即沿着列展开数据。该函数接收长数据表作为输入，将该表转换为宽数据表。要了解 spread()函数的工作原理，读者可以再次使用之前使用过的、针对不同日期显示不同城市气温的表格。请读者使用如下代码重新生成这些数据：

```
city <- c(rep("london",4),rep("moscow",4),rep("new_york",4), rep("rome",4))
date <- c(rep(c("june_2016","july_2016","august_2016","september_2016"),4))
temperature <- c(15,18,19,18,17,20,19,11,22,26,26,23,23,27,26,22) #source :
wunderground.com
temperature_table <- data.frame(city,date,temperature)
```

读者现在应该非常熟悉向量和数据帧的创建了。不过，如果读者对上述代码还有任何疑问，可以随时翻回到第 1 章进行查看。

为了正常调用 spread()函数，需要确定数据帧内的 key 列和 value 列。

- key 列用于标记要创建的多列。当前的示例期望将 date 属性列展开为宽数据表格式，因此 key 列被选定为 date（日期）列。

- value 列用于指定填充到新创建的列所对应的值。正如读者可能猜测的那样，在当前的示例中，value 列被选定为 temperature（气温）列。

只有 key 列和 value 列是 spread()函数需要强制设定的参数。这两个参数没有默认值，因此在不提供这两个参数的情况下，运行 spread()函数会报错。在使用该函数时，另一个需要注意的参数是 fill 参数[1]。假设没有伦敦市 2016 年 7 月份的气温记录。对于长数据表来说，这没有什么问题，这是因为对于长数据表而言，只是缺少一条行记录。但是对于当前所要创建的宽数据表而言呢？针对伦敦市，日期为 2016 年 7 月份的单元格会填充什么数据呢？这正是 fill 参数的用处所在。

---

[1] 原文为函数（Function），应该为参数（argument）。——译者注

请读者将 date 列和 temperature 列分别作为 key 列和 value 列传入函数，并尝试运行 spread()函数：

```
temperature_table %>%
spread(key = date, value= temperature)-> wide_temperature
```

运行上述两行代码会得到表 5-4 所示的结果。

表 5-4

	city	august_ 2016	july_ 2016	june_ 2016	september_ 2016
1	london	19	18	15	18
2	moscow	19	20	17	11
3	new_ york	26	26	22	23
4	rome	26	27	23	22

表 5-4 正是我们想要的由长数据表转换而来的宽数据表。

gather()函数

尽管接下来要进行的操作看上去有点儿疯狂，但是通过调用 gather()函数，读者可以将上面的宽数据表再次转换成长数据表。从某种程度上说，设想一个完全反向的过程是非常有帮助的。怎样才能将宽数据表转换为之前的长数据表呢？读者可以将从 august_2016 到 september_2016 的所有列的标签存储到一个新的列中，然后将所有这些列所对应的值存储到一个新的列中。因此，读者需要重新创建 key 列和 value 列。

为了执行当前的转换任务，gather()函数执行类似的推理过程。该函数需要读者指定在何处寻找标签和单元格的值，还需要为生成的 key 列和 value 列分别设置名称，如下：

```
wide_temperature %>%
 gather(key = "date", value = "temperature", -city)
```

执行上面的两行代码可以得到最初的长数据表。在继续下面的步骤之前，有必要向读者指明 gather()函数从何处获取标签和单元格的值——通过使用 gather()函数最右侧的 -city 标记。该标记有什么用途呢？非常简单，寻找除了 city 列的所有标签和单元格。作为-city 标记的替代方式，读者也可以通过明确声明宽数据表列的数值范围，得到与使用 -city 标记结果相同的长数据表：

```
wide_temperature %>%
gather(key = "date", value = "temperature", 2:5)
```

separate()函数

separate()函数是真正为脏数据准备的。什么是脏数据呢？即将两个或多个属性合并为一列的数据。通过查看表 5-5 直观感受一下脏数据。

表 5-5

time	temperature
15/05/217 12:25:33	16
15/05/217 13:25:33	16
15/05/217 14:25:33	17
15/05/217 15:25:33	15

可以看到，表 5-5 中的 time 列实际上存储了两种不同类型的信息——记录数据的日期和时间。为了遵循"每一列显示一个属性"的原则，读者应该如何整理该列数据呢？正如读者猜到的那样，separate()函数可以派上用场了。要将该函数应用于 time 列数据，只需在 time 列数据上运行 separate()函数，并指定该函数所需的最小参数集。

- column：指定需要进行拆分的列，不加引号。
- into：从原有的列中创建的新列的名称，以字符向量的形式给出。
- sep：生成列的分隔符，用来确定某列的结尾标记以及新的一列的开始标记。

返回查看读者真正需要处理的脏数据，下面给出的是如何整理脏数据的代码：

```
really_dirty_data %>%
  separate(time, sep = " ", into = c("date", "hour"))
```

代码输出的是一个整洁的表，每个属性占一列，每条记录占一行，如表 5-6 所示。

表 5-6

date	hour	temperature
15/05/17	12:25:33	16
16/05/17	13:25:33	16
17/05/17	14:25:33	21
18/05/17	15:25:33	15

2. 对数据集使用 tidyr 程序包

既然读者已经知道了何为整洁数据、整洁数据的样子，以及如何通过应用 tidyr 程序包来获得整洁数据。现在是时候应用刚刚学到的所有知识来整理读者现有的数据集了。

读者将如何着手解决现有的数据集呢？第一步是准确定义数据集存在什么问题以及数据不整洁的表现形式，以便从可用的 tidyr 程序包中的数据整理函数中选择合适的函数。

正如读者所见，现有数据集中的唯一脏数据表是 stored_data，该数据表违反了哪条原则呢？实际上该数据表违反了两条原则，我们发现数据表的单个列中包含多个属性。"单个列包含多个属性"，这让读者想起了什么？在前文讲述气温数据表 temperature_table 时，数据表中包含属性列"temperature"和该属性对应的很多数据值。正如 temperature_table 所展示的那样，city 属性和 date 属性分别存储在分开的某一列中。怎么称呼这样的数据表呢？我们称其为长数据表。

stored_data 正是长数据表，因此可以应用 spread() 函数对数据表进行调整。读者已经知道，运行 spread() 函数所需的最小参数集是 key 列和 value 列：

- key 列用于标记读者将要创建的多个列；
- value 列用于表明读者要填充到所创建的多个列中的值。

通常，现实中的情况远比读者在教科书中所看到的例子复杂得多，在读者当前所处理的 stored_data 数据表中也是如此。stored_data 数据表中包括 9 列数据，远多于例子中的 temperature_table 中的 3 列数据。因此建议读者做一个练习，以便巩固到目前为止所学过的内容。

翻回到本书中讲述 spread() 函数的部分，重新阅读一遍，然后尝试编写将该函数应用于 stored_data 数据表的代码。该练习可以帮读者巩固学过的有关 spread() 函数的知识。在读者完成练习后，会出现两种情况，对应于不同的结果，后续操作步骤如下：

- spread() 函数运行成功，整理好了数据，因此读者可以跳转到 5.2 节；
- 读者已经努力尝试了，但依然没有将数据整理好，因此读者需要继续往下阅读。

既然读者正在阅读当前内容，说明 spread() 函数的运行效果并不理想。接下来，请读者花点儿时间研究一下 stored_data 数据表：实际上存储隐藏属性的标签究竟是哪一列呢？正如前文中所描述的，是 parameter 列。该列存储了 attr_8、attr_9 等类似的重复标签。因此读者可以将 parameter 作为 key 列。但是 customer_code 列呢？之前不是也发现了在 customer_code 列中存储了重复的客户代码吗？

customer_code 中确实存储了重复的客户代码。不过，可以确定的是，spread() 函数仅仅需要两个参数：一个 key 列和一个 value 列。因此读者应该关注并回答这一个问题，长数据表的哪一列对应了 value 列的标签？是 parameter 列，因此读者需要将 parameter 列作为 key 参数传入 spread() 函数。接下来要执行的代码暂时忽略 customer_code 属性，正如像之前处理 city 列那样，spread() 函数会处理好 customer_code 属性列。

请读者尝试使用 R 语言代码来实现这些推理过程：

```
stored_data %>%
  spread(key = parameter, value = value) %>%
  str()
```

输入上述代码并按"Enter"键执行该代码，返回如下结果：

```
'data.frame': 148555 obs. of 13 variables:'data.frame': 148555 obs. of 13
variables:
$ attr_3      : num   0 0 0 0 0 0 0 0 0 0 ...
$ attr_4      : num   0 0 0 0 0 0 0 0 0 0 ...
$ attr_5      : num   0 0 0 0 0 0 0 0 0 0 ...
$ attr_6      : num   0 0 0 0 0 0 0 0 0 0 ...
$ attr_7      : num   0 0 0 0 0 0 0 0 0 0 ...
$ default_flag : Factor w/ 3 levels "?","0","1": 1 1 1 1 1 1 1 1 1 1 ...
$ customer_code: num   1 2 3 4 5 6 7 8 9 10 ...
$ attr_10     : num   NA NA -1e+06 -1e+06 NA NA NA -1e+06 NA -1e+06 ...
$ attr_11     : num   NA NA -1e+06 0e+00 NA NA NA -1e+06 NA -1e+06 ...
$ attr_12     : num   NA NA NA NA NA NA NA NA NA NA ...
$ attr_13     : num   NA NA NA NA NA NA NA NA NA ...
$ attr_8      : num   NA NA -1e+06 -1e+06 NA NA NA -1e+06 NA -1e+06 ...
$ attr_9      : num   NA NA 1e+06 1e+06 NA NA NA -1e+06 NA 1e+06 ...
```

这正是读者所期待的：

- 每行一条记录。
- 每列一个属性。

输出结果看起来不错！读者的数据清理工作做完了吗？要回答这个问题，只需要再看一下 str()函数的输出结果，尝试弄清$default_flag 标记之后的问号(?)代表什么，或者 NA 代表什么。读者能弄清吗？猜测读者给出的答案是否定的。因此读者的数据清理工作还没有结束。

5.2.4　验证数据

在目前阶段读者获得的数据已经整洁且结构化良好，可以满足后续的数据分析需求。但还有一个问题，当前的数据是否适合进行分析呢？这个问题涉及数据质量。数据质量是数据挖掘中的一个重要指标，读者可以通过计算机科学中的流行语"垃圾输入、垃圾输出"轻松地理解数据质量的重要性。

联系上下文，上述流行语所表达的意思是如果读者将低质量的数据作为输入，那么得到的输出结果也不会可靠。这就意味着读者无法将所得到的结果用作决策依据。验证数据的主要宗旨是：需要在公司内部定期进行许多活动，以确保所得到或产生的数据不存在重大数据质量问题。

但数据质量问题指的是什么呢？

首先，读者应关注于数据质量是什么。数据的质量属性通常被认为既要具有适用性，也要符合标准。

1．数据的适用性

不打算提供给任何人使用的数据质量都很高。也就是说，如果没有人要使用数据，就不会产生任何的数据质量问题。这种极端的陈述可以帮助读者理解什么才是适用的数据，如果数据对于收集其的目的而言是可用的，人们就认为数据质量是好的。

读者可以想一想数据类型不匹配或者丢失了许多数据记录的情况。一般说来，读者会想到这样一些情况，例如提供的数据不能直接使用，在使用它们之前，需要对其进行某种清洗和验证。

如读者所见，适用性主要是针对将要使用数据的客户而言的，因此可以先了解一下什么样的数据能实现客户的具体目标。

2．数据符合标准

该属性位于适用性之后，因为它指的是质量标准，数据会根据这些标准进行评估，以确定数据可被接受的程度。当某些 IT 部门被要求运行一些诊断性检查以确定数据是否可以交付给最终用户时，是否符合标准可以作为数据质量与生产环境具有更多相关性的一个指标。

为什么将数据符合标准这条原则放置在数据的适用性之后呢？因为在没有用户存在的情况下，数据就不会存在质量问题。首先定义用户想要使用的数据的适用性需求，接下来将这种需求转化为评估一致性水平的标准，并在生产环境中获得数据。

3．数据质量控制

在谈论数据质量控制时，我们实际上谈论的是各种各样的活动，从原始数据诊断系统到对数据挖掘项目建模阶段中的单一变量的域的检查。所有控制活动都有一个共同的目标：确保数据不会产生误导性结果，从而避免因这些结果提供错误的决策。

由于涉及检查变量域的活动旨在确保读者所用数据的有效性，因此该活动也通常被称为数据验证活动。

下面列出了常见的数据验证活动（并非全部）。

- 一致性检查。
- 数据类型检查。
- 逻辑检查。

- 域检查。
- 唯一性检查。

一致性检查

因为这种类型的检查主要涉及对数据的正常期望，所以它也可称为常识性检查。举例说明：在一张表中，读者期望其中的某一列显示摘要信息，比如显示其他列的平均值，就像显示本书前文例子中所记录的月销售额的平均值。月销售额例子中的一致性检查就是校验该列（甚至只是针对一些记录）是否确实显示平均值。回到读者当前的 customer_list 表，如果读者已知公司的客户总数接近 100 个，那么只找到 10 个客户肯定意味着数据质量出现了问题。因为一致性检查可以有效地帮助读者发现数据上的大问题，所以即使这种类型的检查非常基础也不复杂，读者还是不要忘记去执行。

数据类型检查

此处要介绍的是一项非常基础但却强大的检查——数据类型检查。执行此种类型的检查是为了确保数据满足所有相关的数据类型约束。什么是数据类型约束？设想一下，读者正在研究一种算法：将表中某种属性进行相加求和。这时将该属性设置为字符类型会导致算法出现问题吗？确实会的。实际上，这会引发代码错误，并且导致所有后续的处理都无法得到预期结果。读者可能会认为，既然这种问题可以被代码捕获，那就没必要把它看得多隐蔽。确实如此，但是读者应该始终考虑将这类约束检查写入代码中并进行相应的处理（例如发现字符类型数据，将其转换为数值类型数据），以避免代码停止运行。在生产环境中也是如此，因为在这样的环境中，代码停止运行可能意味着严重的后果。

逻辑检查

逻辑检查与一致性检查具有一定程度的相关性，它主要寻找单一属性内约束的某些方面，或者寻找两个及以上属性间的关系。举例说明：思考一下与客户相关的年龄（age）属性，我们要不要检查该属性数据不能大于 110 呢？还有，在谈及年龄和时间时，读者如何解释出生日期晚于今天日期的情况呢？在逻辑检查中，同样应该找出上述属性的异常。对于找出属性间的关系，例如对于一个给定客户，number_of_sons 列值显示为 0，name_of_sons 列值却显示一个或多个名字，如何解释？这些都是针对读者的数据执行逻辑检查的例子（如果可行的话）。再重复一遍，针对以上异常以及类似类型的异常，读者可以考虑在代码中实现常规性检查。

域检查

域检查是指对属性的可变范围进行检查。举例说明，假设读者要处理一个布尔类型变量，比如说 live（存活），读者知道该属性只可能有两个值：true 或 false。在这种情况下，可以检查属性数据中有没有出现第三个值。再举一个例子，一个仅允许整数值的离散变量，例如 number_of_cars。如果出现 2.5，合理吗？或者，读者可以在与股票相关的属性（例如股权份额）中查找域值之外的记录。股权份额属性的值可以限制在 0～100，超出这个限制的每个值都应该被视为可疑记录。

唯一性检查

这是需要读者探索的最后一种检查。这种类型的检查实际上是对有限定要求的键值进行的检查。数据表包含一个记录表中某个键的值的列，该键的值能够明确地标识表中的每条记录。请读者考虑一下客户列表中的客户代码，应该确保表中没有重复的客户 ID，否则在检索客户相关的数据时，读者就无法确定哪一条记录才是可靠的。正如本书 5.2.2 节介绍的，读者可以通过将列的长度和仅由唯一值组成的列向量长度进行比较，来检查数据的唯一性。

4. 对数据进行验证

现在是时候对读者的当前数据进行一些检查了。看看如何通过使用读者所钟爱的 R 语言来对数据进行检查，请读者重点关注 stored_data 数据集。

使用 str()函数进行数据类型检查

在此处，要用到 5.2.2 节中介绍过的 str()函数，当时使用该函数仔细分析了数据帧，并且注意到该函数运行后产生了一个向量列表，每个向量都显示了不同的列的名称、该列的类型（即组成该列元素的类型）以及向量内的前 10 条记录。现在请读者更仔细地查看输出，看看是否出现了某种奇怪的结果：

```
str(clean_stored_data)
```

运行结果如下：

```
'data.frame': 27060 obs. of 15 variables:
$ attr_3        : num  0 0 0 0 0 0 0 0 0 0 ...
$ attr_4        : num  1 1 1 1 1 1 1 1 1 1 ...
$ attr_5        : chr  "0" "0" "0" "0" ...
$ attr_6        : num  1 1 1 1 1 1 1 1 1 1 ...
$ attr_7        : num  0 0 0 0 0 0 0 0 0 0 ...
$ default_numeric: chr  "?" "?" "0" "0" ...
$ default_flag  : Factor w/ 3 levels "?","0","1": 1 1 2 2 2 2 2 2 2 2 ...
$ customer_code : num  6 13 22216 22217 22220 ...
$ geographic_area: chr  "north_america" "asia" "north_america" "europe" ...
$ attr_10       : num  -1.00e+06 -1.00e+06 1.00 9.94e-01 0.00 ...
$ attr_11       : num  0 0.00482 0.01289 0.06422 0.01559 ...
$ attr_12       : num  89 20 150000 685773 11498 ...
```

```
$ attr_13      : num  89 20 150000 1243 11498 ...
$ attr_8       : num  0 0.0601 0 0.2066 0.2786 ...
$ attr_9       : num  0.00 1.07 0.00 1.00 -1.00e+06 ...
```

由于还没有收到同事的邮件，因此读者现在还不了解每个属性的含义和内容，也就无法对每列的数据类型有明确的期望。不过，读者可以观察到，最初的几列（从 attr_3 到 attr_7）元素的取值为 0 和 1；default_numeric 一列的取值为问号和 0；default_flag 列显示了一个问号以及一些 0 和 1；接下来是 customer_code、geographic_area 以及从 attr_8 到 attr_13 的最后几列（均显示为数字）。先不管显示问号的列（稍后会对其进行处理），读者是否认为所有不带问号的列的取值都合理地符合预期类型呢？

如果读者回头再查看一下从 attr_3 到 attr_7 的最初几组属性向量，可以发现大部分属性的值都是数值类型的，这是合理的，因为其值为 0 或 1。请读者注意此处说的是大部分，并不是全部。读者能看到 attr_5 这一列吗？str() 函数的输出结果显示 attr_5 是一个字符类型向量。读者可以通过运行 mode() 函数来确认这一点：

```
mode(clean_stored_data$attr_5)
```

```
[1] "character"
```

在将其类型改为数值类型之前，需先确定该属性列所存储的值，以避免创建一个包含混合类型值的数值类型向量。要确定向量内存储的值，可以通过执行 range() 函数来实现。range() 函数可以返回该列向量内所存储的唯一值构成的向量（也可以通过 unique() 函数完成此操作）：

```
range(clean_stored_data$attr_5)
[1] "0" "1"
```

现在确定了该列向量所存储的值，并且准备好了将其类型改为数值类型。但是要怎样才能做到呢？在此介绍一个非常好用的 R 语言函数族——as.something() 函数。R 语言中存在一组专门用于进行数据转换的函数，这些函数都遵循相同的逻辑：获取对象，将其转换为读者想要的数据类型并返回转换后的对象。

读者可以将数据类型转换成其他多种类型，比如：

- 转换成字符，使用 as.character() 函数；
- 转换成数值，使用 as.numeric() 函数；
- 转换成数据帧，使用 as.data.frame() 函数。

请读者将 as.numeric() 函数应用于 attr_5 列，借此帮助读者了解类型转换函数的工作原理，转换之后再次通过调用 mode() 函数来查看结果：

```
clean_stored_data$attr_5 %>%
 as.numeric() %>%
 mode()
```

读者将获得以下输出：

```
[1] "numeric"
```

这正是读者所期望的。最后一步是将 clean_stored_data 数据帧（data.frame）中向量的原始版本替换为当前转换后的数值版本，读者可以通过使用 dplyr 程序包中的 mutate() 函数来实现。mutate() 函数可以用来在一个数据帧对象中创建新列或者更改现有的列：

```
clean_stored_data %>%
mutate(attr_5 = as.numeric(attr_5)) %>%
str()
```

执行以上命令之后，现在 attr_5 显示为一个数值向量。要存储这个结果，读者需要将其赋值给一个新的对象 clean_casted_stored_data：

```
clean_stored_data %>%
mutate(attr_5 = as.numeric(attr_5)) -> clean_casted_stored_data
```

读者可能还记得，在本书的前面部分介绍数据类型检查时曾陈述过，处理数据的代码中应该自动实现数据类型的检查。但是读者如何在代码流中执行这类检查呢？同往常一样，R 语言提供了另一个函数族——is.something() 函数。读者可以将该函数族看作 as.something() 函数族的"近亲"。相信读者应该已经理解如何使用 is.something() 函数了，读者只需要给函数传递对象即可。如果对象与预期一致则返回 TRUE，否则返回 FALSE。例如，运行以下代码：

```
is.data.frame(clean_stored_data$attr_5)
```

上述命令的运行结果为 FALSE，因为大家都知道 attr_5 是一个向量，而不是一个数据帧（data.frame）。正如 as.something() 函数族一样，is.something() 函数族也是由一些成员组成的，具体如下：

- is.numeric() 函数；
- is.character() 函数；
- is.integer() 函数。

一旦在代码流的正确位置加入了数据类型检查，代码就可以为可能的不同输出提供不同的分支代码流，分别执行 as.something() 函数的结果为正或为负的两个不同的代码块。为此，读者可能需要使用条件语句。有关条件语句的内容超出了本书的范围，不过读者可以在附录 A 中找到相关内容。

域检查

正如读者之前所看到的，域检查是与属性变化范围相关的检查。读者如何使用 R 语言来执行这些检查呢？虽然可能存在很多种检查方式，但本书在此处介绍一种比较直观的方式，即将 range()函数和 unique()函数结合起来使用。读者可以通过使用这两个函数推导出数值变量和字符变量的域值。

请读者先从数值变量开始。怎么查看数值变量的范围呢？读者可以使用 range()函数来查看。range()函数可以返回一个数字序列中的最大值和最小值。例如，对从 1~10 的数字序列运用该函数会得到如下结果：

```
seq(1:10) %>%
range()
```

```
[1] 1 10
```

上面的输出显示了组成该向量的值的范围。如果读者想要检查向量元素是否处于给定值的范围内怎么办呢？可以通过界定可以接收的最大值和最小值，并测试向量元素是否位于这两个值之间来实现。返回到当前处理的数字序列，并假设读者要检查向量的元素是否位于 2 和 12 之间，可以通过下面的代码来实现：

```
domain_test <- seq(1:10) < 12 & seq(1:10) > 2
```

这个被赋值的 domain_test 是一个什么样的对象呢？将其输出，如下所示：

```
[1] FALSE FALSE TRUE TRUE TRUE TRUE TRUE TRUE TRUE TRUE
```

读者可发现 domain_test 是一个布尔向量，该向量的每个元素表示序列中的每个值是否符合读者所设定的需求：2<值<12。

在上面的简单示例中，读者可以很容易地看出，除了最前面的两个值，序列其他的所有值都满足需求。但是如果存在很多元素并且读者不想查看所有的匹配结果，只想查看是否存在 FALSE，该怎么做呢？读者可以调用 table()函数来生成向量的一个频率表，在表中会显示该向量所有的唯一值（TRUE 和 FALSE）以及对应值的频率：

```
domain_test %>%
table()
```

输入上述代码并按 Enter 键提交后返回以下结果：

```
FALSE TRUE
2     8
```

通过上述结果，可以很清晰地发现：存在两条记录与设置的阈值不符。请读者将刚学到的内容应用到 stored_data 数据表。不过，目前还没有足够的信息为属性定义适当的域范围，因此读者需要设置一些虚拟的限制来进行测试。

以 attr_8 属性为例，读者可能想知道该属性的值是否均为正值，即是否都大于 0。应该怎么做呢？在此处的代码中，读者只设置一个为正的限制，因此只有一个条件：

```
attr_domain_test <- clean_casted_stored_data$attr_8 > 0
```

要理解本书作者所说的查看 attr_domain_test 向量的许多记录并寻找 FALSE 标记的含义，读者可以尝试将 attr_domain_test 对象输出。为了保护环境①，本书中不展示输出结果。在完成输出 attr_domain_test 的练习之后，读者就可以进入下一步练习，包括根据 attr_domain_test 对象生成一个频率表，以更方便地测试向量内的元素是否大于 0：

```
attr_domain_test %>%
table()
```

输出结果查看起来很方便：

```
FALSE TRUE
20172 6888
```

上述结果指出存在 20172 条记录不符合预期，而这些不符合预期的数据占据了数据的大部分比例，还好读者要查找的并不是符合这个限制的值。

关于域检查的最后一个问题：如果读者要处理的是分类变量，要如何检查呢？可以通过使用%in%运算符，将要检查的向量与另一个存储了读者认为可接受的值的向量进行比较来完成检查。

```
c("A", "C","F", "D", "A") %in% c("A", "D", "E")
```

读者可以将上面这行代码理解为"左边向量存储的值是由右边向量存储的值进行填充而得到的吗？"以下输出即问题的答案：

```
[1] TRUE FALSE FALSE TRUE TRUE
```

同样地，对于分类变量，在向量的元素个数非常多的情况下，也可以使用 table()函数来统计 TRUE 和 FALSE 的个数。

在即将结束域检查部分的讲解之际，请读者再次查看数据的结构，看看是否出现了变量域相关的问题：

```
str(clean_casted_stored_data)

'data.frame': 27060 obs. of 15 variables:'data.frame': 27060 obs. of 15
variables:
$ attr_3      : num  0 0 0 0 0 0 0 0 0 0 ...
$ attr_4      : num  1 1 1 1 1 1 1 1 1 1 ...
```

---

① 输出结果会占用本书很多版面。——译者注

```
$ attr_5          : num  0 0 0 0 0 0 0 0 0 ...
$ attr_6          : num  1 1 1 1 1 1 1 1 1 ...
$ attr_7          : num  0 0 0 0 0 0 0 0 0 ...
$ default_numeric: chr  "?" "?" "0" "0" ...
$ default_flag    : Factor w/ 3 levels "?","0","1": 1 1 2 2 2 2 2 2 2 ...
$ customer_code   : num  6 13 22216 22217 22220 ...
$ geographic_area: chr  "north_america" "asia" "north_america" "europe" ...
$ attr_10         : num  -1.00e+06 -1.00e+06 1.00 9.94e-01 0.00 ...
$ attr_11         : num  0 0.00482 0.01289 0.06422 0.01559 ...
$ attr_12         : num  89 20 150000 68573 11498 ...
$ attr_13         : num  89 20 150000 1243 11498 ...
$ attr_8          : num  0 0.0601 0 0.2066 0.2786 ...
$ attr_9          : num  0.00 1.07 0.00 1.00 -1.00e+06 ...
```

读者可以看到$default_numeric 和$default_flag 右边标记的问号吗？看上去不是很令人满意，这两个属性应该被定义为布尔类型，即 TRUE 或 FALSE（0 或 1）。读者应该如何处理这些问号呢？首先，要了解一下有多少个问号，可使用：

```
(clean_casted_stored_data$default_flag) %>%
table()
```

以及

```
(clean_casted_stored_data$default_numeric) %>%
table()
```

上面两部分代码的输出结果均为：

```
 ?       0          1
28      4845       22187
```

从上述频率表中，读者至少可以得出两条结论。

- 两个向量中只有少数元素受问号问题的影响（约占 0.10%）。
- 两个向量中存储的 1 比 0 多。这条结论现在似乎看上去并无用处，不过应该先记录下来，稍后也许会用到。

该如何处理这些带问号的奇怪的记录呢？由于读者现在对数据的含义和内容还没有足够的了解，本书给读者提出一个保守的解决方案：将这些奇怪的带问号的记录存储在一个单独的对象中，然后将其从 clean_casted_stored_data 数据帧中删除。

具体应该怎么做呢？读者要使用 dplyr 程序包提供的另一个实用工具，即 filter()函数。该函数刚好可以满足读者的期望，即过滤数据帧中符合对应原则的数据，排除所有不符合原则的数据。请读者尝试应用该函数对 clean_casted_stored_data 数据帧进行过滤：

```
clean_casted_stored_data %>%
 filter(default_flag == 0 | default_flag == 1 )
```

正如读者所见，在函数的参数中设置了两个确定的条件：保留数据表中等于 0 或者等于 1 的记录（有关 R 语言中逻辑运算符的更多信息，请查看本小节结束部分的表 5-7）。要检查代码中的过滤器函数 fliter() 是否得到了预期的结果，请读者查看一下生成的数据表的行数，看其记录数量是否与 clean_casted_stored_data 数据表内相应的记录数量一致：

```
clean_casted_stored_data %>%
  filter(default_flag == 0 | default_flag == 1 ) %>%
  nrow()
```

上述代码执行后输出的结果为 27032，刚好是值为 0 的记录个数（4845）以及值为 1 的记录个数（22187）之和，结果比较令人满意。读者可能已经注意到，代码中并没有创建新的数据帧，既没有创建新的 stored_data 数据帧的整洁版本，也没有创建包含问号的备份数据帧。请读者使用下面的几行代码来修复此问题：

```
clean_casted_stored_data %>%
  filter(default_flag == 0 | default_flag == 1 ) ->
clean_casted_stored_data_validated

clean_casted_stored_data %>%
  filter(default_flag != 0 & default_flag != 1 ) -> question_mark_records
```

此处需要指出如下两个观察到的结果。

1）clean_stored_……名称太长了，这个问题稍后解决。

2）创建了 question_mark_records 数据帧，代码中应用了类似于前面首次介绍的过滤器函数 filter()。但其参数部分与之前所调用的 filter() 函数的参数很不相同。这个过滤器函数所表达的意思是：过滤掉所有不等于 0 和所有不等于 1 的记录。读者可以验证这个新的过滤器函数，运行结果正好是 table() 函数输出中的对应问号的那 28 行记录。

R 语言中提供的逻辑运算符如表 5-7 所示。

表 5-7

运算符	描述
<	小于
<=	小于或等于
>	大于
>=	大于或等于
==	等于
!=	不等于
|	或
&	且

5.2.5　数据合并

当还在推理属性 attr_8 的域值时，读者突然意识到剩下的时间不多了，因为已经快到中午 12 点了，还没有跟团队分享整洁的数据。尽管读者只想把整洁的数据添加到新邮件中作为附件发送出去，但最后一个想法出现在读者脑海中："团队将会如何使用这些数据呢？"正如之前主管所说的那样，下一步要做的是对数据执行 EDA 操作，以查看是否存在任何特定市场或投资组合导致公司所观察到的利润下降。

具体会怎么做呢？团队可能会根据客户的属性（如地理区域、商业投资组合和业务部门）对客户进行汇总。目前这 3 个属性分布在不同的数据集中：地理区域存储在 stored_data 数据集中，另外两个属性存储在 customer_list 数据集中。虽然根据地理区域进行数据汇总不会出现任何问题，但是当基于业务部门和商业投资组合属性进行数据汇总时，团队将面临一个大问题。要如何解决这个问题呢？由于数据存在于两张独立的数据表中，因此最好的解决方案是创建一个单独的数据表。

读者要做的是使用 dplyr 程序包中所提供的 left_join() 函数。正如读者可能猜测到的那样，该函数利用了 SQL 中的 join 函数概念，join 是描述 SQL 领域中表与表之间所有合并操作的动词。dplyr 程序包中所提供的 left_join() 函数实际上复制了 SQL 中的 left_join 的功能，即将左表作为主表，根据给定的键从右表中获取记录信息，再将其添加到左表记录中。通过使用 left_join() 函数，读者将获得一个由左表中的所有记录组成的表，记录中同样包含来自右表的属性。在此过程中需要承担的风险便是：可能会丢失右表中的一些记录。正如本书内容稍后解释的那样，这实际上是合理的风险。

1.　left_join() 函数

为了执行前面所描述的合并操作，读者认为需要做什么准备呢？答案是：需要传入两个需要合并的数据帧的名称，还需要指定一个用于匹配两个数据帧中记录的键。

键是什么？键是两个表之间的"桥梁"，是存在于将要合并的两个表中的一个属性或一组属性。请读者先观察这两个表，看一下是否存在可作为键的属性：

```
str(clean_casted_stored_data_validated)>
str(clean_casted_stored_data_validated)

'data.frame': 27032 obs. of 15 variables:
$ attr_3        : num 0 0 0 0 0 0 0 0 0 0 ...
$ attr_4        : num 1 1 1 1 1 1 1 1 1 1 ...
$ attr_5        : num 0 0 0 0 0 0 0 0 0 0 ...
$ attr_6        : num 1 1 1 1 1 1 1 1 1 1 ...
$ attr_7        : num 0 0 0 0 0 0 0 0 0 0 ...
$ default_numeric: chr "0" "0" "0" "0" ...
```

```
$ default_flag    : Factor w/ 3 levels "?","0","1": 2 2 2 2 2 2 2 2 2 ...
$ customer_code   : num 22216 22217 22220 22221 22222 ...
$ geographic_area: chr "north_america" "europe" "south_america"
"north_america" ...
$ attr_10         : num 1 0.994 0 1 1 ...
$ attr_11         : num 0.01289 0.06422 0.01559 0.04433 0.00773 ...
$ attr_12         : num 150000 685773 11498 532 500000 ...
$ attr_13         : num 150000 1243 11498 532 500000 ...
$ attr_8          : num 0 0.2066 0.2786 0.0328 0 ...
$ attr_9          : num 0.00 1.00 -1.00e+06 1.00 8.65e-01 ...

str(customer_list)
'data.frame' : 27060 obs. of 3 variables:
$ customer_code       : num 1 2 3 4 5 6 7 8 9 10 ...
$ commercial_portfolio: Factor w/ 3 levels "less affluent",..: 1 1 1 1 1 1
1
1 1 1 ...
$ business_unit       : Factor w/ 2 levels "corporate_bank",..: 2 2 2 2 2 2
2 2 2 ...
```

读者找到了两个表中的共有属性了吗？是的，customer_code 属性是共有属性。读者快要完成数据的合并了，但是还请读者再花一些时间来深入了解一下 left_join() 函数的概念。读者应该将哪个表作为左表呢？正如前文中所描述的，左表中的记录会全部保留。读者具体要保留什么呢？读者感兴趣的是确保 stored_data 表中存储的所有关于损失和销售的数据都可以通过 customer_list 表中的可用属性进行分组，因此读者更倾向于保留 stored_data 表中的全部数据。如果某个 customer_code 丢失，也就是说，如果 customer_list 中有客户代码，但 stored_data 表中没有相应数据，那该怎么办呢？这可能说明这些客户与我们公司不再有联系，也可能是存在数据质量问题。读者可以进一步对此进行分析。但是就当前的分析而言，这不是一个相关问题，因为它并不会影响读者对数据进行分组这一目标。

现在可以运行该函数并查看运行结果了：

```
left_join(clean_casted_stored_data_validated,customer_list, by =
"customer_code") %>%
str()

'data.frame': 27032 obs. of 17 variables:
$ attr_3          : num 0 0 0 0 0 0 0 0 0 ...
$ attr_4          : num 1 1 1 1 1 1 1 1 1 1 ...
$ attr_5          : num 0 0 0 0 0 0 0 0 0 ...
$ attr_6          : num 1 1 1 1 1 1 1 1 1 1 ...
$ attr_7          : num 0 0 0 0 0 0 0 0 0 ...
$ default_numeric : chr "0" "0" "0" "0" ...
```

```
$ default_flag        : Factor w/ 3 levels "?","0","1": 2 2 2 2 2 2 2 2 2
...
$ customer_code       : num 22216 22217 22220 22221 22222 ...
$ geographic_area     : chr "north_america" "europe" "south_america"
"north_america" ...
$ attr_10             : num 1 0.994 0 1 1 ...
$ attr_11             : num 0.01289 0.06422 0.01559 0.04433 0.00773 ...
$ attr_12             : num 150000 685773 11498 532 500000 ...
$ attr_13             : num 150000 1243 11498 532 500000 ...
$ attr_8              : num 0 0.2066 0.2786 0.0328 0 ...
$ attr_9              : num 0.00 1.00 -1.00e+06 1.00 8.65e-01 ...
$ commercial_portfolio: Factor w/ 3 levels "less affluent",..: 1 1 1 1 1 1
1
1 1 1 ...
$ business_unit       : Factor w/ 2 levels "corporate_bank",..: 2 2 2 2 2
2 2 2 ...
```

现在得到的结果是：读者的 stored_data 表中填充了来自 customer_list 表的属性。

2. 其他 join 函数

在继续下面的讲解之前，需要读者了解的是 dplyr 程序包中提供了全系列的 join 函数。因此 SQL 中所有常见的数据连接函数都可以在 R 语言中实现，例如：

- inner_join(x,y)函数返回在数据集 x 中、可匹配到数据集 y 中的值的所有记录，以及数据集 x 和数据集 y 的所有列；
- anti_join(x,y)函数返回在数据集 x 中、未匹配到数据集 y 中的值的所有记录，只保留数据集 x 中的列；
- full_join(x,y)函数返回数据集 x 和数据集 y 中的所有行和所有列，如果没有匹配的值，缺失值返回 NA。

5.3 更多参考

- Hadley Wickham 的论文"Tidy data, Introducing the framework"。
- dplyr 程序包中 join 函数的备忘录，能帮助读者更好地了解 dplyr 程序包中有关合并数据表的其他可能场景。

5.4 小结

读者的 R 语言学习之旅开始于本章。利用前几章所获得的基本知识，读者开始面临突然出现的挑战：找出使得公司遭受重大损失的根源。

　　读者收到了一些需要清理的脏数据，借着这些脏数据，学习了数据清洗和整洁数据。首先，数据清洗是对数据进行调整，将其调整为适合分析的数据的活动；其次，整洁数据是一个概念性框架，用来定义读者的数据应具有哪些结构来满足前述需求。读者还学习了评估整洁数据的 3 条原则（每行一条记录，每列一个属性，每张表一个观察单元）。

　　此外，读者还学习了数据质量和数据验证，探索哪些指标可以用于定义数据的质量水平，并发现一组可用于评估数据质量并指出数据中存在的任何改进点的数据检查项。

　　在学习中，读者还将所有上述这些概念应用于示例中的数据。读者通过 tidyr 程序包中的 gather()函数以及 spread()函数生成数据，并使用数据类型检查和域检查来验证数据质量。

　　最后，读者学习了如何合并两个数据表中的数据，以便从一个表中获得另一个表中的属性。该操作是利用 dplry 程序包中的 left_join()函数来实现的。

　　读者现在已经拥有了进行数据清洗和数据验证所需要的理论和操作知识，可以进入第 6 章的学习了。

第 6 章　观察数据——探索性数据分析

"干得漂亮，[读者姓名]。之前的数据很乱，感谢你为 EDA 准备好了整洁数据。把这些已经清洗并完成验证的数据发送给弗朗西斯，支持一下他的工作。接下来他会给你演示如何对数据进行操作。公司现在没有太多时间对你进行培训，但是在支持他的工作的过程中，你会受益的。"

老板表扬完读者之后，读者就可以把清洗后的整齐数据发送给弗朗西斯，并前往弗朗西斯的工位了。

"你好，是你清洗了脏数据吗？做得很好！我们现在要进行一些探索性数据分析，更进一步地观察这些数据，了解利润下降的原因。"

EDA 即 Exploratory Data Analysis（探索性数据分析）。接下来，让弗朗西斯带领读者进入崭新的 EDA 世界。EDA 是数据分析师身边的一个非常强大的工具。在数据分析之初，分析师并不会过多地关注 EDA，他们更倾向于直接将建模技术应用到数据中。只是在对数据建模之前，分析师会从数据中提取一些初步的描述性统计数据。

"但是，如果我找到了关于安斯库姆四重奏的笔记，就会让你看到具有那种特征的统计数据有时候并不可靠。"

"时间很紧，接下来请使用某个汇总 EDA 来启动手头数据的整理工作。"

不错，看来弗朗西斯愿意向读者展示如何对数据执行 EDA。在本章中，弗朗西斯将作为读者的老师，带领读者进行探索性数据分析。在本章的总结部分，我们再见吧！祝你好运！

6.1　汇总 EDA 介绍

读者有没有听说过汇总 EDA？考虑到读者是新手，想必答案是"没有"。首先，让弗朗西斯下载完读者发送的数据，并将其在准备好的 RStudio 项目中打开，同时弗朗西斯会向读者介绍一下汇总 EDA。希望读者不要介意在所要讲述的内容中，部分是读者已知的。

汇总 EDA 包含基于计算过程得出的一个或多个指标的所有活动，这些指标用于描述读者正在处理的数据。EDA 的这一分支与其他分支的区别在于该分支的度量指标具有非图形化特征。在汇总 EDA 中，只计算一组数字；而在 6.2 节要执行的图形化 EDA 中，其核心是图像和可视化技术。

在读者和弗朗西斯谈话的过程中，数据准备好了，可以开始工作了。由于在现金流（cash_flow）报告中很可能包含充分的信息，可揭示导致利润下降的原因，因此读者会先查看现金流报告。

6.1.1　描述总体分布

首先，尝试从总体角度描述现金流的主要特征，即如果现金流朝更高或更低的方向发展，它会随时间变化多少，以及它的典型值是多少。要得出这些数值，需要计算以下内容。

- 四分位数和中位数。
- 平均值。
- 方差。
- 标准差。
- 偏度。

1.　四分位数和中位数

首先，需要对现金流属性的取值有更多的了解：其最小值是多少？最大值是多少？然后，还可以看一下总体中的参考数值，即所谓的**四分位数**。

先将总体的现金流属性值从小到大排列，然后将其分成四等份，处于 3 个分割点位置的数值就是四分位数。总体记录 25%的位置处对应的是第一四分位数，总体记录 50%的位置处对应的是中位数,总体记录 75%的位置处对应的是第三四分位数。第零四分位数和第四四分位数分别对应总体的最小值和最大值。图 6-1 所示为四分位数的解释性草图。

看到了吗？现在已经将总体的所有样本按值进行了排序，读者可以将总体想象成按身高排序的一群人。当然，有些人的身高相同，这时就把他们前后排在一起。这里有 20 个元素，所以从前面依次数出其中的 5 个，读者就得到了总体的 25%。"排第五的人的身高是多少呢？"这个身高值就是第一四分位数。同理，中位数是第十个人的身高值。
你能找出第三四分位数吗？请在图 6-1 上标记出来。

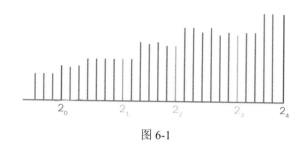

图 6-1

　　四分位数可用于快速描述总体。举例说明，如果读者得到了第一四分位数和第三
四分位数，并且这两个值非常接近，那么读者就可以得出这样一个结论：总体中 50%
的值是非常接近的，并且数据中没有太多的离散值。请读者查看一下当前现金流属性
数据中的四分位数，使用 fivenum()函数计算出现金流向量的最小值、中位数、最大值及
四分位数。

```
cash_flow_report %>%
select(cash_flow) %>%
unlist() %>%
fivenum()
```

计算结果如下：

```
cash_flow84 cash_flow29 cash_flow44 cash_flow46 cash_flow3
   45089.21    95889.92   102593.81   107281.90   132019.06
```

　　从上面的计算结果可以看出，由于第三四分位数和第一四分位数的值相差不大，因
此判断读者正在处理的是一个相当同质的总体。正如本章前面所言，第三四分位数和第
一四分位数之间的距离是非常有帮助的信息，被称为四分位距：

$$四分位距 = 第三四分位数 - 第一四分位数$$

　　对于当前处理的现金流向量，请读者计算出四分位距。得到四分位距的方法至少包
括以下两种。

- 将 fivenum()的输出保存到一个对象里，从中查出第三四分位数和第一四分位数。
- 使用 IQR()函数。

为了节省时间，请读者调用 R 语言内置的 IQR()函数，将 cash_flow 向量传给该函数：

```
cash_flow_report %>%
 select(cash_flow) %>%
 unlist() %>%
 IQR()
```

上面代码的输出如下：

```
11234.56
```

四分位距的值（以欧元为单位）并不大，不是吗？如果读者尝试通过使用 fivenum()
函数所得到的数据进行手动计算，读者会发现手动计算的结果与使用 IQR()函数所得到
的结果之间存在一点儿误差。这是由计算四分位数的算法不同所导致的，此误差可以忽
略不计。

2. 平均值

平均值可能是人们从总体中获得的最常见的汇总数据了。平均值试图表达的是整
个总体中最具有代表性的值，这也是读者对它既爱又恨的原因。计算平均值使用的是
非常简单的公式，即将总体中所有元素求和，再除以元素个数减一，可以写成下面的
形式：

$$\text{mean} = \frac{\sum_{i=1}^{n} x_i}{n-1}$$

读者注意到公式中的减号了吗？本书中不想讲得太专业，不过，读者应该知道，在
绝大多数情况下，这个公式是在处理样本时使用的，而不是针对总体使用的。正如前面
所说，平均值让人既爱又恨。平均值令人爱且应用广泛是因为其计算简单，能够体现样
本的整体水平。例如，与本章前面所介绍的四分位数相比，读者不必列出一系列的数值
并描述这些数值的含义以及它们之间的关系(如四分位距)。读者只用平均值这一个数值，
就能够描述整个总体的特征。

然而，平均值之所以令人生恨，主要是基于以下两个原因。
- 平均值不能体现出总体中的亚群体中所出现的现象。
- 容易被异常值带偏。

亚群体内的平均值和现象

关于平均值令人生恨的第一个原因，读者可以研究一下顾客的行为，特别是顾客的
购买习惯。在桌面上有一个电子表格，如表 6-1 所示。

表 6-1

Customer	June	July	August	September
1	200	150	190	195
2	1050	1101	975	1095
3	1300	1130	1340	1315

Customer	June	July	August	September
4	400	410	395	360
5	450	400	378	375
6	1125	1050	1125	1115
7	1090	1070	1110	1190
8	980	990	1200	1001
9	600	540	330	220
10	1130	1290	1170	1310

从表 6-1，可以计算出如表 6-2 所示的月平均值。

表 6-2

	June	July	August	September
average	832.5	813.1	821.3	817.6

这些平均值很可能会让读者得出一个结论：每个月单客销售数据并没有发生很大的变化。但是，如果表格中再增加一个属性，即顾客年龄组，就可以更好地帮助读者理解销售数据背后所发生的变化，表 6-1 增加属性后如表 6-3 所示。

表 6-3

Customer	Age cluster	June	July	August	September
1	young	200	150	190	195
2	adult	1050	1101	975	1095
3	adult	1300	1130	1340	1315
4	young	400	410	395	360
5	young	450	400	378	375
6	adult	1125	1050	1125	1115
7	elder	1090	1070	1110	1190
8	elder	980	990	1200	1001
9	young	600	540	330	220
10	elder	1130	1290	1170	1310

相信读者已经发现了不同年龄组（Age cluster）之间的差异，接下来请读者试着按年龄组类别分别计算总销售额，结果如表 6-4 所示。

表 6-4

Age cluster	June	July	August	September
young	1650	1500	1293	1150
adult	3475	3281	3440	3525
elder	3200	3350	3480	3501

看到了吗？在一组基本稳定的平均值背后，隐藏着 3 个完全不同的销售现状：公司正在失去年轻群体的市场；公司在成年群体中的销售额依然稳定；公司从老年群体中获利较大。这个例子能够帮助读者更好地理解，虽然平均值可作为描述整个总体水平的综合方法，但是未必能够恰如其分地描述总体的特征。例如，如果读者计算一下该总体在这 4 个月的四分位距，读者会得到表 6-5 所示的数字。

表 6-5

	June	July	August	September
IQR	628.75	650.75	776.5	807.5

上面的数据清晰地显示，总体以某种方式产生了分化，变得越来越不同质。

被异常值带偏的平均值

对于平均值令人生恨的第二个原因更容易解释：一个总体的平均值会被异常值严重带偏，这会导致平均值并不能够代表总体中的大多数。通过查看表 6-6 所示的一组数字，读者就可以明白这一描述的含义。

表 6-6

4	5	3	5	4	2	3	4	24	26

在表 6-6 中，读者可以清楚地看到有 8 个处在同一个较小的数值范围（2~5）内的数字，以及另外两个被视为异常值的数字（24 和 26）。如果读者计算所有数字的平均值，会得到整数 8。"8 这个数值在总体中出现过吗？"没有。然而如果读者依靠平均值来描述总体，就会得出数字 8 是该总体的代表值。

如果计算上述总体的中位数呢？读者会得到数字 4，这个数字更能够代表总体的特征。

因此读者应该明白，平均值虽然是一个有力的汇总性数据，但应该慎用，应尽可能地将其与其他描述性统计数据一起使用。

计算总体的平均值

那么，公司现金流的平均值是多少？通过使用 mean() 函数，读者很容易就能够计算出该值：

```
cash_flow_report %>%
 select(cash_flow) %>%
 unlist() %>%
 mean()
```

计算得出的结果是 101116.9。这个值与中位数有什么区别呢？在前面已经计算出了中位数，请读者在此处试着编写一个小脚本直接对两个数值进行比较，具体代码如下：

```
cash_flow_report %>%
 select(cash_flow) %>%
 unlist() %>%
 mean() -> mean

cash_flow_report %>%
 select(cash_flow) %>%
 unlist() %>%
 median() -> median
```

通过这段代码，计算出了平均值和中位数，并将它们分别赋给两个不同的对象 mean和 median。要比较两个数值的差异，读者只需很直观地写出如下代码：

```
mean - median
```

上面代码的输出结果为-1476.926。鉴于当前所处理订单的数量级，输出结果表明中位数和平均值并没有多大的差异。读者能猜到这两个数值为什么如此相近吗？在讲述偏度属性时，本书会仔细研究这两个数值相近背后的原因。

3. 方差

一组数字的方差表示数据的波动大小，更确切地说，方差表示数据与平均值之间的距离。其计算方法为：首先计算数据集的平均值；然后计算所有数据与平均值的差值的平方；计算出所有的差值的平方之后将它们求和；最后用"和"除以偏差的个数，即总体元素的个数减一。方差（variance）公式表示如下。

$$方差 = \mathrm{Var}\,(X) = \frac{\sum_{i=1}^{n}(x_i - \overline{x})^2}{n-1}$$

在上述公式中，x_i 表示总体中的一个给定值，$\overline{x}$ 表示总体的平均值，n 表示总体元素的个数。

在 R 语言环境下，读者可以通过 var() 函数计算出方差。调用该函数时，读者只需输入想要测量方差的向量即可。以下为在 cash_flow_report 数据集中计算 cash_flow 属性方差的执行代码：

```
cash_flow_report %>%
  select(cash_flow) %>%
  unlist() %>%
  var()
```

结果刚好为一个整数：120722480。

读者将如何评估这个值呢？这个方差值是大还是小？这个方差的计量单位是什么？该方差值实际上是欧元的平方。不知道读者是怎么认为的，但是作者不确定这个值代表的就是欧元的平方。方差的主要问题就在这里——读者实际上并不知道如何处理和评估这个值。针对这个问题，本书引入了标准差的概念。

4. 标准差

标准差的值可以直接通过前面所介绍的方差求平方根后得到。这个计量值的含义与方差的含义大体一致，唯一的不同是标准差采用的计量单位与原始变量的计量单位一致。这就能够使读者轻松地理解标准差变量所表示的变化量的相关性。从形式上推导出标准差（standard deviation）的公式，如下所示：

$$标准差 = \sqrt{方差}$$

通过 R 语言的 sd() 函数来计算现金流属性的标准差，具体如下：

```
cash_flow_report %>%
  select(cash_flow) %>%
  unlist() %>%
  sd()
```

得出的结果为人们更易理解的 10987.38 欧元。读者应该还记得前面得出的现金流的最小值为 45089.21、最大值为 132019.06。将这个标准差结果与上述最小值、最大值进行比较，就可得出结论：这个标准差相对较小。

如果读者仔细想一下就会得知，标准差相对较小，与读者通过观察四分位距得到的结论非常相符，即第一四分位数和第三四分位数之间的总体特征相当同质。通过以上数字，读者可以得到如下暗示：自 2014 年以来，公司利润保持得相当稳定，因此近期的利润下降尤为可疑。

5. 偏度

好了，请读者带着关于利润下降的第一个暗示，继续执行 EDA。现在请读者来看一下分布图，首先看一下分布图是否对称。不需要很复杂的说明，让我们通过图 6-2 所示的草图来为读者解释偏度这个概念。

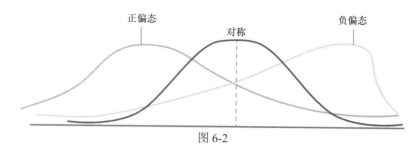

图 6-2

在图 6-2 所示的分布图中，读者发现 x 轴表示变量的值，y 轴表示频率。是不是很像直方图？

 　　　　读者应该记得在第 3 章中讲过的直方图，可以快速温习一下。

的确如此，图 6-2 中蓝色分布图（中间）是对称的，也就是说，蓝色分布图关于中线是左右对称的。绿色和红色的分布图则是非对称的：绿色分布图偏向了左边，红色分布图偏向右边。

以上对图 6-2 的说明，就是对偏度这个概念的直观解释。在各种文献中，有着针对偏度的不同定义方式，但本书使用的是爵士阿瑟•莱昂•鲍利（Arthur Lyon Bowley）所提出的方式，因为在他的偏度定义中，引用了读者所熟悉的四分位数和中位数。

鲍利对偏度（skewness）的定义如下：

$$偏度 = \frac{(q_3 - q_2) - (q_2 - q_1)}{q_3 - q_1}$$

在上述定义中，q_n 是向量的第 n 四分位数。

当偏度数值大于 0 时，处理的是正偏态总体；相反，当偏度数值小于 0 时，处理的是负偏态总体。

进一步研究公式，读者会从等式右侧分数的分子中发现什么？可以看到，分子中计算出了第三四分位数和第二四分位数的差值，以及上述差值与第二四分位数和第一四分位数的差值的差值。

在对称分布中，这两个差值是相等的。而在偏态分布中，当第一个差值（q_3-q_2）比第二个差值（q_2-q_1）大时，分布向左偏移。反之，则向右偏移。

读者可以通过一个数值化的例子，加深对上述偏度定义的理解。比如，考虑表 6-7 所示的向量。

表 6-7

1
1
2
2
2
2.5
3
3
3
4
4

表 6-7 中哪个是中位数？或者说哪个是第二四分位数？没错，2.5 是中位数。第一四分位数是 2，第三四分位数是 3。下面请读者计算出前文所提到的两个差值：

$$q_2 - q_1 = 2.5 - 2 = 0.5$$
$$q_3 - q_2 = 3 - 2.5 = 0.5$$

可以看到，这两个值完全相同。这与总体关于平均值（其值为 2.5）刚好对称保持一致，如表 6-8 所示。

表 6-8

数值	频率
1	2
2	3
2.5	1
3	3
4	2

如果向量中增加 1 的个数，比如将其中一个元素 2 替换成 1，如表 6-9 所示，结果会发生什么样的变化呢？

表 6-9

1
1
1
2
2

续表

2.5
3
3
3
4
4

此时平均值变为 2.4，两个差值分别变为 0.5 和 1.5[1]。请读者来计算一下表 6-7、表 6-9 这两个示例数据集的偏度：

$$第一个偏度 = (0.5-0.5)/(3-2) = 0$$
$$第二个偏度 = (0.5 - 1.5)/(3-1.5) = -0.67[2]$$

算出偏度之后，读者可以看到第一个总体（见表 6-7）的分布应该是以平均值为中心的对称分布；而第二个总体（见表 6-9）的分布是负偏态分布，也就是该分布偏向更大的值。读者可以通过计算两个总体中小于和大于平均值的元素的个数来进行检查。第一个总体中小于和大于平均值的元素的个数均为 5（中位数和平均值相等），第二个总体中小于平均值（2.4）的元素的个数为 5，大于平均值的元素的个数为 6（中位数 "2.5" 比平均值 "2.4" 大）。

很好，但是公司现金流的总体分布是什么样的呢？利用读者之前从 fivenum() 函数得到的四分位数，计算出偏度。请读者首先将该函数的输出保存到一个四分位数对象 quartiles 中：

```
cash_flow_report %>%
select(cash_flow) %>%
unlist() %>%
fivenum()-> quartiles
```

然后过滤掉不感兴趣的四分位数，即第一四分位数和第四四分位数，也就是上述结果向量 quartiles 的第一个元素和第五个元素，只保留结果向量中的第二个元素到第四个元素：

```
q <- quartiles[2:4]
```

最后，请读者应用前面的公式：

```
skewness <- ((q[3]- q[2])-(q[2]- q[1]))/(q[3]-q[1])
```

计算完成。总体似乎是负偏态分布的，这意味着读者正在处理偏向于更大值的历史

---

① 原文为 "1 和 0.5"，为作者笔误。——译者注
② 原文有误，根据修改后的差值重新计算偏度。——译者注

数据，也就是说，总体主要是由更大的现金流数值组成。"在读者看来，这能说明什么？是现金流下降的另一个暗示吗？"当然，这使读者对现金流的下降产生了更多的怀疑，至少现在知道了总体的偏度。

6.1.2　测定变量之间的相关性

现在是时候进入汇总 EDA 的收尾阶段，寻找变量之间的关系了。截至目前，读者只看到了现金流变量的分布及其代表性的数值，但是在现金流报告的 cash_flow_report 数据表中，还有两个属性。

- 地理区域，存储与每个记录相关的地理区域。
- 季度，与现金流报告的时间相关。

这两个属性是怎样与公司的现金流属性产生关联的呢？

1. 相关性

寻找变量之间的关系时，最好的汇总性统计数据是相关性。它能够表示两个变量之间的关联程度，即一个变量的变化与另一个变量的变化有着多大关系。

为了避免一个常见的误解，需要立即告诫读者的是：不要将相关性和因果关系联系起来，相关性并不意味着因果关系。

这意味着，发现某个变量与另一个变量相关的证据，并不意味着第一个变量是第二个变量变化的原因。

比如，读者可能发现某个国家的降雨量与该国获得诺贝尔奖的人数有很强的相关性，但这并不能够让读者得出降雨量导致了获得诺贝尔奖的结论，至少作者不会得出这种结论。有一个专门讲解相关性概念的网站，其创作者是泰勒·维根（Tyler Vigen）。以图 6-3 为例，带读者了解一下相关性。

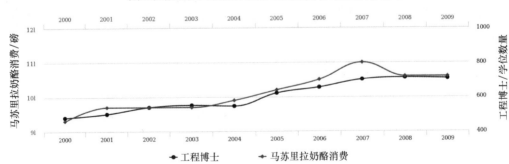

图 6-3　（经过 Creative Commons Attribution 4.0 国际许可证授权）

读者会认为图 6-3 中的两个变量有什么因果关系吗？希望读者不认为有。然而，在图 6-3 中，读者可观察到约 95% 的相关系数。

即便如此，读者应该注意的是该相反情况是成立的，即因果关系意味着相关性，因为通过因果机制联系的两个变量会显示出较高的相关性。

然而上述这些论述，仅仅是相关性的某些方面。当谈论相关性时，实际上存在着多种类型的相关性。除了线性相关，还有二次函数以及指数函数这样的非线性相关。限于篇幅，本书在此不赘述。不过，基于上述考虑，本书将使用两个不同的系数来度量变量之间的关系。

- 皮尔逊相关系数，仅能检测线性相关。
- 距离相关系数，不仅能检测线性相关，也可以检测非线性相关。

因为地理区域是一个分类变量，并且当前阶段无法衡量连续变量和分类变量之间的相关性，所以对于现金流报告的数据表，接下来只观察、分析时间和现金流之间的相关性。简而言之，在本书中，就不再为增加学习的趣味性而采用一些类似模型、ANOVA（方差分析）和回归这样的工具来进行演示了。

不过，在 6.2 节将采用图形化 EDA 来解决有关地理区域和现金流之间关系的问题。

皮尔逊相关系数

读者可能已经听说过皮尔逊相关系数，因为它是非常常用、应用非常广泛的相关性度量。

这可能归功于它的易于计算以及解释。计算皮尔逊相关系数的公式如下：

$$\rho_{X,Y} = \frac{\text{cov}(X,Y)}{\sigma_X \sigma_Y}$$

公式的分子是 X 和 Y 的协方差，稍后进行介绍。公式的分母是 X 和 Y 的标准差的乘积。从某种程度上讲，协方差是一个未经处理的皮尔逊相关系数值，这意味着，协方差是上述公式中表示两个变量之间线性关系的一个组成部分。下面是协方差公式：

$$\text{cov}(X,Y) = \frac{\sum_{i=1}^{n}(x_i - \bar{x})(y_i - \bar{y})}{n-1}$$

对于上述公式，读者是不是感觉很熟悉？介绍方差时，读者见到过类似的公式。

正如读者所见，公式中所处理的仍是变量与平均值之间的差异。然而，在当前的公式中，引入了更多的内容：变量 X 和 Y 与其各自平均值之差的乘积。为什么要这样计算呢？因为这个公式不仅关注单个变量的变化，而且关注两个变量（X 和 Y）的联合变化。将变量 X 和变量 Y 与其各自平均值的差值进行相乘，所产生的结果可让读者观察到变量

X 与变量 *Y* 之间的联合变化。

此外，如果读者花点儿时间思考一下协方差分子里的每一个元素，也就是变量 *X* 和变量 *Y* 与其各自平均值之间差值的乘积，就会得到一个基于变量变化的符号，这个符号表明变量是否朝着同一个方向发展。例如，如果两个变量都低于平均值，就会产生两个负数差值，它们相乘后得到一个正数乘积，该乘积表明两个变量朝相同方向发展。这些乘积的和本身可以用一个符号表示，读者借此就可以总结出变量关系的总体方向。

观察到读者疑惑的表情，我就知道需要举一个例子进行说明。以表 6-10 所示的两组数字为例给读者解释一下。

表 6-10

X	*Y*
2	4
5	3
4	2
6	4
7	3

要计算这些数字的协方差，首先需要计算出变量（*X* 和 *Y*）的平均值：

$$\text{mean } X = 4.8$$

$$\text{mean } Y = 3.2$$

然后计算出每个数值与平均值之间的差，如表 6-11 所示。

表 6-11

X	*Y*	(*X*−mean(*X*))	(*Y*−mean(*Y*))
2	4	−2.8	0.8
5	3	0.2	−0.2
4	2	−0.8	−1.2
6	4	1.2	0.8
7	3	2.2	−0.2

可以对表 6-11 所示的结果进行思考了：最常见的情况是什么？可以看到，当 *X* 变量与其平均值的差值结果为负数时，对应的变量 *Y* 与其平均值的差值结果为正数，反之亦然。这表示的是一种反向行为，即一个变量相对于另一个变量的反射性或对称性行为。

可以通过计算协方差，即乘积求和，来最终确认，结果如表 6-12 所示。

表 6-12

X	Y	X−mean(X)	Y−mean(Y)	(X−mean(X)) (Y−mean(Y))
2	4	−2.8	0.8	−2.24
5	3	0.2	−0.2	−0.04
4	2	−0.8	−1.2	0.96
6	4	1.2	0.8	0.96
7	3	2.2	−0.2	−0.44

表 6-12 最后一列显示的大多数值的符号为负,所有数值的总和为−0.8。该数字就是前面部分所引入的协方差公式的分子:

$$\sum_{i=1}^{n}(x_i - \overline{x})(y_i - \overline{y})$$

总和需要除以总体的个数减一。请读者计算一下协方差:

$$-0.8/4 = -0.2$$

正如所预料的那样,通过公式,计算出了一个负的协方差值,即变量 X、Y 与其各自平均值的差值的乘积求和后的结果为负数,这表明两个变量之间是反向关系。但是,"−0.2"这个数字是多还是少呢?"0.2"的含义是什么?基于上述疑问,皮尔逊相关系数应运而生。皮尔逊相关系数定义为协方差除以两个变量的标准差的乘积。本书中不打算介绍标准差的推导过程,不过结合标准差的定义,将协方差除以两个变量的标准差的乘积会得到一个介于"−1"到"1"的比值。

针对这个比值可以做出如下解释。

- 比值>0,表示两个变量之间是正向线性相关或者正向依赖。
- 比值=0,表示两个变量之间没有相关性或者依赖。
- 比值<0,表示两个变量之间是反向线性相关或者反向依赖。

该比值与 1 或者−1 的接近程度,表示两个变量的正向或反向相关的强度。现在请关注真实数据,计算出时间与现金流之间的相关系数。读者可以使用 cor()函数。该函数能够计算出不同类型的相关性,如果没有指定特定类型的相关性,得出的结果就是皮尔逊相关系数。调用 cor()函数,具体如下:

```
cor (x =cash_flow_report$y, y = cash_flow_report$cash_flow)
Error in cor(x = cash_flow_report$y, y = cash_flow_report$cash_flow) :
 'x' must be numeric
```

函数执行发生错误,导致输出结果并不是读者想要的结果。

读者可以将其作为一个调试 R 语言代码的例子。"读者知道 cor()函数的执行过程中出现了什么问题吗？"控制台警告读者——变量 x 的格式有问题，即现金流报告的日期序列存在问题。

这意味着，无法计算出这些日期的平均值，也无法计算出日期与其平均值的差。因此在将变量 cash_flow_report$y 传给 cor()函数之前，读者需要对其进行转换。读者会怎么做？是的，读者可以上网查⋯⋯

"读者从网上查到什么了？"查到的东西太多了？我猜⋯⋯这也就是在职培训的重要性所在。一种比较简练的将日期序列转换成数值序列的方式是：计算出记录中所有日期和最早日期之间天数的差值。这意味着给最早日期赋值 0，对于显示的其他记录，分别赋值为其日期与最早日期之间相差的天数。

首先，读者需要找到最早日期并将其分配给一个向量，代码如下：

```
oldest <- min(cash_flow_report$y)
```

是的，就这么简单，日期序列的最小值就是最早日期。那么哪个是最早日期呢？如下：

```
oldest
[1] "2014-03-31"
```

然后，请读者为数据添加一列（列名为 delays），存放给定日期与计算出的 oldest 对象的差值。为此读者可以使用 R 语言自带的 difftime()函数，该函数只需要指定要计算差值的日期以及想要的输出结果的计量单位：

```
cash_flow_report %>%
mutate(delays = difftime(cash_flow_report$y, oldest, units = "days")) ->
cash_flow_report_mutation
```

请读者使用 head()函数来查看一下计算结果：

```
x y cash_flow delays
 1 north_america 2014-03-31 100955.81 0 days
 2 south_america 2014-03-31 111817.48 0 days
 3 asia 2014-03-31 132019.06 0 days
 4 europe 2014-03-31 91369.00 0 days
 5 north_africa 2014-03-31 109863.53 0 days
 6 middle_east 2014-03-31 94753.52 0 days
```

看上去似乎创建了计算变量 y 和最早日期之间的天数的一个变量。head()函数显示第一批记录的 delays 变量值都是相同的。

现在请读者实际计算一下现金流属性和时间序列的相关性，最后需要提醒读者注意的一点是，delays 变量是 difftime 类型的变量，在将其传递给 cor()函数之前，需要将其转换成数值类型的变量。在此，请读者使用 as.numeric()函数进行转换：

```
cor(x = as.numeric(cash_flow_report_mutation$delays),
 y = cash_flow_report_mutation$cash_flow)
```

运行上述代码，读者得到的相关系数的值为-0.1148544。

这意味着随着时间的推移，时间与每月的现金流金额之间存在微弱的反向相关。不过，这个数值太小，不足以让人将其视为公司销售数据存在某种程度的负面趋势的暗示。但是读者应该清楚，当前只检查了时间序列与现金流属性的线性关系。接下来请读者再看一下距离相关，情况可能会发生改变。

距离相关系数

距离相关系数这个概念比皮尔逊相关系数更加复杂，鉴于篇幅，在此不赘述。两个概念的主要区别如下。

- 它们都涉及数据相乘，用于研究数据之间具有的相关性的类型，对于皮尔逊相关系数，是变量与其平均值的距离（差值）相乘；对于距离相关系数，是双中心距离相乘。
- 从统计中发现的相关性，对于皮尔逊相关系数来说只是线性关系，而对于距离相关系数来说，可以是任何类型的相关性。

距离相关的正式定义如下：

$$d\operatorname{Cor}(X,Y) = \frac{d\operatorname{Cov}(X,Y)}{\sqrt{d\operatorname{Var}(X)d\operatorname{Var}(Y)}}$$

正如读者所见，从某种程度上说，距离相关与皮尔逊相关系数相似，因为它是协方差与两个变量方差的平方根[①]之间的一个比值。而且，这两个比值的范围都是介于-1到1。

R 语言 energy 程序包中的 dcor()函数，可以帮读者计算出距离相关的值，代码如下：

```
dcor(cash_flow_report_mutation$delays, cash_flow_report_mutation$cash_flow)
```

得出的计算结果为 0.14。这意味着什么呢？这意味着在读者的数据中，时间与现金流之间存在着微小的正相关。距离相关的函数形式与线性相关的函数形式有所不同。这个系数的数值还是接近 0，因此依然不能够作为现金流随时间发生趋势变化的强有力证据。

2. 汇总 EDA 的缺陷——安斯库姆四重奏

与此同时，作者找到了安斯库姆四重奏的笔记。请读者一起来看看图 6-4 所示的 4幅图。

---

① 原文为 square，应为作者笔误。——译者注

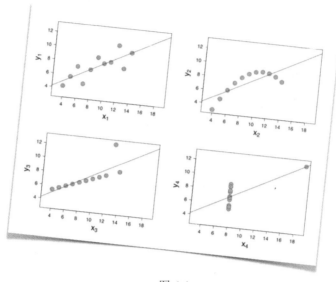

图 6-4

这是 4 幅不同的图，不是吗？然而，正如 1973 年弗朗西斯·安斯库姆（Francis Anscome）所给出的说明，这 4 幅图所使用的以下参数的值都是相同的。

- x 和 y 的平均值。
- 方差。
- x 和 y 之间的皮尔逊相关系数。

上述图片的首次阅读者可能会对安斯库姆的说明感到相当震惊，然而，它确实能有效地表明汇总的统计数据也会存在误导性。此外，查看可用数据的图形化表现形式同样是一种强大的手段，并且是有价值的。在安斯库姆所处的时代，图形化表现形式并不常见，这种形式通常被认为是缺乏计算和理解其他类型表现形式能力的人才会采用的。

接下来就沿着弗朗西斯（即安斯库姆）四重奏所开辟出来的道路，进行一些图形化 EDA，看看最终能否揭示出公司现金流下降的原因。

6.2　图形化 EDA

读者可以在图形化 EDA 中引入能在一些常规的坐标系内实现数据可视化的各种技术。读者可以在笛卡儿坐标系或者极坐标系上进行数据可视化。图形化 EDA 最重要的一点是：不依赖任何形式的汇总，只需要读者用眼睛观察数据给出的描述。

6.2.1 变量分布可视化

在进行图形化 EDA 时，第一件要做的事情就是观察数据分布，一次查看一个变量的数据分布。有两种类型的图表可以帮助读者做到这一点。

- 直方图。
- 箱线图。

1. 直方图

直方图是一种特殊的条形图，其 x 轴用于表示变量中的某个唯一值或者变量值的某种聚类，y 轴表示这些值的频率。接下来，请为现金流报告数据集 cash_flow_report 的 3 个变量绘制直方图。在绘制过程中，要使用 ggplot()函数，读者应该对它比较熟悉了。下面是使用 ggplot()函数绘制直方图的一些常规要求。

- 需要将要分析的变量映射为美学（aesthethic）传入。
- 需要使用专门为这种类型图表的绘制而定制的 geom_histogram()几何函数。
- 在处理分类变量时，需要通过 stat = 'count'来让 ggplot()函数进行计数。

报告日期直方图

读者可以使用下面的两行代码生成现金流报告数据集中日期属性的直方图：

```
ggplot(data = cash_flow_report,aes(y))+
geom_histogram(stat = 'count')
```

上面代码产生了一个非常类似于矩形的直方图，如图 6-5 所示。

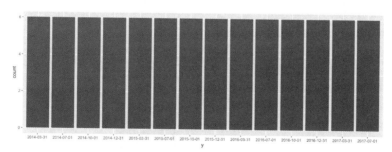

图 6-5

仔细思考一下，图 6-5 实际上是一个令人放心的输出，其显示所有日期对应的记录次数都相同，这表明没有丢失的记录。请读者对 x 轴上的序列再次进行检查："缺失某个日期的现金流了吗？"没有。接下来请读者查看一下地理区域直方图。

地理区域直方图

现在来看一些地理区域属性相关的数据，调用代码如下：

```
ggplot(data = cash_flow_report,aes(x))+geom_histogram(stat = 'count')
```

以上代码产生了另一个类似于矩形的直方图，如图 6-6 所示。

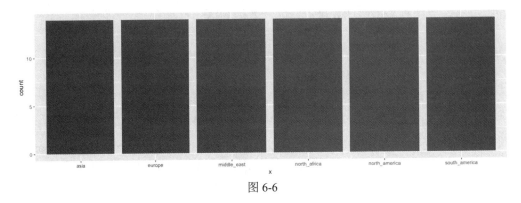

图 6-6

对图 6-6 显示的输出结果，读者大可放心，其指出每个地理区域出现的次数是相同的。

现金流直方图

最后，请读者绘制一个关于现金流属性的直方图：

```
ggplot(data = cash_flow_report,aes(cash_flow))+geom_histogram()
```

调用上述代码，得到图 6-7 所示的直方图。

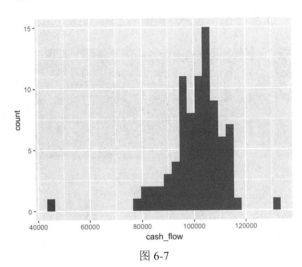

图 6-7

还不错，读者已经得到了一个相当有价值的确定信息：现金流属性总体是负向倾斜的，也就是说，它偏向于更高的值。此外，从图 6-7 中可看到一些上下波动的极端值，它们有可能是异常值。

　　稍后，将使用箱线图检查异常值，在此之前，需要做的是让直方图更加精细一些。通过增加分箱的数量（读者可以通过控制台信息看到该数量，当前使用的分箱数 bins 为30，正如读者从控制台消息' stat_bin() '中看到的），即可达到让直方图更精细的目的。通过使用"binwidth"参数，还可选择更合适的值。当前使用的 ggplot()函数会根据读者提供的数据自动定义分箱，聚集现金流属性的唯一值，以得到 30 个分箱。读者可以通过如下两种互为补充的方式来改变分箱个数。

- 通过 bins 参数设置读者想要的最终分箱数量。
- 通过 binwidth 参数设置每个分箱中要装载的变量唯一值的数量。这是 ggplot()函数所建议的方式。

　　既然读者已经知道当前直方图使用的分箱有多少个，目前只是想增加直方图的精细度，那么读者可以按照第一种方式设置分箱，代码如下：

```
ggplot(data = cash_flow_report,aes(cash_flow))+
geom_histogram(bins = 70)
```

　　在图 6-8 中读者确实看到了需要关注的内容：现金流的总体的分布仍然趋向于更高的值，但实际上它似乎围绕一个中心值相当对称，该中心值在 10 万至 15 万欧元之间。对所有总体来说，基本都是这样分布的，但对一个低于 6 万欧元的分箱来说，就不是这样了。

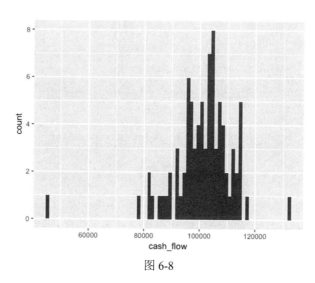

图 6-8

　　从图 6-8 来看，读者正在处理一个异常值，该异常值甚至可能与公司的现金流下降有关，但还是请读者通过观察箱线图来确定这一点。

2. 箱线图

箱线图是查看数据分布的一种便利方式。可以在一个简单的绘图中对多种指标数据进行可视化，比如：

- 总体的最大值和最小值；
- 第一四分位数和第三四分位数；
- 总体的中位数或平均值；
- 通过不同规则定义出的异常值。

读者接下来要查看的是一个基于 R 语言基础版本的绘图。对于没有可用的分组变量，只存在单一变量的场景而言，基于 R 语言基础版本的 boxplot()函数得出的结果会比 ggplot()函数得出的结果看起来更加直观。绘图代码如下：

```
boxplot(x = cash_flow_report$cash_flow, horizontal = TRUE)
```

通过图 6-9 可以看到，箱线图证实了读者关于总体的所有猜测。

- 查看的数据趋向于更高值。
- 总体中存在 3 个异常值，其中有一个非常低的异常值。

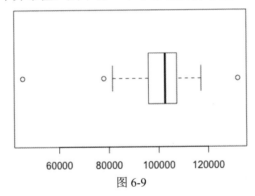

图 6-9

观察得越多，读者就越相信，较低的异常值就是用于理解公司现金流下降原因的那个遗漏的暗示。

3. 检查异常值

在 boxplot()函数内部，根据约翰·图基（John Tukey）的公式来计算异常值，即设置一个等于 1.5×四分位距的阈值，将位于一定范围（从"第一四分位数−1.5×四分位距"到"第三四分位数+1.5×四分位距"）之外的所有元素标记为异常值。对于公式中所用到的 1.5 倍，并没有统计学上或者其他神秘的原因。

为了进一步观察标记出来的异常值，读者需要借助于 boxplot.stats()函数，而该函数是通过 boxplot() 函数进行调用的。这个函数实际上会计算出绘图背后的统计数据，其中包括异常值。

请读者试着调用一下 boxplot.stats() 函数，将 cash_flow 属性作为参数传入函数。

```
boxplot.stats(x = cash_flow_report$cash_flow)
```

执行完毕后，读者会看到下面的输出：

```
$stats
 [1] 81482.76 95889.92 102593.81 10/281.90 117131.77
$n
 [1] 84
$conf
 [1] 100629.9 104557.7
$out
 [1] 132019.06 77958.74 45089.21
```

根据图基的公式，stats 命令输出总体数据的上限阈值、下限阈值、第一四分位数、中位数以及第三四分位数的值。n 命令输出的结果是所分析的总体记录的数量。conf 命令输出的是置信区间，目前无须了解。

最后，out 命令输出了检测到的按递减顺序排列的异常值。读者看到了吗？

```
$out
 [1] 132019.06 77958.74 45089.21
```

45089.21 就是异常值，是需要读者关注的第一个怀疑对象。

但是，这个异常值是在何时何地被记录的呢？接下来读者要把这个异常值所对应的记录找出来。首先需要将已检测出来的异常值存放到一个向量中，然后使用向量中的异常值 45089.21 来调用过滤器函数 filter()，进而对现金流属性 cash_flow 进行过滤。

将异常值存储到向量 outliers 中，代码如下：

```
stats <- boxplot.stats(x = cash_flow_report$cash_flow)
outliers <- stats$out
```

基于 cash_flow 属性的异常值来过滤 cash_flow_report 数据表，查询等于 outliers[3] 的元素，即现金流属性为 45089.21 的记录。

```
cash_flow_report %>%
 filter(cash_flow == outliers[3])
```

看，读者做到了，下述内容就是要找的可疑记录：

```
x           y                cash_flow
1  middle_east  2017-07-01      45089.21
```

这是来自中东的最后一笔现金流记录。这是影响该地区现金流下降的最后一个记录吗？存不存在随时间变化的一般趋势？关于这些问题，将通过现金流、现金流的报告时间和现金流所在地理区域来综合分析。

6.2.2 变量关系可视化

现在是时候将现金流随时间的变化趋势以及现金流在不同地理区域的表现进行可视化处理了。这两个信息结合起来，就能让读者理解之前所找出的那个可疑记录（异常值）是演进趋势的一部分，还是导致所观察到的利润下降的一个孤立点。

在本节，读者将使用的一个主要工具是散点图。

散点图实际上是读者能想象到的最基本的图表类型之一：在 x 轴上有一个变量，在 y 轴上有另一个变量，而每个数据都被标记为一个点，这个点以 x 轴上的数值和 y 轴上的数值来共同表示。即使散点图比较基础，但对于观察两个变量之间是否存在依赖关系，以及依赖关系的强度而言，它依然十分强大。正如安斯库姆所说："在做其他事情之前，读者应该画出 x 变量和 y 变量的散点图，观察两个变量之间存在什么关系。"

请读者从一个显示时间和现金流关系的散点图开始，在此读者将使用 geom_point() 几何函数，具体如下所示（见图 6-10）：

```
cash_flow_report %>%
  ggplot(aes(x = y, y = cash_flow))+
  geom_point()
```

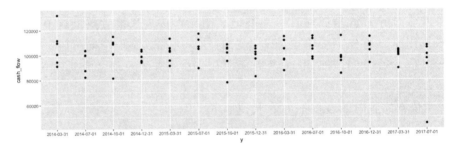

图 6-10

"读者能看到什么？"会看到现金流围绕平均值 100000 欧元相当平稳地运动，这与读者之前研究的分布和标准差得出的结果相吻合。此外，读者还会看到，异常值似乎并不是这个趋势的一部分，不知道它是从哪里冒出来的。往图表中添加更多的信息应该会让图表更有吸引力，在这里更多的信息指的是地理区域，请读者尝试将其作为一个分组变量加入。在 ggplot()函数中使用 group 参数就能够很容易地做到这一点：

```
cash_flow_report %>%
  ggplot(aes(x = y, y = cash_flow, group = x, colour = x))+
  geom_point()
```

执行结果如图 6-11 所示。

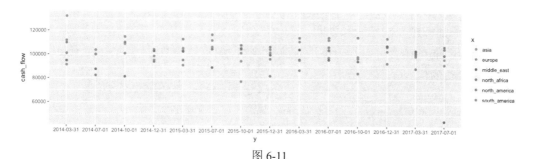

图 6-11

现在的图表的色彩看起来肯定鲜艳了许多，不过读者并不确定更多的色彩是否有任何意义。读者唯一能够确认的是异常值来自中东地区。读者需要将同一地区的点连接起来，看看能否发现什么趋势。要做到这一点，读者可以创建一个汇聚了散点图和折线图的混合图表，代码如下：

```
cash_flow_report %>%
ggplot(aes(x = y, y = cash_flow, group = x, colour = x))+
geom_point()+
geom_line()
```

执行结果如图 6-12 所示。

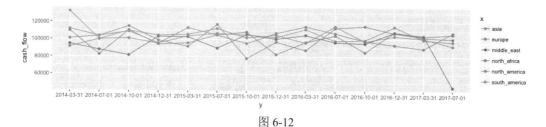

图 6-12

非常清晰！现在能清楚地看到之前所讨论的所有现象，比如低变化性、趋势不明显，以及来自中东地区的异常值。目标完成了，即找到了现金流下降的根源。干得漂亮！

由于读者需要用这个图表向老板汇报工作进展，因此读者现在需要对这个图表进行润色，可以通过下面的步骤实现。

- 给图表添加标题和副标题。
- 为坐标轴标签添加说明。
- 为图表的来源添加说明。
- 通过移除图表中的灰色区域、减小线条的宽度来修正颜色，因为这些与读者的数据所表达的信息不相关。

- 在中东地区的异常值旁边添加解释性文本。

为图表添加标题、副标题和说明

通过使用 labs()函数可以很方便地做到这一点，调用该函数时，需要指定 title、subtitle 和 caption 参数的值：

```
cash_flow_report %>%
ggplot(aes(x = y, y = cash_flow, group = x, colour = x))+
geom_point()+
geom_line()+
labs(title = "cash flows over time by region", subtitle="quarterly data
from 2014 to Q2 2017")
```

图表如图 6-13 所示，现在看上去好多了。接下来请读者设置图表的坐标轴标签和图例标签。

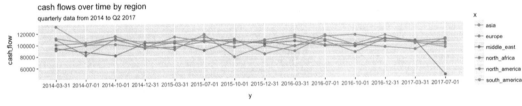

图 6-13

设置坐标轴和图例

读者需要给 x 轴和 y 轴设置一个更易于理解的名称。

- 首先，请读者对图表应用 xlab()函数，将 y 替换为"quarter of reporting"。
- 其次，需要对 y 轴进行细化（即修改一下措辞），并添加图表中数据的货币单位。

   这可以通过 ylab()函数实现：

```
cash_flow_report %>%
ggplot(aes(x = y, y = cash_flow, group = x, colour = x))+
geom_point()+
geom_line()+
labs(title = "cash flows over time by region",
subtitle="quarterly data from 2014 to Q2 2017",
caption = "source: cash_flow_report")+
xlab("quarter of reporting")+
ylab("recorded cash flows (euro)")
```

执行结果如图 6-14 所示。

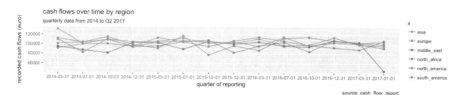

图 6-14

给图表添加解释性文本

为了强调某个重点，读者可以在中东地区的现金流下降点处添加文本。这时读者可以使用 annotate()函数为 ggplot()函数添加图形或文本。要展示所添加的文本，annotate()函数需要用到下面的参数。

- geom：定义注解的类型，将其设置为 text。
- label：所设置的实际文本。读者会写一些类似于"2017 年 Q2 中东地区现金流显示出前所未有的下降"的内容。
- x 和 y：定义实际文本的锚点。请读者将它设置在异常值附近，即 2017 年 07 月 01 日的 4 万欧元位置处。
- hjust 和 vjust：调整文本的垂直对齐位置和水平对齐位置。

```
cash_flow_report %>%
ggplot(aes(x = y, y = cash_flow, group = x, colour = x))+
geom_point()+
geom_line()+
labs(title = "cash flows over time by region",
subtitle="quarterly data from 2014 to Q2 2017",
caption = "source: cash_flow_report")+
xlab("quarter of reporting")+
ylab("recorded cash flows (euro)")+
annotate("text", label = "the middle east cash flow series \n shows
a unprecedent drop on the Q2 2017",
x = "2017-07-01", y= 40000, hjust = 1, vjust =0)
```

图表如图 6-15 所示，润色就快完成了，读者只需要再处理一下图表中的颜色，令重点突出，一下抓住人的眼球就好了。

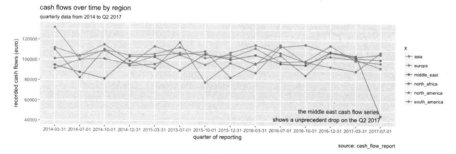

图 6-15

最后的着色

为了将重点突出，使其清晰展示，需要调用 theme_minimal()函数来去掉没必要的图形元素，并区分中东地区的数据与其他地区的数据。要做到去掉没必要的图形元素，只需要对图表运用 theme_minimal()函数；要区分中东地区的数据与其他地区的数据，则需要设置颜色的条件规则，并通过调用 scale_colour_manual()函数来设置颜色。

设置颜色的条件规则可以直接通过 ggplot()函数中所包含的 aes()函数来实现。做法是：在 aes()函数中添加一个逻辑检查，比如 x == "middle_east"。这样做的结果就是，ggplot()函数会对所有 x 的值等于"middle_east"的散点序列进行统一着色，其余的散点则用另一种颜色进行着色。ggplot()函数比较智能，会为前面通过逻辑判断分成的两个分组提供默认的颜色。不过在此读者想要表达的信息是，middle_east 比其他区域更相关，因此读者可通过 scale_colour_manual()函数来设置。

- 将来自中东地区的数据点设置为加粗的红色。
- 将来自其他地区的数据点设置为浅灰色。

最后，调用 theme(legend.position = "none")，删除图例（该图例会产生一个不太协调的标题 x =="middle_east"）；并在副标题中添加内容，指出红色的数据点与中东地区相关联。代码如下：

```
cash_flow_report %>%
 ggplot(aes(x = y, y = cash_flow, group = x, colour = x == "middle_east"
))+
 geom_point()+
 geom_line( alpha = .2)+
 labs(title = "cash flows over time by region",
 subtitle="quarterly data from 2014 to Q2 2017, middle east data in red",
 caption = "source: cash_flow_report")+
 xlab("quarter of reporting")+
 ylab("recorded cash flows (euro)")+
 annotate("text", label = "the middle east cash flow series \n shows a
unprecedent drop on the Q2 2017",
 x = "2017-07-01", y= 40000, hjust = 1, vjust =0)+
 scale_colour_manual(values = c("grey70", "red")) +
 theme_minimal()+
 theme(legend.position = "none")
```

执行结果如图 6-16 所示。

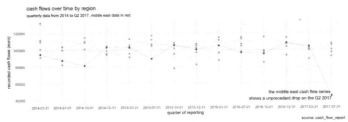

图 6-16

现在得到了一个清晰的，能够快速、有效地传达主要信息的图表。接下来要做的就是："与老板分享这个图表，看看接下来会发生什么。"

与此同时，非常感谢读者的配合。

6.3 更多参考

- Tyler Vigin 创建了一个非常好的网站，介绍伪相关内容。
- 由美国统计学家 F.J.安斯库姆发表的论文"Graphs in Statistical Analysis"，第 27 卷 1 号（1973 年 2 月），第 17～21 页引用了安斯库姆四重奏。

6.4 小结

作者再次发言：读者的 EDA 进展如何？读者已经找到了现金流下降的原因了，不是吗？这太好了。在本书接下来的内容中，读者会看到老板对这一结果的看法。不过先让作者总结一下读者与同事合作的主题，以及读者从中学到了哪些东西。

首先，本章向读者介绍了 EDA 的概念以及如何在数据分析过程中使用 EDA。

然后，讲解了汇总 EDA 并将其用于对真实数据进行实践操作，包括求取四分位数、中位数、平均值、方差、标准差以及偏度等。读者首先学习了汇总 EDA 的统计学概念，随后学习了统计数据的原理。最后，读者学习了汇总 EDA 相关的函数，以及如何运用这些函数来计算对应的统计数据。

在汇总 EDA 的最后一步，读者知晓了安斯库姆四重奏。安斯库姆四重奏给出了由 4 个不同的数据集组成，共享许多相同的汇总统计数据，但从绘图上看上去非常不同的 4 个散点图。安斯库姆四重奏仅作为一种表现形式，向读者强调了单纯使用汇总统计存在局限性，进而引出图形化 EDA 的相关介绍。

接着，本章讲解了图形化 EDA，读者通过直方图和箱线图学习了如何观察单变量值的分布，特别是学习了将箱线图用于检测异常值的方法。读者通过实际操作，学习了如何计算和存储箱线图的值。

最后，读者学习了利用散点图和折线图来查看多变量数据，还学习了通过更高级的方式定制输出图表，进而有效地传达数据所含的信息以便同相关方分享。

对于西波勒斯公司的新人（读者）来说，本章的内容有些繁多。不过，还没有到最激动人心的部分。读者准备好继续探索到底是什么原因导致了中东地区现金流下降了吗？那么继续下面的学习吧！

第 7 章　最初的猜想——线性回归

在成功进行了 EDA 之后，读者面带微笑，跟着同事安迪走进了老板西恩先生的办公室。老板问道："你们终于发现这一切都是怎么回事了吗？"不得不说，这并不是多么热烈的欢迎。

尽管如此，安迪似乎非常习惯于这种高压处境，并且开始平静地向老板展示所分析的从汇总 EDA 到图形化 EDA 的所有结果。安迪深知老板有着混合型人格，因此需要采用足够多的细节来展现所进行的工作，这样才会让老板明白：尽管分析工作完成得很仓促，但结果非常精确。

安迪最后终于指出了重点——上一季度记录的现金流来自中东地区。

"中东？我们很久没有去那里了。不过，我认识中东地区的首席运营官马克，我们下一步的分析工作很容易推进，我今天就给他打电话。"老板西恩先生说道。

"如果是我的话，就不会那么仓促。"读者马上听到东部地区内部审计负责人克劳夫先生的沉重声音，"我自己也认识马克•雷维克。这是一个比较特殊的案例，我们不应该过早地排除掉任何假设。马上联系雷维克先生会让他进入戒备状态，我们不希望出现这样的情况。我还有一个想法，请给我提供一份与导致现金流下降相关的公司名单，我会派人进行调查，看看是否能发现一些比较突出的可疑问题。必须尽快提供所需的名单，最晚明天，我要拿到它。"克劳夫先生说道。

"目前我们没有这种数据。你知道公司的数据挖掘引擎还不能用，我们没法告诉你谁在中东地区没有买单。"西恩先生不会轻易让步。

"西恩先生是对的，我们明天可以做的事情就是试着去了解以往哪些公司最容易违约，并给出一份目前在中东地区有着相同特征的公司的名单。"安迪说道。

"我们可以按照安迪说的去做，但是时间上不行，我们需要两天时间。"西恩先生说道。

"开始得越晚，解决得也越晚。好吧，就等两天时间。谢谢你们一如既往的合作。西恩先生，结果出来之后记得告诉我。祝你过得愉快。"

尽管讨论得不是很愉快，但最终的讨论结果却非常明确：我们需要找出哪些类型的公司在以往较为容易出现违约，并给出一份在中东地区具有相同特征的公司的名单。

"安迪，你记住了，这是你的提议。[读者姓名]，你也可以和安迪一起完成这项工作。"

太好了，读者将和安迪一起跟进这件事情。跟第 6 章一样，现在就把读者一个人留在安迪这边，请读者在本章的小结部分再和作者会面吧！

7.1 定义数据建模策略

"我向克劳夫提出的这个解决方案也许太过草率了。他是一位非常出色的专业人士，我从没有听说过他的请求会得不到满意的答复。而且，从他的话语间，我感觉导致现金流下降的原因不排除欺诈的假设。如果事情真是这样的话，我会更加紧张。"安迪说道。

"尽管如此，我们也要按'一切照旧'的情形去处理当前的问题。重点是眼下需要获得以往的违约事件相关的数据，以及有过违约历史记录的公司列表。"安迪说道，"什么？公司还给了你过去的违约事件的数据集，你还对它进行了清理？这真是太好了。接下来，请把数据集发给我，我们就可以马上把它用起来了。"

"clean_casted_stored_data_validated_complete，是这个数据集吗？文件名字太长没有关系的。"只需要用 glimpse() 函数运行一下，观察文件的内容就行了。

```
glimpse(clean_casted_stored_data_validated_complete)

Observations: 11,523
 Variables: 16
 $ attr_3 <dbl> 0, 0, 0, 0, 0, 0, 0, 0, 0, 0, 0, 0, 0, 0, 0, 0, 0, 0, 0,
0, 0, 0, 0, 0, 0, 0, 0, 0, 0, 0, 0, 0, 0, 0, 0, 0, 0, 0, ...
 $ attr_4 <dbl> 1, 1, 1, 1, 1, 1, 1, 1, 1, 1, 1, 1, 1, 1, 1, 1, 1, 1, 1,
1, 1, 1, 1, 1, 1, 1, 1, 1, 1, 1, 1, 1, 1, 1, 1, 1, 1, ...
 $ attr_5 <dbl> 0, 0, 0, 0, 0, 0, 0, 0, 0, 0, 0, 0, 0, 0, 0, 0, 0, 0, 0,
0, 0, 0, 0, 0, 0, 0, 0, 0, 0, 0, 0, 0, 0, 0, 0, 0, ...
 $ attr_6 <dbl> 1, 1, 1, 1, 1, 1, 1, 1, 1, 1, 1, 1, 1, 1, 1, 1, 1, 1, 1,
1, 1, 1, 1, 1, 1, 1, 1, 1, 1, 1, 1, 1, 1, 1, 1, ...
 $ attr_7 <dbl> 0, 0, 0, 0, 0, 0, 0, 0, 0, 0, 0, 0, 0, 0, 0, 0, 0, 0, 0,
0, 0, 0, 0, 0, 0, 0, 0, 0, 0, 0, 0, 0, 0, 0, ...
 $ default_numeric <chr> "0", "0", "0", "0", "0", "0", "0", "0", "0", "0",
"0", "0", "0", "0", "0", "0", "0", "0", "0", "0", "0", "0", "0", ...
 $ default_flag <fctr> 0, 0, 0, 0, 0, 0, 0, 0, 0, 0, 0, 0, 0, 0, 0, 0, 0,
0, 0, 0, 0, 0, 0, 0, 0, 0, 0, 0, 0, 0, 0, 0, 0, 0,...
 $ customer_code <dbl> 8523, 8524, 8525, 8526, 8527, 8528, 8529, 8530,
8531, 8533, 8534, 8535, 8536, 8537, 8538, 8539, 8540, 8541, 8542, 8544, ...
 $ attr_10 <dbl> -1.000000e+06, 7.591818e-01, -1.000000e+06, 6.755027e-01,
1.000000e+00, 1.000000e+00, 9.937470e-01, 1.000000e+00, 3.7204...
 $ attr_11 <dbl> 3.267341e-02, 4.683477e-02, 4.092031e-02, 1.482232e-01,
3.383478e-02, 6.593393e-02, 6.422492e-02, 2.287126e-02, 4.475434...
```

```
  $ attr_12 <dbl> 7598, 565, 50000, 1328460, 389, 25743, 685773, 27054, 48,
648, 1683, 5677342, 322, 775, 150000, 1054413, 116014, 4424, 2...
  $ attr_13 <dbl> 7598, 565, 50000, 749792, 389, 25743, 1243, 27054, 48,
648, 1683, 1358, 322, 775, 150000, 16351, 115937, 4424, 273, 827,...
  $ attr_8 <dbl> -1.000000e+06, 4.365132e-01, 8.761467e-01, 1.000000e+00,
6.800000e-01, 9.530645e-01, 2.065790e-01, 7.828452e-02, 2.06512...
  $ attr_9 <dbl> 10000.83, 10000.84, 10000.70, 10000.78, 10000.28, 10000.15,
10001.00, 10000.00, 10000.00, 10000.00, 10000.89, 10000.99, ...
  $ commercial_portfolio <chr> "less affluent", "less affluent", "less
affluent", "less affluent", "less affluent", "less affluent", "less
affluent", "...
  $ business_unit <chr> "retail_bank", "retail_bank", "retail_bank",
"retail_bank", "retail_bank", "retail_bank", "retail_bank", "retail_bank",
...
```

glimpse()是由 dplyr 程序包提供的一个函数，可用来快速检查数据帧的内容并获取它的基本信息，例如列变量的个数以及每个列变量的类型。

"呃……我能看到这个表里没有针对每个属性给出可利用的列标签。"然而，这些attr_...属性名称令安迪想起前段时间收到的一封邮件，其内容是一份标准报告，IT 部门试图借助它来合并来自不同遗留系统的客户的相关信息。应该还在邮箱里。找到了，报告内容如图 7-1 所示。

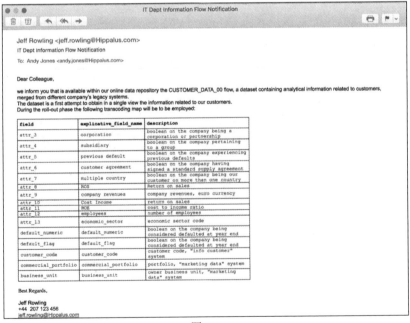

图 7-1

当前需要使用转码映射表对数据帧进行处理,并根据映射表为数据帧重新分配列名。首先需要确认列的实际名称和顺序。在此可以使用 colnames()函数:

```
colnames(clean_casted_stored_data_validated_complete)
```

```
 [1] "attr_3"
 [2] "attr_4"
 [3] "attr_5"
 [4] "attr_6"
 [5] "attr_7"
 [6] "default_numeric"
 [7] "default_flag"
 [8] "customer_code"
 [9] "geographic_area"
[10] "attr_10"
[11] "attr_11"
[12] "attr_12"
[13] "attr_13"
[14] "attr_8"
[15] "attr_9"
[16] "commercial_portfolio"
[17] "business_unit"
```

利用相同的 colnames()函数和一个赋值运算符,读者就可以更改这些列的名称了:

```
colnames(clean_casted_stored_data_validated_complete) <- c("corporation",
                                   "subsidiary" ,
                                   "previous_default",
                                   "customer_agreement",
                                   "multiple_country",
                                   "default_numeric",
                                   "default_flag" ,
                                   "customer_code",
                                   "cost_income",
                                   "ROE",
                                   "employees",
                                   "economic_sector",
                                   "multiple country",
                                   "ROS" ,
                                   "commercial_portfolio",
                                   "business_unit")
```

对于上述执行的两个代码块,解释如下:在第一次执行 colnames()函数时,代码显示列名；在执行第二个代码块时，代码实际上执行的是设置列的名称。当读者第三次调用 colnames()函数时，读者就能看到列名称发生的变化。

读者现在获得了一个包含客户历史信息的数据集，该数据集中包含客户违约状态的相关信息。接下来要进行的是定义一个数据挖掘计划。"听说你对 CRISP-DM 方法非常熟悉，我这里有一个典型的 CRISP-DM 方法执行过程示意图（见图 7-2）。"

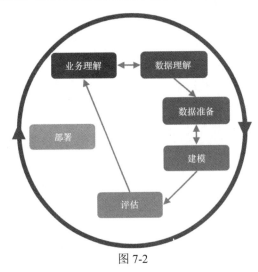

图 7-2

通过 EDA，完成了数据理解；通过数据清洗和数据验证，完成了数据准备。现在是时候进入数据建模阶段了。

如读者所知，当前要进行的第一步是定义数据建模策略。目前问题的关键是：要理解违约的客户都具有哪些共同特征。因此数据建模策略的重点是对之前的违约数据进行分析，而不是对未来的违约进行预测。

数据建模相关概念

人们将违约事件视为需要解释的变量，称为因变量；将所有用来解释因变量的其他属性，称为解释变量。从解释变量到因变量，需要建立某种规则或者映射关系，人们将这种规则或映射关系称为函数。但是需要强调的是，它们之间的这种关系是偶然的（或称为非对称的）。人们用 Y 表示因变量，$x_1, x_2, \cdots, x_n$ 表示解释变量的集合，通过函数将这个映射关系表示如下：

$$Y = f(x_1, x_2, \cdots, x_n)$$

事实上，人们通常会在等式的右侧添加一个元素，将其称为误差项，记为 ε。误差

项 ε 的存在表明，不可能通过定义一个模型就能准确地还原真正潜在的现象。误差的来源有以下几种。

- 模型不够准确。
- 测量时出现误差。
- 现象随时间推移发生改变。

因此，人们将前面的等式修改如下：

$$Y = f\left(x_1, x_2, \cdots, x_n\right) + \varepsilon$$

从这个公式开始，读者所要进行的定义数据建模策略的全部工作就是：理解如何生成估计函数 f，以及如何尽可能地减小误差项 ε 的值。为了让读者掌握数据建模策略的明确方向，先请读者对两大类数据建模策略进行区分。

- 有监督学习。
- 无监督学习。

1. 有监督学习

当需要处理的数据既包括输入数据，也包括输出数据时，所进行的学习就是有监督学习。想一想读者学过的每一门课程：老师通过一些例子讲授课程相关的规则，然后读者将相同规则应用到课程中新的例子上，这些例子通常要比老师讲授的例子难得多，但这又是另一回事儿了……

更规范一点儿的说法，当模型依赖于一组 x（即前面提到的解释变量）和对应的一个因变量 y 时，我们所讨论的就是有监督学习。上述描述转换到数据集，就是每个记录对应一组解释变量 x 和一个因变量 y。

从要解释的变量是二值变量（可以假定为取值 0 或 1）开始，为数据集中每条记录都贴上一个标签，标签给出该记录是否具有符合要求的输出。这就是这类数据也被称为标签数据的原因。

关于标签数据的一个很好例子就是公司的客户数据集 clean_casted_stored_data_validated_complete。客户数据集内的每条记录都有一个标签列（即违约标识列 default_flag），该列指明给定的某组解释变量产生了一个符合要求的结果（客户付款），还是产生了一个不符合要求的结果（客户未付款）。

2. 无监督学习

与有监督学习不同，无监督学习包含所有未受监督的学习。无监督学习与有监督学习的情况恰好相反——读者手中仅有一组不带有响应标签的变量。举一个例子：给一个孩子一堆不同形状的木制玩具，并要求孩子将其分成两组。对于例子中的这个孩子，没有任何的约束或者期望的输出，他只要创建出两个不同的分组即可。他可能会有自己的某种规则，比如根据颜色、形状或者尺寸进行分组。

3. 建模策略

读者是时候实际动手开发自己的数据建模策略了。由于当前研究的是标签数据，因此读者要重点关注有监督学习。也就是说，读者应该从一些线性回归模型开始，并逐渐增加模型的复杂度。我们现在给出建模技术的一个列表，读者需要试着使用这些技术来处理当前的标签数据。

- 线性回归。
- 作为降维技术使用的主成分分析。
- 决策树。
- 逻辑回归。
- 线性边界分类器。
- 支持向量机。
- 随机森林。
- 集成学习。

本书会带领读者对以上技术进行逐个学习，因此读者不要被上面的列表所吓到。我们会给出每一种建模技术的潜在含义，并提供正确使用这些建模技术所需要的最小数学知识集合。然后读者将通过 R 语言应用这些建模技术来处理数据，并将结果可视化。

通过实际动手构建模型，读者就可对数据集所包含信息进行全面了解，并最终预测出在西波勒斯公司中东地区的客户中哪些客户将处于违约状态。我们也会给出应用上述这些建模技术的简要说明，在本书接下来的内容中，作者会一并对其进行讲述，这样读者便能够快速回忆起相应的建模技术并对其进行正确的应用。

7.2　应用线性回归

线性回归可能是最著名的统计模型。该模型已经存在了很长一段时间，相关概念的首次提出可以追溯到 1980 年。线性回归模型之所以能够流行起来，主要归功于其相对于其他模型的易用性以及其良好的可解释性。

7.2.1 线性回归的直观解释

在对一组数据应用线性回归时，人们会做出如下假设：一个解释变量（或多个解释变量）与因变量之间的关系是已知的、线性的。在此需要考虑如下两点。

- **关系是已知的**：假设存在某种规则，在该规则的作用下，给出某个水平的 x，会得到对应水平的 y，这暗示着 x 的水平会直接影响 y 的水平。在 6.1.2 节关于线性相关的讨论中，读者知道上述规则并不一定正确，因而需要进一步证明这种因果关系。

- **关系是线性的**：即假设解释变量与因变量之间的关系可以表示为解释变量的某种线性组合，并加上相应的误差项。

来自物理领域的直线运动方程，就是现实世界中存在的关于线性关系的一个例子。该方程给出了在给定加速度的情况下，时间和速度之间的线性关系，如下所示：

$$V_t = at$$

考虑在给定的加速度条件下（比如加速度为 4 m/s²）绘制该线性关系的图表，那么在 3 个不同的时刻（0、2、3），读者将得到如下的一种线性关系。

- 在时刻 0，速度为 0。
- 在时刻 2，速度为 2×4=8。
- 在时刻 3，速度为 3×4=12。

绘制图表，如图 7-3 所示。

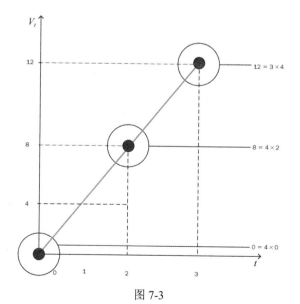

图 7-3

如果仔细观察直线运动方程，读者可以发现方程中最重要的组成部分就是加速度系数。加速度系数实际上是定义直线倾斜度的关键。读者可以尝试将加速度从 4m/s^2 改为 7m/s^2，并重新计算 3 个时刻的速度，然后重新绘制图表，此时直线是不是比之前更加倾斜了呢？

更正式的说法是，加速度系数这个分量被称为斜率，对斜率的估计是线性回归模型的核心。

7.2.2　线性回归的数学原理

在上述直线运动的例子中，斜率是已知的。这是人们用来观察物体的速度随时间的变化所做的假设。当人们将这种线性关系模型应用于一组数据（比如读者的当前数据）时，并不知道斜率这个参数。线性回归模型的重点就是估计斜率这个参数的值。

下面的等式就是线性回归模型的正式表达形式：

$$y_i = \beta_0 + \beta_1 x_i$$

如读者所见，除了 β_0（β_0 被称为截距），上述公式与速度公式非常相似。截距定义了在 x 等于 0 的情况下 y 的取值。β_1 则为读者之前所讨论的斜率。

正如上文所描述，估计线性回归模型的主要任务就是定义斜率参数。读者会遵循什么标准来定义这个参数呢？读者一定会尝试着尽可能地接近总体数据点的分布来画出直线。请读者查看图 7-4 所示的草图。

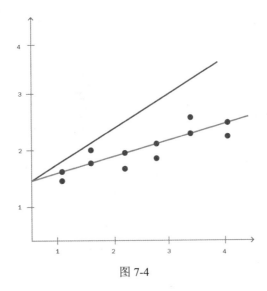

图 7-4

正如读者所见，草图中画出了相交于一个点的两条直线。绿色的直线穿过了代表总体数据记录分布的点，与绿色直线不同的是，红色的直线很快地向上倾斜（没有穿过代表总体数据记录分布的点）。这两条直线有什么不同呢？读者已经猜到了，差别在于斜率不同。两条直线都从同一个点开始，这意味它们的截距相同。

顺便说一下，"两条直线从同一个点开始，这意味着这两条直线的截距相同"这一点可以通过查看"当 x 等于 0 时，y 的取值的点是否相同"进行验证。读者看到了吗？两条直线都是从 x 等于 0、y 等于 1.5 的点开始向上倾斜的。

所以，读者想要得到的直线是穿过代表数据记录分布的点的直线。但是读者要如何度量直线以何种方式穿过代表总体数据分布的点呢？最直观的方式就是获得残差，即 y 的估计值和 y 的观察值之间的差。通过前面的例子可以看到，当 x 等于 2 的时候，y 的观察值为 2.5，而 y 的估计值为 2。于是，前面例子中得到的残差为 2.5-2=0.5。

因此读者想要得到的穿过代表数据记录分布的点的直线，就是能够使得总体数据记录分布的残差值最小化的直线。将残差最小化时最常采用的方式就是使用最小二乘法技术。

1. 最小二乘法技术

本书在此处不会解释与最小二乘法相关的演算过程，克劳夫先生也不希望读者这样做，读者只需要记住的是：最小二乘法将残差的平方和（RSS）定义为所有残差的平方的和。

$$\text{RSS} = \sum_{i=1}^{n}(y_i - \beta_0 + \beta_1 x_i)^2$$

由于 RSS 表示期望值与实际值之间的差异，因此需要将 RSS 最小化。将残差进行平方的目的，是避免分别带有正、负符号的残差相互抵消，进而出现可能的偏差。

通过一些演算，可以计算出使得表达式的值最小化的参数值，如下：

$$\hat{\beta}_0 = \overline{y} - \hat{\beta}_1 \overline{x}$$

$$\hat{\beta}_1 = \frac{\sum_{i=1}^{n}(x_i - \overline{x})(y_i - \overline{y})}{\sum_{i=1}^{n}(x_i - \overline{x})^2}$$

带 "^" 的变量代表的是估计值。

既然读者已经知道了线性回归背后的数学原理，在此，作者很高兴地向读者介绍 R 语言所提供的简易的 lm()函数，通过执行该函数，可生成上述所有参数值的估计值。调用该函数时，读者只需要指定某些变量作为因变量，某些作为解释变量即可。

2. 线性回归建模要求——建模之前的确认项

在应用线性回归对两个变量进行建模时，读者应该检查模型产生的残差是否具有以下属性。

- 是不相关的。
- 是同方差的。

残差的不相关性

如果线性回归模型被认为是有效的，那么通过该线性回归估计模型产生的残差必然是不相关的。这意味着得到的一系列残差不能显示出明显的趋势。用于评估残差的最常使用的测试之一就是 Durbin-Watson（德宾-沃森）测试。该测试很简单，即就平均情况而言，所观察到的模型产生的残差是否彼此接近。其定义如下：

$$d = \frac{\sum_{t=2}^{T}(e_t - e_{t-1})^2}{\sum_{t=2}^{T}e_t^2}$$

其中 e 是给定 x 条件下，y 的观察值和估计值之差。读者该如何解释这个测试的值呢？首先，读者应当知道该值的变化区间为 0～4。此外，该值的说明如下。

- 值接近 2 表明残差之间没有相关性。
- 值接近 0 表明残差之间正相关。
- 值接近 4 表明残差之间负相关。

残差的同方差性

同方差性听上去是不是一个很奇怪的词？它实际上代表了一个很简单的概念——残差方差的同质性。残差方差的同质性意味着在变量 y 和残差的方差之间没有观察到变化趋势。这个假设背后的原理是什么呢？读者可以从该概念的反方向（即异方差性）出发去理解。当一个总体具有异方差性时，读者可以观察到一个随着 x 增加而变化的残差，而读者绝对不希望从一个有效的模型中观察到这个现象。反言之，如果残差在 x 的所有值上都保持为一个不变的常量，即使不为 0，也是可以接受的。

验证这一假设的常见测试是 Breusch-Pagan（布伦斯-帕甘）测试。该测试实际上是一个假设检验：先设定残差方差是一个常量的虚无假设（零假设）；并且设定残差方差不是常量的备择假设。

不需要深究细节，读者只需要记住这个测试会得出一个计算结果即可，并且如果结果 p 值大于 0.05，则可以认为没有满足假设，即虚无假设被拒绝。如果 p 值小于 0.05，则说明满足虚无假设。在本书后面部分，作者会对虚无假设进行进一步的解释说明。

7.2.3　如何在 R 语言中使用线性回归

以上部分为理论知识的介绍。现在请读者将注意力转移到实战部分：对读者的数据应用 lm() 函数。首先，选择一个解释变量，然后调用 lm() 函数，查看输出情况。回想一下已有的变量。

```
colnames(clean_casted_stored_data_validated_complete)
```

```
[1] "corporation"
[2] "subsidiary"
[3] "previous_default"
[4] "custo mer_agreement"
[5] "multiple_country"
[6] "default_numeric"
[7] "default_flag"
[8] "customer_code"
[9] "cost_income"
[10] "ROE"
[11] "employees"
[12] "economic_sector"
[13] "company_revenues"
[14] "ROS"
[15] "commercial_portfolio"
[16] "business_unit"
```

接下来读者要怎么做呢？

1. 拟合线性回归模型

请读者以经济部门 economic_sector 作为解释变量。可以合理地推断出，经济部门应该考虑一个客户是否会违约。

请读者从拟合线性模型开始。就像之前所介绍的那样，使用 R 语言的 lm() 函数就能轻松完成拟合：

```
linear_regression_economic_sector <- lm(as.numeric(default_flag) ~
economic_sector, clean_casted_stored_data_validated_complete)
```

如读者所见，将函数中的 y 值定义为数据集中的 default_flag 属性，将函数中的 x 值定义为数据集中的 economic_sector 属性。lm() 函数负责估计 β_0 和 β_1 的值。

可以通过输出 linear_regression_economic_sector 对象来查看 β_0 和 β_1 的估计值：

```
linear_regression_economic_sector
```

得到如下输出：

```
Call:
 lm(formula = as.numeric(default_flag) ~ economic_sector, data =
clean_casted_stored_data_validated_complete)

Coefficients:
    (Intercept) economic_sector
    2.741e+00      -2.083e-09
```

回想一下线性模型的定义，可以得出：β_0 为之前所讨论过的截距，与 economic_sector 变量相关的 β_1 斜率则为 $-2.083e-09$。

2. 验证模型假设

现在读者得到了模型参数的估计值，是时候验证所提出的假设了，即残差的无自相关性以及残差方差的同质性。R 语言中包括验证假设的一个包，即由约翰•福克斯（John Fox）教授开发的 car 包。该程序包为线性模型的假设提供了全面的验证测试。接下来，读者会分别使用 ncvTest() 和 durbinWatsonTest() 函数，来验证残差的无自相关性和残差的同方差性假设。

要使用这两个函数，读者只需要将回归模型对象作为参数传入并调用函数即可。请读者先从 Breusch-Pagan 测试开始，来验证模型的残差方差是否为一个常量（残差方差的同质性）：

```
ncvTest(linear_regression_economic_sector)


Non-constant Variance Score Test
 Variance formula: ~ fitted.values
 Chisquare = 9.532657 Df = 1 p = 0.002018477
```

对于上面的输出结果，读者有什么看法呢？这是一个令人满意的输出结果吗？确实，第 3 行的 p 值绝对低于阈值 0.05。因此，读者可以拒绝残差方差是一个常量的虚无假设，并认为通过 NCV 测试。

现在，请读者进行 Durbin-Watson 测试：

```
durbinWatsonTest(linear_regression_economic_sector)


lag Autocorrelation D-W Statistic p-value
 1 0.9958624 0.007780056 0
 Alternative hypothesis: rho != 0
```

在上面的输出结果中，最相关的值是 D-W 列的值。在当前输出中，该值低至 0.007780056。如果读者还记得，就知道当 Durbin-Watson 测试得到的 D-W 值非常小时，意味着残差是明确自相关的。这是一个比较糟糕的输出结果。读者需要再次评估基于其他变量生成的模型。比如，可以考虑建立一个基于 company_revenues 属性生成的模型。

正如读者刚刚对 economic_sector 属性所进行的操作一样，评估基于 company_revenues 属性生成的模型，只需要将 economic_sector 参数替换为 company_revenues，并调用 lm() 函数来拟合模型即可：

```
linear_regression_revenues <- lm(as.numeric(default_flag) ~
company_revenues, clean_casted_stored_data_validated_complete)
```

然后执行假设诊断测试：

```
ncvTest(linear_regression_revenues)
durbinWatsonTest(linear_regression_revenues)
```

得到的结果如下：

```
Non-constant Variance Score Test
 Variance formula: ~ fitted.values
 Chisquare = 19.83106 Df = 1 p = 8.459667e-06
```

以及：

```
lag Autocorrelation D-W Statistic p-value
1 0.995317 0.008891022 0
Alternative hypothesis: rho != 0
```

输出的结果看上去并不理想。

坦白地讲，上述演示只是为了向读者展示线性模型是如何工作的，以及如何在 R 语言中对线性模型的参数进行估计。接下来要探讨更加实际的问题：考虑数据集中存在的所有变量，通过建模来表达它们之间是如何相互作用的。也就是说，读者接下来要进行的是多元线性回归分析。

在深入研究之前，请读者先花点儿时间，学习一下如何使用 ggplot2 程序包对估计模型的结果进行可视化处理。在后文中，读者也会将 ggplot2 程序包应用于其他模型，磨刀不误砍柴工。

3. 可视化拟合值

为了进一步观察基于 company_revenues 属性所生成的模型的输出，请读者观察刚刚创建的 linear_regression_revenues 对象。这是一个什么类型的对象？如何对其进行查看呢？

读者可以很方便地调用 mode() 函数，调用方式如下：

```
mode(linear_regression_revenues)
```

mode() 函数的输出会告诉读者，linear_regression_revenues 是一个列表对象。该列表是由什么组成的呢？只需要调用一下 str() 函数，查看输出即可：

```
str(linear_regression_revenues)

List of 12

$ coefficients : Named num [1:2] 2.75 5.84e-08
 ..- attr(*, "names")= chr [1:2] "(Intercept)" "company_revenues"
 $ residuals : Named num [1:11523] -0.695 -0.754 -0.754 -0.754 -0.754 ...
```

```
  ..- attr(*, "names")= chr [1:11523] "1" "2" "3" "4" ...
 $ effects : Named num [1:11523] -294.023 -2.729 -0.743 -0.743 -0.743 ...
  ..- attr(*, "names")= chr [1:11523] "(Intercept)" "company_revenues" "" ""
...
 $ rank : int 2
 $ fitted.values: Named num [1:11523] 2.7 2.75 2.75 2.75 2.75 ...
  ..- attr(*, "names")= chr [1:11523] "1" "2" "3" "4" ...
 $ assign : int [1:2] 0 1
 $ qr :List of 5
  ..$ qr : num [1:11523, 1:2] -1.07e+02 9.32e-03 9.32e-03 9.32e-03 9.32e-03
...
  .. ..- attr(*, "dimnames")=List of 2
  .. .. ..$ : chr [1:11523] "1" "2" "3" "4" ...
  .. .. ..$ : chr [1:2] "(Intercept)" "company_revenues"
  .. ..- attr(*, "assign")= int [1:2] 0 1
  ..$ qraux: num [1:2] 1.01 1.01
  ..$ pivot: int [1:2] 1 2
  ..$ tol : num 1e-07
  ..$ rank : int 2
  ..- attr(*, "class")= chr "qr"
 $ df.residual : int 11521
 $ xlevels : Named list()
 $ call : language lm(formula = as.numeric(default_flag) ~
company_revenues, data = clean_casted_stored_data_validated_complete)
 $ terms :Classes 'terms', 'formula' language as.numeric(default_flag) ~
company_revenues
  .. ..- attr(*, "variables")= language list(as.numeric(default_flag),
company_revenues)
  .. ..- attr(*, "factors")= int [1:2, 1] 0 1
  .. .. ..- attr(*, "dimnames")=List of 2
  .. .. .. ..$ : chr [1:2] "as.numeric(default_flag)" "company_revenues"
  .. .. .. ..$ : chr "company_revenues"
  .. ..- attr(*, "term.labels")= chr "company_revenues"
  .. ..- attr(*, "order")= int 1
  .. ..- attr(*, "intercept")= int 1
  .. ..- attr(*, "response")= int 1
  .. ..- attr(*, ".Environment")=<environment: R_GlobalEnv>
  .. ..- attr(*, "predvars")= language list(as.numeric(default_flag),
company_revenues)
  .. ..- attr(*, "dataClasses")= Named chr [1:2] "numeric" "numeric"
  .. .. ..- attr(*, "names")= chr [1:2] "as.numeric(default_flag)"
"company_revenues"
 $ model :'data.frame': 11523 obs. of 2 variables:
  ..$ as.numeric(default_flag): num [1:11523] 2 2 2 2 2 2 2 2 2 ...
  ..$ company_revenues : num [1:11523] -1.00e+06 4.37e-01 8.76e-01 1.00
6.80e-01 ...
  ..- attr(*, "terms")=Classes 'terms', 'formula' language
as.numeric(default_flag) ~ company_revenues
  .. .. ..- attr(*, "variables")= language list(as.numeric(default_flag),
company_revenues)
  .. .. ..- attr(*, "factors")= int [1:2, 1] 0 1
  .. .. .. ..- attr(*, "dimnames")=List of 2
  .. .. .. .. ..$ : chr [1:2] "as.numeric(default_flag)" "company_revenues"
```

```
.. .. .. .. ..$ : chr "company_revenues"
.. .. ..- attr(*, "term.labels")= chr "company_revenues"
.. .. ..- attr(*, "order")= int 1
.. .. ..- attr(*, "intercept")= int 1
.. .. ..- attr(*, "response")= int 1
.. .. ..- attr(*, ".Environment")=<environment: R_GlobalEnv>
.. .. ..- attr(*, "predvars")= language list(as.numeric(default_flag),
company_revenues)
.. .. ..- attr(*, "dataClasses")= Named chr [1:2] "numeric" "numeric"
.. .. .. ..- attr(*, "names")= chr [1:2] "as.numeric(default_flag)"
"company_revenues"
 - attr(*, "class")= chr "lm"
```

或许作者应该用一种比较紧凑的方式显示上面的输出内容。str()函数本身提供了一些附加参数，用来定义函数输出的内容。比如对可预览向量部分，可以通过设置 vec.len 参数来定义输出中可预览向量元素的个数（比如 coefficients 向量内的元素个数）。对当前操作而言，读者需要设置 max.level 参数，该参数定义了读者希望显示的输出的嵌套层数。如果将其设置为 1，将只显示输出中第一个层级的内容：

```
str(linear_regression_revenues, max.level =1)

List of 12
 $ coefficients : Named num [1:2] 2.75 5.84e-08
 ..- attr(*, "names")= chr [1:2] "(Intercept)" "company_revenues"
 $ residuals : Named num [1:11523] -0.695 -0.754 -0.754 -0.754 -0.754 ...
 ..- attr(*, "names")= chr [1:11523] "1" "2" "3" "4" ...
 $ effects : Named num [1:11523] -294.023 -2.729 -0.743 -0.743 -0.743 ...
 ..- attr(*, "names")= chr [1:11523] "(Intercept)" "company_revenues" "" ""
...
 $ rank : int 2
 $ fitted.values: Named num [1:11523] 2.7 2.75 2.75 2.75 2.75 ...
 ..- attr(*, "names")= chr [1:11523] "1" "2" "3" "4" ...
 $ assign : int [1:2] 0 1
 $ qr :List of 5
 ..- attr(*, "class")= chr "qr"
 $ df.residual : int 11521
 $ xlevels : Named list()
 $ call : language lm(formula = as.numeric(default_flag) ~
company_revenues, data = clean..
 $ terms :Classes 'terms', 'formula' language as.numeric(default_flag) ~
company_revenues
 .. ..- attr(*, "variables")= language list(as.numeric(default_flag),
company_revenues)
 .. ..- attr(*, "factors")= int [1:2, 1] 0 1
 .. .. ..- attr(*, "dimnames")=List of 2
 .. ..- attr(*, "term.labels")= chr "company_revenues"
```

```
 .. ..- attr(*, "order")= int 1
 .. ..- attr(*, "intercept")= int 1
 .. ..- attr(*, "response")= int 1
 .. ..- attr(*, ".Environment")=<environment: R_GlobalEnv>
 .. ..- attr(*, "predvars")= language list(as.numeric(default_flag),
company_revenues)
 .. ..- attr(*, "dataClasses")= Named chr [1:2] "numeric" "numeric"
 .. .. ..- attr(*, "names")= chr [1:2] "as.numeric(default_flag)"
"company_revenues"
 $ model :'data.frame': 11523 obs. of 2 variables:
 ..- attr(*, "terms")=Classes 'terms', 'formula' language
as.numeric(default_flag) ~ company_re..
 .. .. ..- attr(*, "variables")= language list(as.numeric(default_flag),
company_revenues)
 .. .. ..- attr(*, "factors")= int [1:2, 1] 0 1
 .. .. .. ..- attr(*, "dimnames")=List of 2
 .. .. ..- attr(*, "term.labels")= chr "company_revenues"
 .. .. ..- attr(*, "order")= int 1
 .. .. ..- attr(*, "intercept")= int 1
 .. .. ..- attr(*, "response")= int 1
 .. .. ..- attr(*, ".Environment")=<environment: R_GlobalEnv>
 .. .. ..- attr(*, "predvars")= language list(as.numeric(default_flag),
company_revenues)
 .. .. ..- attr(*, "dataClasses")= Named chr [1:2] "numeric" "numeric"
 .. .. .. ..- attr(*, "names")= chr [1:2] "as.numeric(default_flag)"
"company_revenues"
 - attr(*, "class")= chr "lm"
```

如果将上面 str()函数的输出与之前的 str()函数的输出进行比较，读者很容易就会发现上面的输出中只显示了第一个层级的内容。例如，model 对象是包含两列的数据帧，分别表示模型中使用的变量，一个对应解释变量，一个对应因变量。在前一个 str()函数的输出中，能够看到\$model 分支、\$as.numeric(default_flag)分支和\$company_revenues 分支，而在第二个 str()函数的输出中，只有\$model 分支。

请读者仔细观察一下 str()函数的输出对象的内容。

- coefficients（系数）：存储拟合模型的截距和斜率的估计值。
- residuals（残差）：存储残差，ncvTest()函数和 durbinWatsonTest()函数会用到该列数据。
- rank（秩）：用来代表模型矩阵的数值秩。如果读者不应用其他变量的线性组合所构成的变量，那么秩始终与读者使用的参数总数一致。
- fitted.values（拟合值）：即估计值 y。

- model（模型）：一个数据帧，用于存储传递给 lm()函数的数据，在前面的例子中指 company_revenues 和 default_numeric 向量。

准备数据进行可视化

读者要如何可视化模型的估计结果呢？读者可以比较一下观察值和估计值，并且直接观察残差。先从观察值与估计值的对比开始。

此处读者需要得到的是模型拟合值列、观察值列以及公司收入列数据。

因此，读者需要创建一个存储上述 3 列数据的对象。遵从 tidy data 框架，请读者采用长数据格式来组织数据，以便充分利用 ggplot 程序包所提供的功能。

需要创建的 3 列数据包括以下内容。

- 属性 y：存储模型拟合值和观察值。
- 属性 type：用于区分属性 y 是观察值还是拟合值。
- 属性 revenues：代表 company_revenues 的观察值和拟合值。

请读者分别创建每个列的数据。可以通过将 linear_regression_revenues 列表中 model 对象的 default_flag[①]列以及 linear_regression_revenues 列表中的 fitted.values 向量进行堆叠，来生成 y 列向量，代码如下：

```
y = c(linear_regression_revenues$model$`as.numeric(default_flag)`,
 as.numeric(linear_regression_revenues$fitted.values))
```

如读者所见，上述代码创建了一个列向量，该列向量在其前端放置 as.numeric(default_flag)列元素，在其后端放置 fitted.values 列元素。接下来，创建 type 列向量，用于存放观察值和拟合值的分类。type 列向量元素分别取值为"observed"及"fitted"，重复的次数分别与 as.numeric(default_flag)和 fitted.values 内元素的个数相同。由于 as.numeric(default_flag)就是从原始数据集 clean_casted_stored_data_validated_complete 获取的，因此重复的次数与该数据集的行数相同。这样读者就可以使用 nrow()函数检索该数据集的行数，再用所得到的行数来设置观察值和拟合值的重复次数。

请读者实际动手，来创建 type 列向量，代码如下：

```
type = c(rep("observed",nrow(clean_casted_stored_data_validated_complete)),
 rep("fitted",nrow(clean_casted_stored_data_validated_complete)))
```

如读者所见，上述代码仍然是将两个向量进行堆叠，而这两个向量都是使用 rep()函数生成的。rep()函数名称中的 rep 是 repeat（重复）的缩写，该函数能够生成一个由 x 参数不断重复构成的向量，而 x 参数的重复次数由 times 参数决定。对于当前操作的 type 列向量，代码创建了两个应用 rep()函数生成的向量，其中一个向量传入"observed"标

---

① 原文为 default_numeric，应为笔误。——译者注

记，另一个向量传入"fitted"标记。在执行这两个 rep()函数时，代码都将重复次数 times 参数设置为数据集 clean_casted_stored_data_validated_complete 的行数。

最后请读者生成 revenues 列向量，该列向量仅仅是由两个 company_revenues 向量堆叠而构成的：

```
revenues = c(rep(linear_regression_revenues$model$company_revenues,2))
```

将这 3 个对象打包在一起，得到：

```
show_lm <- data.frame(y,type,revenues)
```

请读者查看一下生成的这个对象：

```
show_lm %>% head()
```

```
  y      type  revenues
1 0 observed 10000.83
2 0 observed 10000.84
3 0 observed 10000.70
4 0 observed 10000.78
5 0 observed 10000.28
6 0 observed 10000.15
```

这正是读者希望要生成的数据。现在是时候绘制数据的图表了。

数据可视化

正如作者所言，获取整洁的数据能够帮助读者充分利用 ggplot 程序包所提供的功能。但是，先请读者从最基本的可视化开始，这便于读者了解为什么需要这些功能。先绘制一张散点图，如图 7-5 所示，其中，x 轴代表 revenues 向量，y 轴代表 y 向量：

```
  show_lm %>%
ggplot(aes(x = revenues, y = y))+
geom_point()
```

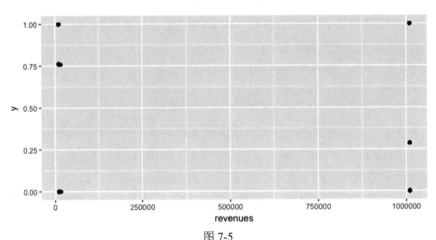

图 7-5

从图 7-5 中，读者能够区分哪些点是模型的拟合值、哪些点是观测值吗？估计读者的答案是：不能。因此此处需要引入着色方案，并将其赋值给 type 列数据，以便 ggplot()函数能够根据 type 的不同取值来区分不同点（模型拟合值或观测值）的颜色，如图 7-6 所示。

```
show_lm %>%
ggplot(aes(x = revenues, y = y, colour =type))+
geom_point()
```

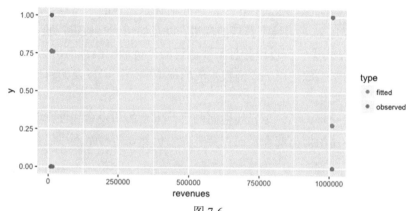

图 7-6

如图 7-6 所示，现在能够很清晰地分辨出哪些点是模型拟合值、哪些点是观测值了。读者观察到了什么吗？可以看到，由于模型拟合数据的点与观测数据的点相差很远，因此该模型似乎看上去并不令人满意。如果仔细观察数据，读者就会发现，对于变量 revenues 而言，无论它取低值还是取高值，都对应存在着一定数量的履约和违约（0 和 1）记录，因此可以得出结论：解释变量 company_revenues 与因变量 default_ flag 并不是那么相关。

在本书后面部分进行多元线性回归时，读者会学习一些结构性更加良好的性能指标。

7.3 更多参考

由 Gareth James、Daniela Witten、Trevor Hastie 和 Robert Tibshirani 合著的 *Introduction to Statistical Learning*，该书对一些较为常用的统计学习模型和算法进行了更加正式且严谨的介绍。

7.4 小结

评估工作进展如何？通过理论联系实际，安迪展示了读者接下来要用到的建模技术。

　　在本章中，读者学到了很多东西，包括评估一个简单的单变量线性回归模型，以及检验数据是否满足假设。本章内容十分重要，主要基于以下两个方面的原因。

- 简单线性模型通常是两个变量间实际关系的过度简化。尽管如此，该模型依然能够很好地满足许多领域对准确性的要求，这也是简单线性模型非常受欢迎的原因。

- 读者会发现很多模型在进行估计时都没有检验假设。读者需要记住的是，从无效模型获得的估计也是无效的，至少描述性估计是无效的——这一点会在第 8 章中做详细介绍。了解常用模型背后的假设，以及如何进行假设检验，会让读者从那些很少应用公式进行假设检验且不被认可的分析师中脱颖而出。

　　读者还学习了如何组织使用 lm() 函数生成的模型的输出，以及如何使用 ggplot 程序包将模型结果进行可视化。

　　现在是时候深入一步，学习多元线性回归了。本章的单变量线性回归模型并没有帮助读者针对为何出现违约做出解释，而克劳夫先生仍然在等待拿到可能会违约的公司的名单。

第 8 章　浅谈模型性能评估

"我刚刚从克劳夫先生那里得到消息，跟进工作可以适当放缓，所以，我们争取到了一些时间。事情进展如何？"在询问进展的时候，西恩老板的态度并不是那么友好。

"进展良好，西恩先生。我们已经拟合了一些模型，并且发现了一些有帮助的线索。不过，在分享我们的发现之前，还需要获得一些更可靠的结果。"应对这样的场景，安迪显得游刃有余。他的这些话，也为读者和他获得要实际展示、分析的结果争取了更多时间。坦白地说，读者和安迪目前也没有什么内容可以向西恩先生分享，也许这就是安迪一定要争取更多时间的原因。

正如在本书第 7 章结束前告诉读者的那样，接下来读者需要学习如何评估模型的性能，即完成模型性能评估。与模型估计和模型验证一样，模型性能评估也是数据分析领域重要的技术之一。

但是作者不想拖延时间（很快作者就会使用第三人称进行描述），所以接下来还是请安迪来发言。

8.1　定义模型性能

接下来，请读者先通过回答一个问题，来展开模型性能相关的探讨：当读者评估一个模型的时候，如何判断它是否是一个好的模型呢？读者可能已经听过出自美国统计学家乔治•博克斯（George Box）之口的一句话："所有模型都是错误的，但有些模型是有帮助的。"

对上述比较经典话语的引用，实际上是想揭示一个事实：没有完美的模型。在某种程度上，所有模型都是现实世界的抽象，就如同地图是真实地球的抽象一样。尽管如此，如果地图足够精确，对于旅行者来说，地图就是极有用的。这个例子看上去似乎只是某种暗示性的类比，但这个例子能够非常有效地帮助读者理解模型这个概念，因为这个例子体现了模型中最相关的两个命题。

- 对于试图建模的真实现象，模型需要具有令人满意的抽象高度。
- 模型必须足够准确才能有用。

本书不打算直接给出上述两个命题的定义，而是留出空间，与读者一起讨论如下两个概念。

- 模型的拟合度和可解释性之间的平衡，该概念与令人满意的抽象级别密切相关。
- 在使用模型进行预测时的重要性概念，该概念有助于定义一个模型是否足够精确。

8.1.1　模型的拟合度与可解释性

几天前，作者跟一位在数据科学领域从事咨询工作的朋友进行了交谈。这位朋友在数据科学领域做得很好，并且正在与大公司进行合作。作者想知道的是，朋友公司采用了什么类型的复杂算法和方法来满足客户的需求。

于是作者问朋友，他在工作中最常用的模型和算法是什么？朋友的回答令作者感到震惊。因为朋友告诉作者，有时候他确实会使用一些奇特的模型和算法；但是对于大部分客户的需求，通过回归模型和非常基本的分类算法就能够满足。难道是客户的需求都不复杂吗？并不完全是，但大多数时候，客户都希望获得一个可以提供决策的模型，并把模型的输出当成工具使用。而回归模型和基本的分类算法就能够满足这样的需求。

在读者评估多元线性回归模型时，读者了解了系数的含义：解释变量 x 的变化对因变量 y 的变化的影响。模型系数就是一个决策工具，因为企业所有者可以设置一个想要获得的因变量 y 值，在此模型基础上就能够推导出所需要的解释变量 x 值，甚至推导出产生 y 值所需要的不同解释变量 x 值的组合。

另外，若只向客户提供一个黑盒模型，通过该模型客户可以知道最终预测水平的输出，但并不知道不同的预测因子是如何协同工作的，也不知道它们对输出结果会产生怎样的影响，这种模型实际上对客户的帮助非常有限。即便黑盒模型比基础模型更加精确，它也对客户没有太多帮助。

上述描述很好地说明了模型的拟合度和模型的可解释性之间的平衡关系：在拟合给定数据集方面，线性回归模型可能并不是最好的，但是该模型估计会产生很容易解释的输出，并且可以为生产计划和控制活动提供宝贵的参数。不过，由于线性回归模型并不能适应建模现象中暗含的真正趋势，因此不能认为它是灵活的。这就是线性模型的两个极端：极强的可解释性和极差的灵活性。

读者会发现，有的模型具有极强的灵活性，但是可解释性[①]极差。这些模型包括稍后要讲的支持向量机等模型。这类模型能够准确地对给定数据进行建模，但如果要求支持向量机帮助读者做出决策，就比较困难了。

---

① 原文为 flexible，可能为笔误。——译者注

所以，读者认为使用可解释性强，但是灵活性差点儿的模型更好呢？还是使用灵活性强，但是解释性差点儿的模型更好呢？

针对以上两个问题，并没有普遍适用的答案，答案实际上取决于读者的分析目标是什么。

- 如果读者的主要诉求是获得一个模型，该模型除了预测一个给定现象未来可能的结果之外，主要用来帮读者做出决策，那么读者需要的就是一个可解释性强的模型，即使该模型会牺牲预测的总准确度。考虑以一个国家的期望 GDP 值作为宏观经济变量的函数。为了将经济活动的重点放在与 GDP 值最相关的事情上，政策制定者更有兴趣去理解并衡量宏观经济变量和 GDP 之间的关系；而对于预测下一个周期的 GDP 值能达到什么程度，并没有那么大的兴趣（出于一些其他目的，例如公共预算定义，该预测也许会引发政策制定者的兴趣）。

- 如果读者的主要诉求是获得对未来事件的准确预测，或者完美拟合给定数据中的现象，那么读者可能会倾向于选择灵活性强的模型。举一个有关紧急情况的比较恰当的例子：一场飓风将在未来几天内出现，读者需要制定让市民撤离整座城市的计划。实际上读者并不想知道导致飓风发生的主要因素是什么，也不想知道飓风的运动方向，读者真正关心的是飓风袭击读者所在城市的具体日期，甚至希望时间能够具体到几时几分。

8.1.2 使用模型进行预测

在本章之前的内容中，介绍过模型需要足够准确。事实证明，这个"足够准确"与模型应用的背景密切相关。请读者考虑一下刚刚提到的飓风例子：在飓风这个背景下，"足够准确"指的是什么呢？

读者可能会说，足够准确指的是模型能够精确地告诉读者，在灾难发生之前还剩多少时间让人们撤离该地区。

再举一个听起来不那么危险的例子，请读者考虑一个工业流程，思考在该背景下，足够准确指的是什么？在讨论工厂时，通常就会讨论金钱，当前这个例子也不例外——评估模型性能的主要驱动因素就是错误的总成本。

为了描述得更加清晰，请读者考虑下面的问题：优化工厂的维护水平。从数据出发，读者估计了一个模型，该模型描述了工厂的维护水平与达到对应质量要求的价格水平间的相关性。根据该模型，要达到规定的生产水平，工厂需要确保达到规定的维护水平。

"读者要如何衡量这个模型的性能呢？"可以通过回答另外一个问题来确定该问题的答案："该模型得出的每一个错误预测，其代价是什么？"读者可以想象到，如果工厂达不到应有的维护水平，就会导致工厂达不到预期的生产水平，从而会造成工厂收入损失，甚至亏损。无论是收入损失还是亏损，读者首先可以衡量模型在亏损产品上的错误，即由于维护水平不足而导致无法生产和销售产品的错误。一旦完成这一部分的衡量，读者就能够通过价格来衡量模型做出的每一个错误预测所导致的损失。

基于上述这个例子，读者现在明白"足够准确"指的是什么吗？"足够准确"可能就是指公司在不陷入困境的情况下所能够承受的最大损失水平。

接下来给出的最后一个例子只是为了让读者明白，并不是所有的错误都是相同的。想象一下读者正在建立一个模型，该模型可从某些测试的综合结果中推导出病人是否患有癌症。

在当前假设条件下，读者的模型可能会出现如下两种类型的错误。

- 病人患有癌症，但是模型预测病人没有患癌（假阴性）。
- 病人没有患癌症，但是模型预测病人患癌（假阳性）。

这两种错误应该被认为是相同的吗？作者并不这么认为。事实上也很明显，这是两种明显不同的错误。

- 假阴性会给病人带来严重的后果，甚至是死亡。
- 假阳性会导致患者接受紧随其后的（无用）治疗，虽然后续的分析很有可能会检测出模型所做出的错误判断。

鉴于上述不同种类错误可能带来的后果，读者可能会更加注重第一种错误，而较少考虑第二种错误。希望上面给出的最后一个例子，能够帮助读者理解模型性能评估的另一层含义。

现在读者可以理解乔治·博克斯所说的"所有模型都是错误的，但有些模型是有帮助的"这句话是多么正确了。所有的模型都是对现实世界的抽象，但是只有能够有效地平衡可解释性和拟合度，并且预测结果足够准确，才是有用的模型。

基于上述理解，接下来带领读者就衡量模型性能的其他可用方法进行一场技术讨论：所有模型的性能指标都存在着理论上的最大值和最小值，但是为了确定一个可以接受的中间值，读者需要始终考虑模型方案的应用背景以及模型的目标。

在详细介绍模型的性能度量（读者稍后会读到相关内容）之前，请允许作者提出一个关于模型假设和预测的一般性提示。正如读者所看到的，读者需要经常检查模型是否满足读者为其定义的假设。而在使用模型进行预测时，就不用再担心了，因为此时的重点是模型进行正确预测的能力。

为了理解得更加清楚，读者可以考虑一下描述性模型和预测性模型之间的区别。对于描述性模型，读者会试图找到能够用来描述所面对的现象以及不同的变量对这个现象的影响的模型。为了使得这种模型所得出的结论是有效的、可信赖的（例如对于不同解释变量的β系数），读者需要检查模型是否满足假设。而在预测性模型中，读者就不需要担心描述性模型中存在的那些问题了，因为正如本书前面所述，预测性模型最核心的主题是正确预测未来演变的能力。

8.2　衡量回归模型的性能

现在，请读者再一次从技术角度来讨论回归模型最常用的指标。首先，请读者回顾一下什么是回归。回归指的是，尝试通过给定的一组解释变量来解释因变量。因此一个合理的回归模型性能指标应该是：模型能在多大程度上解释解释变量本身。

毫无疑问，最流行的回归模型指标能够解释以下两个数值。

- 均方误差。
- R 平方。

它们都是基于"误差"这个概念的。读者在估计模型系数时遇到过"误差"这个概念。人们将因变量的实际值与模型估计的预测值之间的差值，定义为给定数据集记录估计的误差：

$$e = y_i - \hat{y}_i$$

人们也将误差称为"残差"，并用它来验证关于线性回归模型的一些假设。现在请读者学习如何使用残差来推导出有用的性能指标，并将其用于评估模型的性能。

8.2.1　均方误差

接下来给出一个草图（见图 8-1）来帮助读者直观地理解残差。

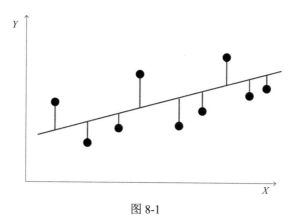

图 8-1

图 8-1 中那些加粗的线段就是模型的残差。"如何计算出能够概括模型整体性能的指标呢？"可以将所有的误差相加，进而获得误差项的一个全面度量。但是，如果既存在低估的误差项，又存在高估的误差项，那要如何处理呢？

举一个例子，请读者观察图 8-2 所示的这个模型。

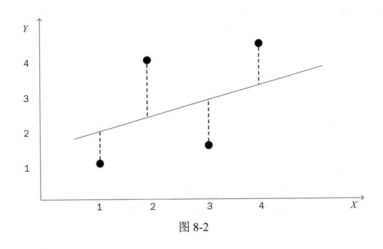

图 8-2

如读者所见，在第一个点和第三个点上，模型的估计值高于 y 的实际值；而在第二个点和第四个点上，模型的估计值低于 y 的实际值。高估误差值大致位于 1～1.5，而低估误差值大致位于-1.5～-1。

针对当前模型，计算误差总和，具体如下：

$$1+1.5-1-1.5 = 0$$

上面计算得到的结果表明，模型没有产生误差。可以肯定地说，整体上模型并没有系统性地低估或高估[1]误差。但是不能肯定地说模型完美地对数据进行了拟合。

这就是为什么基于误差的求和，都倾向于将误差项进行平方后求和——因为误差项平方后，正、负误差就不会相互抵消了。

对上述这个简单的模型，通过平方的方式进行计算：

$$1^2+1.5^2+ （-1）^2+ （-1.5）^2 = 1+2.25+1+2.25 = 6.5[2]$$

计算出的结果 6.5 要比之前的结果 0 看起来更接近真实情况。请读者查看一下如何运用上述方法对下面的两个模型进行对比评估。

第一个模型如表 8-1 所示。

---

① 原文疑似漏掉了"高估"的相关文字。——译者注

② 原文前两项出错。——译者注

表 8-1

x	y	y_estimated	error
4	8	7.24	0.76
5	10	9.05	0.95
6	12	10.86	1.14
7	14	12.67	1.33
8	16	14.48	1.52
9	18	16.29	1.71

第二个模型如表 8-2 所示。

表 8-2

x	y	y_estimated	error
4	8	7.80	0.20
5	10	9.75	0.25
6	12	11.70	0.30
7	14	13.65	0.35
8	16	15.60	0.40
9	18	17.55	0.45
10	20	19.50	0.50
11	22	21.45	0.55
12	24	23.40	0.60
13	26	25.35	0.65
14	28	27.30	0.70
15	30	29.25	0.75
16	32	31.20	0.80
17	34	33.15	0.85
18	36	35.10	0.90
19	38	37.05	0.95
20	40	39.00	1.00
21	42	40.95	1.05

为了计算误差平方和，请读者首先计算出误差的平方，然后将其求和。

对第一个模型计算出的误差的平方如表 8-3 所示。

表 8-3

$error^2$
0.5776
0.9025
1.2996

续表

error^2
1.7689
2.3104
2.9241

求和之后值为 9.78。针对第二个模型，计算得出的误差的平方如表 8-4 所示。

表 8-4

error^2
0.04
0.06
0.09
0.12
0.16
0.20
0.25
0.30
0.36
0.42
0.49
0.56
0.64
0.72
0.81
0.90
1.00
1.10

第二个模型的误差平方和为 8.24。第一个模型的误差平方和（9.78）和第二个模型的误差平方和（8.24）相差无几。但是读者会认为这两个模型的性能也相差无几吗？实际上，读者看到第一个模型的误差大部分都大于 1，而第二个模型中只有两条记录的误差达到了 1。读者通过这两个模型的对比可以发现，对所有误差进行简单的加法运算，即便对误差的绝对值进行加法运算，也不能将结果作为评估模型性能的一个合适指标。

由此引入了均方误差（MSE）概念：从平均值角度来评估模型所给出的估计值距离因变量的观察值的差距有多大。不是取误差的总和，而是取误差的平均值。

均方误差的正式定义如下：

$$\text{MSE} = \frac{1}{n}\sum e^2 = \frac{1}{n}\sum (y_i - \hat{y}_i)^2$$

使用上述公式对之前的两个模型进行计算，结果如下。

- **第一个模型的 MSE 值**：1.63。
- **第二个模型的 MSE 值**：0.46。

这两个值更能代表两个模型各自显示出来的典型误差水平。

读者可以使用 R 语言轻松地计算出模型的均方误差：先计算残差，然后计算出其对应的平方值，对其结果求平均数。

例如，读者之前估计的 multiple_regression_new[①]模型。正如读者所看到的，通过调用 lm()函数得到该模型。模型将生成的所有残差结果存放到一个名为 residuals 的对象中。读者可以通过下面的命令查看残差：

```
multiple_regression$residuals
```

下面请读者对其求平方，如下：

```
multiple_regression_new$residuals^2
```

最后调用 mean()函数，得到均方误差：

```
multiple_regression_new$residuals^2 %>%
mean()-> mean_squared_error
```

得到的均方误差结果为 0.177。这个值是大了呢，还是小了呢？如果读者仔细考虑一下，便会很容易注意到，均方误差是将计量单位提升到二次方后进行表示的。因此理解这个指标的水平可能并不容易。要给出其原因，只需考虑一下以欧元为单位进行评估的模型，要如何解释"欧元的平方"这个单位呢？弄清楚了这一点，也就明白了为何求解均方误差的平方根也很必要，均方误差的平方根也可以称为均方根误差。仅仅通过 sqrt()函数，读者就可以计算得出均方根误差。该函数能够计算出作为参数传入的数字的平方根，代码如下：

```
sqrt(mean_squared_error)
```

```
0.4203241
```

这个结果代表的含义是什么呢？读者正在处理的是违约事件的预测，预测范围为从 0 到 1。按照上述结果，读者的模型产生的平均误差为 0.4。实际上，从一个预测违约事件准确性的数字来看，这个误差并不小。没错，读者可以把这个结果当作多元线性回归模型无法为某些现象建模的无数证据之一。

接下来请读者看一下 R 平方，R 平方是在处理回归模型时需要考虑的另一个有价值的指标。

---

① 之前的内容中并没有出现 multiple_regression_new 对象，疑似有误。——译者注

8.2.2　R 平方

简单描述，R 平方可被视为一个能够描述模型在多大程度上解释数据的度量。更正式的描述：R 平方度量在因变量内所观察到的变化的多少是可以通过模型进行解释的。

R 平方实际上与读者之前所看到的测量误差密切相关，因为 R 平方最常见的定义之一是，1 减去"误差平方和"（TSSE）与"均差平方和"（TSS）的比值：

$$R平方 = 1 - \frac{TSSE}{TSS}$$

均差平方和可以看作在一组因变量中所观察到的总方差，其正式定义如下：

$$TSS = \sum_{i=1}^{n}(y_i - \overline{y})^2 \text{①}$$

如读者所见，均差平方和是因变量与其平均值间的差值平方后的总和。请读者回顾一下之前在讨论均方误差时提到的第二个模型，如表 8-5 所示，并计算其均差平方和。

表 8-5

x	y	y_estimated
4	8	7.80
5	10	9.75
6	12	11.70
7	14	13.65
8	16	15.60
9	18	17.55
10	20	19.50
11	22	21.45
12	24	23.40
13	26	25.35
14	28	27.30
15	30	29.25
16	32	31.20
17	34	33.15
18	36	35.10
19	38	37.05
20	40	39.00
21	42	40.95

---

① 原文疑似有误，等式右侧应该有平方。——译者注

首先，请读者计算出总体的平均值，该值为 25。然后，请读者计算出每个观察值 y 和平均值 25 之间的差值，然后计算差值的平方，如表 8-6 所示。

表 8-6

x	y	y−mean(y)	(y−mean(y))^2
4	8	−17.00	289
5	10	−15.00	225
6	12	−13.00	169
7	14	−11.00	121
8	16	−9.00	81
9	18	−7.00	49
10	20	−5.00	25
11	22	−3.00	9
12	24	−1.00	1
13	26	1.00	1
14	28	3.00	9
15	30	5.00	25
16	32	7.00	49
17	34	9.00	81
18	36	11.00	121
19	38	13.00	169
20	40	15.00	225
21	42	17.00	289

对表 8-6 的最后一列进行加法运算，读者得到了均差平方和，值等于 1938。要计算 R 平方，读者只需要计算误差平方和（也称为残差平方和）与均差平方和的比值，并计算 1 与该比值之间的差值即可。残差平方和可以通过对误差列元素求平方后进行加法运算得到，之前已计算过，该结果为 8.24。

因此，读者计算出的 R 平方为 1−8.24/1938≈0.99（或者 99%）。

1. R 平方的含义及解释

通过以上步骤计算出的 R 平方的含义是什么呢？读者已经知晓，R 平方的分母项解释为从因变量中观察到的总方差，其可被看作从读者的数据集中观察到的因变量的所有状态。如果再次将其应用于公司的收入情况，读者就可以将分母看作在观察期间针对给定的一组公司或者一个公司所观察到的所有可能的收入水平。对于读者想要解释的现象，可以将其进行如下表述：

"在一段给定的时间内，公司收入的 x%将由上一年的净资产收益率决定，p%由市场总收入水平决定，z%由员工数决定。"

现在请读者查看一下 R 平方的分子部分，即误差平方和。误差平方和代表什么？请读者再一次将其应用于公司的收入情况。读者对模型进行了拟合，找到 x、p 和 z 变量。对于给定的一个年份，模型预测出某个收入水平，比如预测出收入水平为 250000 欧元。对于给定的年份，读者观察到的是更高的收入水平 270000 欧元。这意味着什么呢？这意味着模型忽略了某些决定真正收入水平的变量。通过读者的数据和模型，读者只能对达到某一收入水平（比如模型估计出的 250000 欧元）的观察值做出解释。而对于因变量的另一部分内容，读者仍然不能做出解释。

不能解释的部分就是读者模型所带来的误差。将这些误差求和，并除以因变量的总可变性，也就是计算读者的模型不能够解释的部分的分歧（不符）份额。这个比值变化范围为 0～1。

一旦得到这个比值，然后用 1 减去这个数值，就会得到模型不能解释部分所对应的补充，而这也就是模型可以解释部分的比例。正如本书前面所介绍的，R 平方代表着模型中可解释部分的份额。

R 平方的数值越趋近于 1，则认为读者的模型越好，至少就模型对所观察的数据进行解释而言，是这样的。

2. 使用 R 语言计算 R 平方

如何使用 R 语言来计算 R 平方呢？

说实话，读者可能不需要自己动手来为估计的模型计算 R 平方，因为基本的 lm()函数已经为读者计算好了 R 平方汇总统计值。读者需要记住的就是，在需要的时候查找到 R 平方这个统计值。查找 R 平方可以通过以下两种主要方式完成。

- 通过 summary()函数检索 R 平方。
- 在调用 lm()函数或者其他回归函数时会生成包含 R 平方的对象，将 R 平方作为所生成对象的一个组件来进行检索查询。

请读者使用上述两种方式，尝试在 multiple_regresssion_new 对象中检索 R 平方：

```
multiple_regression_new %>% summary()
```

读者能找到输出中的 R 平方吗？从代码的输出中，读者实际上可以找到两个 R 平方，即多元 R 平方和调整后的 R 平方。稍后会和读者一起查看它们之间的区别。现在读者只需要记下这两个输出值，并且思考一下这两个值的含义：

```
Multiple R-squared: 0.08393,   adjusted R-squared: 0.08297
```

再一次地，读者发现模型很难解释所观察到的违约事件，因为从模型中计算得到的 R 平方是一个非常低的值（约 8%）。

3. 调整后的 R 平方

"那么，什么是多元 R 平方？什么又是调整后的 R 平方呢？"首先，读者应该了解，多元 R 平方就是存在多个解释变量时计算出来的 R 平方。众所周知，调整后的 R 平方是对多元 R 平方的一种修止版本，被定义为考虑预测因子数量的增加影响而进行修正后的 R 平方。

事实证明，要提升 R 平方的值，一个非常简单的方法是增加模型中所使用的预测因子的数量："增加预测因子时，R 平方绝对不会减少，大部分情况下会增加。"

因此调整后的 R 平方被定义为考虑到了这种效应，并将该效应从最终结果中删除。这意味通过调整后的 R 平方，读者可以比较具有不同预测因子数量的模型间的性能差异。

4. 关于 R 平方的误解

既然读者已经知道 R 平方的含义，接下来请读者了解一下 R 平方并不具有的含义。R 平方汇总统计值是回归领域中最常用的，也是最被滥用的统计值之一，充分理解其含义将帮助读者避免分析过程中出现的一些常见的危险陷阱。

R 平方的值并不能度量模型拟合度的好坏

通常认为，R 平方统计值用于度量因变量的可变性可由模型进行解释的程度。"R 平方的取值大小，是否能用来衡量模型描述因变量分布形态的好坏呢？"答案是否定的，因为至少存在一个最主要的原因，那就是：即使模型中存在着远离线性趋势的数据值，通过计算也能够产生非常高的 R 平方统计值。

请读者看一下图 8-3 所示的草图。

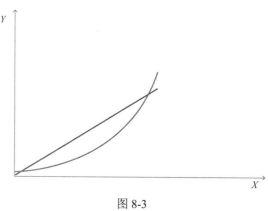

图 8-3

正如读者所看到的，图 8-3 中的 x 和 y 之间存在一个非线性关系，即指数趋势，该趋势远非线性回归模型所假设的模样。然而，如果拟合线性回归模型，此处就会得到一个非常高的 R 平方统计值。为什么呢？因为图中的变量变化幅度很小，并且图中的直线绝不会偏离观察值太远。

图 8-3 不正意味着模型善于描述数据的分布形态吗？请读者通过扩展指数趋势的观测值（见图 8-4）来回答这个问题。

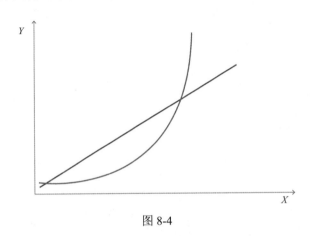

图 8-4

读者看到了吗？如果使用原来的线性回归模型，并将其应用到最新扩展的观测值数据中，线性回归模型得到的数据分布结果会远远小于真实的观察值。出现这种状况，是因为读者的线性回归模型并没有恰当地拟合数据的真实特性（指数增长）。

因此，如果读者在已经扩展的数据上重新拟合一个新的线性模型，读者会发现 R 平方统计值出现明显下降。正如读者想到的那样，这是因为数据的变化幅度增加了，进而新模型比之前的模型做出了更多的错误预测。

较低的 R 平方值并不意味着模型不具有统计学意义

来看看有关 R 平方的第二个大胆的陈述。先请读者回顾一下较低 R 平方值情况的统计学意义。

当对数据应用线性回归模型时，做出如下假设。

- x 和 y 之间存在因果关系。
- 解释变量之间没有多重共线性。
- 来自模型的残差不是自相关的，并且有恒定的残差方差。

事实证明，R 平方统计值的大小对于模型是否遵守了上述 3 条假设并没有给出任何解释。

请读者查看如下一个简单例子：

```
x <- seq(1,100)
set.seed(29)
y <- 2 + 1.2*x + rnorm(100,0,sd = 100)
regression <- lm(y ~ x)
```

代码中定义了一个向量 x，向量内的元素是位于 1～100 的 100 个数字。然后，将 y 定义为 2 加上"x 乘系数 1.2"，并加上从正态分布中抽取的随机数。其中，该正态分布平均值为 0，标准差为 100。在此处，不想让 y 太复杂，读者只需要观察到 y 的定义方式，就可以很好地得出 x 与 y 具有线性关系的判断。根据以上关于 x 和 y 的定义可得出一个结论，那就是 x 和 y 之间满足因果关系的假设。

代码中添加的随机数实际上是模型无法建模的误差。由于该误差项是从正态分布中随机抽取的，这个误差项（或者称为残差项）不是自相关的，并且通常是正态分布的。代码最终对数据进行了线性回归模型的拟合。

现在，请读者通过使用著名的 Durbin-Watson 测试来验证关于残差的假设：

```
durbinWatsonTest(regression)

lag Autocorrelation D-W Statistic p-value
 1 -0.1005777 2.182347 0.428

Alternative hypothesis: rho != 0
```

读者应该还记得，当 Durbin-Watson 测试的结果为 2 左右时，表示在残差内没有观察到自相关性。总之，我们对线性模型的残差假设，也进行了检验并且检验通过。

最后请读者观察 R 平方统计值，看看该值是否证实了关于模型有效性的论断：

```
summary(regression) -> summary_regression
summary_regression$r.squared

[1] 0.05245096
```

得到的 R 平方的值仅仅约为 5%。这意味着什么呢？这实际上说明了以上代码及测试图展现的内容：R 平方值很低并不意味着模型不具有统计学意义。

8.3 衡量分类问题模型的性能

到目前为止，读者仅仅研究了有关回归问题模型的场景，即读者主要研究的是从一组解释变量开始，预测给定因变量的水平或值。但正如读者所知，不仅仅存在回归问题模型，还存在分类问题模型，即将观察值分配到给定的一组类别中的某个类别中。

读者要如何衡量这类模型的性能呢？与之前一样，读者只需要理解模型的目标，就能够理解如何衡量它的性能。分类模型旨在将观察值分配到其归属的类别。如何才能知道模型表现是否良好呢？读者可能会计算模型达到其目标的次数，即计算模型执行了多少次正确的分类。

实际上，即使衡量分类模型性能的方法存在着进一步发展的空间，但计算模型执行了多少次正确的分类，仍然是衡量分类模型性能的最常用方法之一。

8.3.1　混淆矩阵

在讨论分类模型的性能时，最相关的一个对象就是混淆矩阵。先不管它的名字是什么意思，读者首先需要了解的是：混淆矩阵是一个可以用来帮助读者清楚地获悉分类模型性能的重要工具。此外，混淆矩阵还可以用来推导其他有用的性能指标。

混淆矩阵实际上是一个两行两列的表格，如表 8-7 所示。

表 8-7

		预测值	
		TRUE	FALSE
观察值	TRUE	54	25
	FALSE	10	30

为了更好地理解表 8-7 所给出的混淆矩阵的概念，请读者查看如下的一个虚构陈述。读者正试图基于已经拥有的客户的一些行为和描述性属性，来预测一个客户是否会购买最新推出的一款汽车。例如，读者可以收集一个客户数据集，数据集中包含每个客户是否购买过特定型号的汽车，以及客户的年收入、有几个儿子等一系列属性。假设在 6 个月前推出了最新型号的车，现在读者要策划一个新的营销活动，该活动的目标受众为在这 6 个月中对新型号的车表现出感兴趣的客户群体。

然后，基于上述解释变量中假定的值，读者将尝试应用某种模型来预测给定的客户是否会购买最新型号的车。混淆矩阵所做的仅仅是将观察到的购买车的客户群体与模型预测的购买车的客户群体进行对比。

比如，混淆矩阵内观察值为 TRUE、预测值为 TRUE 的单元格数据告诉读者，模型预测的和现实观察到的都显示出 54 位客户购买了新型号的车。同样，观察值为 FALSE、预测值为 FALSE 的单元格数据显示了模型预测的和现实观察到的没有购买新型号的车的客户数量都为 30。除了上述两个单元格数据之外，读者还发现混合的情况，即模型预测错误的部分：模型预测值为 TRUE（模型显示购买了新型号的车），但是观察值为 FALSE（实际没有购买）的情况有 10 个；模型预测值为 FALSE（模型显示未购买新型号的车），但是观察值为 TRUE（实际购买了新型号的车）的情况有 25 个。

事实证明，由于混淆矩阵至少可以用于计算以下 3 个有帮助的指标，因此该矩阵可被看作一个应用于数据挖掘的真正有价值的工具。

- 准确度。
- 灵敏度。
- 特异性。

R 语言中的混淆矩阵

稍后将给读者讲解上述这 3 个统计指标。在此之前，给读者展示一下通过 R 语言获得混淆矩阵的一些基本技巧。读者思考一下就能发现，混淆矩阵不过是一个双重条目频率表，显示了两个不同的变量在两种形态下的混合频率。

两个变量分别为观察到的因变量和模型预测得到的因变量。形态通常为 TRUE 和 FALSE，但也可以有 3 个或者更多的值。例如，请读者设想一下足球比赛的预测结果，其形态可能会包括胜利、失败或者平局。

R 语言提供了一种简单但是相当实用的方法来计算刚刚描述过的双重条目频率表，即使用 table() 函数，调用该函数时需要指定想要观察频率的向量。

可以向 table() 函数传递 1 到 n 个向量，但请读者先从一个简单的双重条目向量的示例开始。通过该示例，读者可了解 table() 函数是如何工作的。

首先请读者创建一些虚假数据，包括一个 ID、一个观察值、一个预测值。为了生成观察值和预测值的列，请读者从包含 TRUE 和 FALSE 的向量中随机采样。采样可以通过 sample() 函数来进行：

```
outcome <- c(TRUE,FALSE)
set.seed(4)
data <- data.frame(id=seq(1:100),
 observed = sample(outcome , size= 100, replace = TRUE),
 predicted= sample(outcome, size = 100, replace = TRUE))
```

数据现在已经准备好了，请读者了解一下 table() 函数是如何工作的，查看如下代码的输出（见表 8-8）：

```
table(data$observed,data$predicted)
```

表 8-8

	FALSE	TRUE
FALSE	24	33
TRUE	20	23

以上输出正是读者期望的混淆矩阵（见表 8-8）。读者需要记住的是：在有两个向量的情况下，传给 table()函数的第一个参数将在频率表的行上进行展示，第二个参数将在频率表的列上进行展示。

读者甚至还可以将混淆矩阵保存为矩阵或者数据帧，具体方式取决于读者的选择。但读者应该知道，矩阵和数据帧这两个对象明显是不同的。为了方便理解其区别，请读者将混淆矩阵同时保存在矩阵以及数据帧中，代码如下：

```
table(data$observed,data$predicted) %>% as.matrix()
```

上面的命令会产生如表 8-9 所示的输出。

表 8-9

	FALSE	TRUE
FALSE	24	33
TRUE	20	23

```
table(data$observed,data$predicted) %>% as.data.frame
```

上面的命令会产生如下输出。

```
  Var1 Var2 Freq
1 FALSE FALSE 24
2 TRUE FALSE 20
3 FALSE TRUE 33
4 TRUE TRUE 23
```

正如读者所见，两者显示了相同的数据内容，只是数据的排列方式不一样。正式一点儿的说法是：矩阵使用宽数据形式展示数据，数据帧使用长数据形式展示数据。

读者可以根据使用混淆矩阵的目的，来选择生成的对象类型。

当前，读者需要将混淆矩阵存储在一个数据帧中，以便后续计算混淆矩阵统计信息时直接使用它。相应代码如下：

```
table(data$observed,data$predicted) %>%
 as.data.frame() %>%
 rename(observed = Var1,
 predicted = Var2)-> confusion_matrix
```

是的，读者同样重命名了 Var1 和 Var2 变量，以便在计算统计信息时更容易进行处理。

8.3.2 准确度

准确度（accuracy）是衡量模型在整体上能进行多少次正确预测的指标。读者很容易就能发现，模型做出正确预测存在两种情况。

- 模型预测输出为 TRUE，实际结果为 TRUE，称为真阳性。
- 模型预测输出为 FALSE，实际结果为 FALSE，称为真阴性。

为了衡量模型在整体上做出了多少次正确预测，需要将所有真阳性和真阴性的结果相加，然后除以做出的预测总数：

$$\text{accuracy} = \frac{\text{真阳性} + \text{真阴性}}{\text{预测总数}}$$

如何在 R 语言中计算准确度

请读者了解一下如何从混淆矩阵中计算出准确度。

首先，请读者为混淆矩阵增加一个新的列向量，新的列向量内各个元素的值为标签字符串，该标签字符串对应于预测值和观察值组合。具体代码如下：

```
confusion_matrix %>%
 mutate(label =
c("true_negative","false_negative","false_positive","true_positive"))
```

```
  observed predicted Freq          label
1  FALSE     FALSE    24  true_negative
2  TRUE      FALSE    20  false_negative
3  FALSE     TRUE     33  false_positive
4  TRUE      TRUE     23  true_positive
```

新的列向量包括前文中讨论过的真阳性和真阴性，还包括假阴性、假阳性。假阴性指模型预测值为 FALSE，但观测值为 TRUE 的情况，反之亦然。

由于读者通过将真阳性和真阴性相加，用所得的结果除以所有做出的预测（结果为真阳性、真阴性、假阴性、假阳性）的总数来计算准确度，以及采用类似方法来计算其他所有分类模型的统计数据，因此读者需要对上述混淆矩阵进行一些数据挖掘处理，以便减少进行基本数学运算的步骤。代码如下：

```
confusion_matrix %>%
 mutate(label =
c("true_negative","false_negative","false_positive","true_positive")) %>%
 select(label,Freq) %>%
 spread(key = label, value = Freq)
  false_negative false_positive true_negative true_positive
1             20             33            24            23
```

上述代码执行的后两行操作：从矩阵中分离 label 列和 Freq 列的值，并将它们整理到一个宽数据形式的数据结构中。现在请读者将该数据结构保存到 casted_confusion_matrix 对象中。完整操作代码如下：

```
confusion_matrix %>%
 mutate(label =
c("true_negative","false_negative","false_positive","true_positive")) %>%
 select(label,Freq) %>%
 spread(key = label, value = Freq) -> casted_confusion_matrix
```

现在读者可以非常容易地计算出准确度，具体代码如下所示：

```
casted_confusion_matrix %>%
 mutate(accuracy = (true_negative+true_positive)/ (true_negative+
 true_positive+
 false_negative +
 false_positive))
```

false_negative	false_positive	true_negative	true_positive	accuracy
20	33	24	23	0.47

上述结果中，accuracy 列对应的值所表示的准确度是很高，还是很低呢？对于准确度而言，在假设所有预测的结果都为真阳性或者真阴性的情况下，其最大值可以达到 1。因此读者可以得出结论，当前模型的准确度表现不佳。

当前计算出的准确度为 0.47，就相当于对于每一个预测，读者的模型预测正确的可能性或者预测不正确的可能性大致相同。

请读者看一下灵敏度统计信息。

8.3.3　灵敏度

灵敏度（sensitivity）定义如下：

$$\text{sensitivity} = \frac{\text{真阳性}}{\text{实际阳性}} = \frac{\text{真阳性}}{\text{真阳性} + \text{假阴性}}$$

灵敏度可以作为衡量模型预测出正确结果的性能表现的一个度量。正如读者所见，灵敏度是通过计算真阳性与模型应该预测出的阳性（真阳性与假阴性之和）的比例所得到的结果。

如何使用 R 语言计算灵敏度

读者可以很容易地从混淆矩阵中计算出灵敏度，代码如下：

```
casted_confusion_matrix %>%
 mutate(sensitivity = true_positive/(true_positive + false_negative))
```

false_negative	false_positive	true_negative	true_positive	sensitivity
20	33	24	23	0.5348837

8.3.4　特异性

特异性（specificity）是相对于灵敏度的一种互补性度量，其定义如下：

$$\text{specificity} = \frac{\text{真阴性}}{\text{实际阴性}} = \frac{\text{真阴性}}{\text{真阴性} + \text{假阴性}}^{①}$$

如读者所见，特异性可帮助读者理解模型在预测反面结果方面上的性能如何。

如何使用 R 语言来计算特异性

请读者使用混淆矩阵来计算特异性，具体代码如下：

```
casted_confusion_matrix %>%
 mutate(specificity = true_negative/(true_negative + false_positive))

 false_negative false_positive true_negative true_positive  specificity
              20             33            24            23    0.4210526
```

通过以上几个代码段，现在读者已经掌握了如何基于混淆矩阵，通过运行代码的方式来计算上述的几个指标。后续读者还将学习如何使用更简单的方式来计算这些指标，甚至只需要运行非常少的几行代码，就能够计算出更多的性能指标。然而应用更简单的方式，需要读者仔细研究一下 caret 程序包。在应用了数据建模策略中列出的所有模型之后，本书将带领读者展开对 caret 程序包的进一步学习。

8.3.5 如何选择合适的性能统计指标

在 8.3.2～8.3.4 节中，读者知道了可以通过混淆矩阵，推导出分类模型中 3 个可能最相关的性能统计指标。如果读者想更深入地理解性能统计指标，8.5 节给出了一篇优秀论文，在该论文中介绍了一些其他有关模型性能的度量。

既然读者已经对如何衡量回归模型和分类模型的性能有了清晰（或者比较清晰）的认识，请读者继续使用数据来评估分类模型。但首先请读者回答一个问题：在前面介绍的 3 个性能统计指标中，哪一个是最好的、最相关的性能统计指标呢？读者应该对模型使用哪个呢？

通常情况下，采用的性能统计指标依具体情况而定，这句话是对这个问题的最好回答。这是因为没有哪一个性能统计指标能够适用于所有的模型，并且读者所选择的性能统计指标取决于读者进行数据挖掘的目标。

读者可能会一直关注模型的准确度，也就是模型在总体上做出正确预测的能力。此外，读者可能会更专注于那些与自身更相关的预测。

回到读者之前用到的癌症诊断的例子。在该背景下，读者可能会对模型的灵敏度更感兴趣，也就是更关注模型能够检测出真实癌症患者的能力。

---

① 原文公式错误，false negative 应为 false positive。——译者注

8.4 区分训练数据集与测试数据集

在前文中，作者曾向读者说过，要继续进行新的模型估计。但是在学习新的模型估计之前，先向读者说明一个概念，让读者了解训练数据集与测试数据集之间的区别。

当估计一个模型时，读者通常至少需要如下两个数据集。

- **训练数据集**：训练数据集是读者实际用来估计模型的数据集。更清楚地讲，是读者应用 lm() 函数或者其他算法来生成模型的数据集。
- **测试数据集**：是与训练数据集分割开的，用来验证所生成模型性能的数据集；也可以是在生成模型之后，紧接而来的新数据集。

"为什么需要两个不同的数据集呢？为什么需要一个分割开的单独的数据集来测试模型呢？"与训练数据集分割开的单独的测试数据集用于防止模型出现过拟合。当生成过拟合的模型时，模型对训练数据集表现非常良好，但是当该模型应用于新的数据集时，却表现不佳。

为了便于理解，读者可以设想一下在高中或者大学期间的考试。老师可能会为读者提供过去几年的考试题，以便读者熟悉考试题目的形式，并帮助读者建立信心。但有时候确实会出现这种情况：读者很好地理解了前几年的考试题，完全理解试题逻辑，解题时也非常快速、高效。然而在真实考试的当天，读者却发现自己绝望地看着考试题目，并不能很好地回答考题。

为什么会这样？究竟发生了什么？原因是读者实际上并没有研究和学习考试所需要的相关主题，而是专注于回答特定类型的问题。研究和学习考试所需要的相关主题与回答特定的问题，完全是两件不同的事情。最终的考试成绩会提醒这一点。

过拟合模型也类似于上面所提到的考试。当生成的过拟合模型在数据中找到特定背景时，模型能够很好地预测因变量，或者能够很好地进行预期的分类。但是该模型并没有学习到在可能遇到的各种情况下如何有效地预测因变量，或者如何有效地进行分类。

因此，需要获得一个训练数据集和一个测试数据集。在训练数据集上，读者进行训练并生成模型。然后生成的模型需要在测试数据集上进行性能水平验证，读者可查看模型在测试数据集上的性能水平是否与其在训练数据集上的性能水平大致相同。

请读者将以上内容与之前讨论过的回归模型和分类模型的性能指标联系起来，想必读者会对查看在训练数据集上生成的均方误差和 R 平方非常感兴趣。但读者可能会对在全新数据集上，或者在读者需要进行预测的数据所构成的数据集上，模型是否能够保持足够的预测水平更感兴趣。

例如,请读者考虑一个基于投资目的,进行股票价格预测的模型。读者的收益将基于什么?是基于训练数据集,还是测试数据集?毫无疑问,读者的收益将基于模型在新数据上的表现。

需要明确的是,测试数据集并不总是由生成模型评估之后所提供的新数据构成。测试数据集最常见的来源是读者正在进行观察并尝试建模的总体中的不同子样本,测试数据集其至可以从训练数据集的子样本中进行选择。

8.5 更多参考

论文:"Evaluation: From Precision, Recall and F-Factor to ROC, Informedness, Markedness and Correlation"。

8.6 小结

读者知道收入下降的幕后原因了吗?作者猜测读者还没有找到。不过,读者已经在学习如何使用 R 语言进行数据挖掘活动的旅程中迈出了坚实的步伐。

在本章中,读者学到了数据挖掘建模中的一些概念性和实用性知识,现在读者已经拥有解释和衡量模型性能的中级技能了。

安迪首先向读者解释了获取模型性能指标的目的,以及模型性能与模型的可解释性、模型性能与模型评估目的之间的关系。

然后读者了解了回归模型和分类模型的主要性能指标。

本章向读者介绍了一些相关概念:误差、均方误差和 R 平方。

关于 R 平方,读者还详细了解了其含义,以及人们对于 R 平方的常见误解。由于在数据挖掘领域的日常专业实践中会经常用到 R 平方,因此强烈建议读者认真牢记关于 R 平方的常见误解。知晓 R 平方的准确含义能够帮助读者避开很多潜在的重大错误。

从实际动手进行编码操作的角度来看,读者学到了:

- 在 R 语言中,如何通过 lm()函数(以及类似 lm()函数的函数)得到残差 residual 对象,并计算均方误差;
- 从何处找到 R 平方性能参数、调整后的 R 平方性能参数,以及在带有不同数量的解释变量的模型上,计算可比较的 R 平方性能参数。

关于分类模型,读者学习了什么是混淆矩阵,以及如何通过 table()函数计算混淆矩阵。从混淆矩阵的讨论中,自然而然地引申出了真阳性、真阴性之类的概念。

接下来读者学习了如何通过混淆矩阵，计算得出如下一些性能统计指标。

- 准确度：衡量模型的整体性能水平，测量模型进行了多少次正确的预测。
- 灵敏度：衡量模型预测阳性结果的能力。
- 特异性：衡量模型预测阴性结果的能力。

第9章 不要放弃——继续学习 包括多元变量的回归

　　接下来要分析的是多元回归。多元回归大体上可理解为：一次性使用多个解释变量来预测因变量。如果读者打算为每个解释变量执行一个明确的线性回归，那么本书给出的建议是：不要这么做。"读者要如何计算因变量最终的期望值呢？求多个因变量最终期望值的平均值吗？该平均值是一个简单的平均值呢，还是为每个变量分配一个权重的加权平均值呢？接下来要如何定义这个权重呢？"

　　上述这些问题直接将读者的关注点引到了多元线性回归这一主题。难道读者不可以只选择一个最具有影响力的解释变量，然后使用该解释变量拟合一个比较简单的回归模型吗？"当然可以，但是读者要如何确定哪个解释变量是最具有影响力的呢？无论如何，读者不应该放弃选择最具有影响力的解释变量的想法，因为读者在本章后面部分进行多元线性回归降维时，会应用到寻找最具有影响力的解释变量的想法。"

　　先将本章要讲述的内容按顺序排列如下。

- 首先，作者会讲述一些数学符号。在关于如何从单变量线性分析转换为多变量线性分析的过程中，读者会应用到这些符号。
- 然后，作者会带领读者确认与单变量模型的扩展模型（指从单变量模型扩展到多变量模型）相关的假设。
- 最后，作者会介绍多元回归降维计算，即用于选取最重要、最具有影响力的解释变量的技术。

　　学习完上述内容之后，读者可拟合多元回归模型，验证假设，并将结果可视化，做法正如读者之前对单变量回归模型执行的操作。

　　抓紧时间，先从数学符号开始吧！不过，请读者放心，很快就会完成这部分讲述的。

9.1　从简单线性回归到多元线性回归

要如何将一个简单的线性回归模型扩展成一个多元线性回归模型呢？读者已经猜到了，做法是添加更多的斜率系数及更多的解释变量。实际上上述回答就是正确答案，但其含义非常重要。

9.1.1　符号

形式上，多元线性回归模型的定义如下：

$$Y_i = \beta_0 + \beta_1 x_{1i} + \beta_2 x_{2i} + \cdots + \beta_n x_{ni}$$

该公式的实际含义是什么呢？对应单个解释变量的回归公式，读者知道该公式用于表示 x 的增加与 y 的增加之间的关系。但是对于多个变量而言，上述公式有什么含义呢？

一旦读者再次采用普通最小二乘法（OSL）来估算系数，上述公式就意味着：在所有其他变量保持不变的情况下，一个给定解释变量的增加会如何影响 y 的水平。因此，读者当前处理的模型并不是一种既能够表达每个解释变量对模型的影响程度，又能够考虑到其他解释变量对模型的影响程度的动态模型。为了完整性考虑，解释变量之间存在交互也是可能的，但此处的模型并不包含这方面的考虑。

9.1.2　假设

实际上，多元线性回归模型的假设与简单的单变量线性回归模型的假设非常类似。

- 残差的无自相关性。
- 残差的同方差性。

读者还应该增加重要的另外一项假设。

- 解释变量之间没有完全的共线性。

变量的共线性

共线性假设指的是什么呢？总的来说，指的是对于无偏估计量 β 系数，自变量之间不应该有很强的相关性。以表 9-1 所示的解释变量为例。

表 9-1

x1	x2	x3
119	328.5	715.8
134	406	792.8

续表

x1	x2	x3
183	460.5	981.6
126	390	734.2
177	434.5	951.4
107	362.5	688.4
119	325.5	715.8
165	387.5	904
156	371	876.2

如果读者计算线性相关系数，将得到表 9-2 所示的结果。

表 9-2

变量	x1	x2	x3
x1	1.000	0.79	0.996
x2	0.790	1.00	0.800
x3	0.996	0.80	1.000

如读者所见，表 9-2 存在 3 个相互关联的变量。这会对读者的线性模型估计产生什么影响呢？事实证明，两个变量之间的共线性和两个以上变量之间的多元共线性往往会导致以下副作用。

- β 系数的值与直觉相违背（比如期望解释变量对因变量起到正向的作用，然而得到了一个负的斜率值）。
- 样本内变化导致模型存在不稳定性。多元共线性的存在，往往会导致模型系数估计的高度不稳定。

退一步来讲，读者应该确定一种方式来决定两个变量之间是否存在共线性。读者可以通过计算所谓的公差来做到这一点。

公差

尽管公差的名字听起来比较响亮，但实际上，公差是模型性能参数 R 平方相对于 1 的补充（1 减去 R 平方的值即公差）。正如读者所知，在讨论模型性能指标时，R 平方的取值范围是 0～1。R 平方值越接近 1，模型就越能够解释因变量中的可变性。因此，公差作为 R 平方的补充，表达的就是模型不能解释因变量可变性的一个数值。

在寻找共线性时，读者必须考虑 R 平方的相关变量。为此，请读者再查看一下之前见过的数字表格（见表 9-3）。

表 9-3

x1	x2	x3
119	328.5	715.8
134	406	792.8
183	460.5	981.6
126	390	734.2
177	434.5	951.4
107	362.5	688.4
119	325.5	715.8
165	387.5	904
156	371	876.2

例如，为了计算 x1 和 x3 相关的公差，读者需要估计 x1 和 x3 之间的一元线性模型，以便得到这两个变量之间相关的 R 平方。此时读者只需在 x1~x3 上运行 lm()函数，并调用 summary()函数即可。

如果代码执行顺利，读者应该会得到如下输出内容。

调用：

```
lm(formula = x1 ~ x3)
```

残差：

```
Min 1Q Median 3Q Max
-3.8230 -1.3607 0.7504 1.3871 3.8275
```

系数：

```
Estimate Std. Error t value Pr(>|t|)
(Intercept) -59.765450 6.517130 -9.171 3.77e-05 ***
x3 0.247804 0.007903 31.355 8.67e-09 ***
---
Signif. codes: 0 '***' 0.001 '**' 0.01 '*' 0.05 '.' 0.1 ' ' 1
Residual standard error: 2.508 on 7 degrees of freedom
 Multiple R-squared: 0.9929, Adjusted R-squared: 0.9919
 F-statistic: 983.1 on 1 and 7 DF, p-value: 8.671e-09
```

从上面的输出中，读者可以看到 "Multiple R-squared：0.9929"，该值为模型的 R 平方参数。读者可以通过下面的公式算出公差（tolerance）：

$$\text{tolerance} = 1 - \text{R-squared} = 1 - 0.9929 = 0.0071$$

"这是个好消息吗？"首先，读者应该对公差的含义达成共识。该数字的含义是什么呢？它表示 x1 有多少变化不可以通过 x3 进行解释。在存在共线性的情况下，这个数字是高还是低呢？如果读者假设一个变量与另一个变量显著相关，那么读者可以得出结论，一个变量的变化会显著地影响或者解释另一个变量的变化。在这种情况下，R 平方参数值会非常高，其相对于 1 的差值（即公差）会非常低。

这就是对于共线性变量而言，期望的公差值应该较低的原因。但是究竟有多低呢？参考一下实际情况，读者就会发现，阈值在大多数情况下都被设置为 0.1，有时候为 0.2。因此读者可以总结如下。

- 公差≥0.1（或 0.2），读者就可以排除变量之间存在共线性。
- 公差<0.1，读者就可以得出变量之间存在共线性。

VIF

VIF（方差膨胀因子）可以通过公差直接得出，这是衡量解释变量中是否存在多重共线性的另一个常用指标。计算 VIF 时，实际上不需要任何额外的操作，其定义如下：

$$\text{VIF}_k = \frac{1}{1 - R^2} = \frac{1}{\text{tolerance}}$$

正如读者所见，VIF 可根据公差参数直接得到，对其取值的解释遵循如下定义。

- 当 VIF 小于 10 时，可以排除存在多重共线性的假设。
- 当 VIF 大于 10 时，可以认真地思考一下是否存在多重共线性。

解决共线性问题

当读者发现变量中存在共线性时，可以做些什么呢？大体上有 3 种可能的方案。

- 删除冗余变量。
- 假如仅在总体的子样本中观察到这种共线性，则增加样本容量，使得在增加样本容量之后，变量之间变得不再相关。
- 将两个或多个存在共线性的变量进行组合，进而创建新变量。

在大多数情况下，上述这些补救方案都可以解决共线性问题。尽管如此，读者还应该检查一下，在应用了上述可能的方案之后，模型假设是否还能被满足，模型性能是否依然足够良好。

9.2　降维

多元线性回归所需要的理论知识的讲解基本告一段落。接下来将使用降维来改进读者的回归模型，因此请读者了解一些降维相关的内容。

降维包括一般范畴上的各种各样的技术，这些技术可用来有效减少估计的回归模型中的变量数量。在这些技术中，读者应该掌握如下两种技术。这两种技术虽然非常简单易用，但非常强大。

- 逐步回归。
- 主成分回归。

9.2.1　逐步回归

当面对足够多的解释变量，就如当前要处理的客户数据时，读者很自然地就会提出这样一个问题："变量集合中的哪个子集可以最大化模型的性能呢？"对于这个问题，可以使用逐步回归来回答。

逐步回归由一组增量过程组成。顾名思义，"逐步回归"中的"逐步"表明，它对变量集合中的变量尝试执行不同的组合，试图找出最令人满意的变量组合。可以认为每一种逐步回归都由以下步骤构成。

1）使用若干（$n-m$）个变量来估计所有可能的线性模型。

2）评估上一步骤中所生成的线性模型集合中的最佳模型。

3）在以上每个步骤选定的模型中，评估出总体上表现最佳的模型。

在整个过程中，以上 3 个步骤中的第三步只会执行一次，但前两个步骤的执行次数等于可用的解释变量的总数。为了便于读者更好地理解这一点，讨论两种不同的逐步回归。

- **向后逐步回归**——其初始状态是一个包含全部 n 个解释变量的线性模型，在执行的每个迭代步骤中，将模型使用的解释变量个数减 1。
- **向前逐步回归**——最终的模型子集从空集开始，并在执行的每个迭代步骤中，逐渐增加解释变量个数，一直到 n。

对于上述两种回归，稍后会为读者讲解更多细节内容。但在此之前，需要读者知道的是：还存在另一种逐步回归，该回归被称为最佳子集选择（或者最佳子集回归、所有可能的子集回归）。该技术包括基于变量集合生成所有可能模型的实际估计，以及最佳拟合模型的最终评估。其主要缺点是随着解释变量数量的增加，对应要拟合的模型数量呈指数级增长。

1. 向后逐步回归

正如上文所说，向后逐步回归的初始状态模型包含所有可用的解释变量。图 9-1 勾画出了整个算法过程。

读者现在清楚图 9-1 所表示的含义了吗？还没有？没有关系。请读者仔细看一下整个过程。

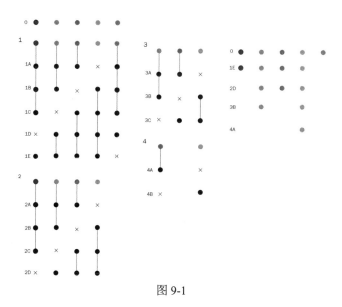

图 9-1

从全变量模型到 $n-1$ 变量模型

先从全变量模型（即包含所有变量的模型）开始，具体如图 9-2 所示。

图 9-2

第一步迭代，请读者尝试 5-1=4 个解释变量的所有可能组合（共存在 5 个可能的组合，如图 9-3 所示：1A、1B、1C、1D、1E 各自所在行。——译者注）。

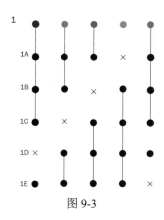

图 9-3

基于从 1A 行模型到 1E 行模型的 R 平方，请读者选出一个最佳模型。在图 9-3 中，假设 1E 行模型是最佳模型。1E 行不包括紫色变量，因此，在下一步迭代的初始状态中，读者须删除紫色变量。删除后的变量集合（共 4 个变量）如图 9-4 所示。

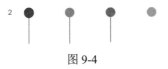

图 9-4

第二步迭代的算法同第一步迭代的算法几乎完全相同：尝试 4–1=3 个解释变量的所有可能组合，并选出一个最佳模型。假设图 9-5 中的 2D 行模型是最佳模型。

删除完 2D 行所对应的变量，剩余 3 个变量，因此迭代过程还需进行两次，具体如图 9-6 所示。

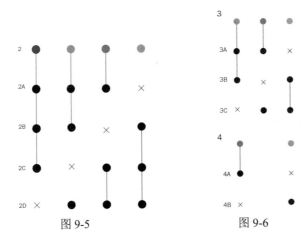

图 9-5   图 9-6

在两次迭代中，读者分别选择 3B 模型和 4A 模型为最佳模型。在迭代结束时，共选出 5 个最佳模型，其中包括 1 个全变量模型，以及另外 4 个在迭代过程中所产生的模型，如图 9-7 所示。

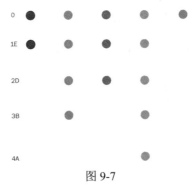

图 9-7

最后一个步骤是，从迭代过程中产生的 n 个结果模型中选出最佳模型。用于在所获得

的 n 个模型中选择最佳模型的标准可以是不同的，其中最显而易见的标准是每个模型的 R 平方。但是也可以采用其他标准，比如 AIC（赤池信息量准则）。后面在讲述分类模型时会为读者讲解 AIC（作者注：如果感兴趣，读者可以跳到第 10 章的内容进行学习）。

读者现在应该对整个迭代过程非常了解了：整个过程从全变量模型开始，通过一次减少一个变量的方法，针对给定数量的变量创建一个最佳模型，并将所有最佳模型组成集合。最后，从最佳模型集合中选出最佳的一个模型，即最终评估的模型。

读者能推测出向前逐步回归执行的过程吗？

2. 向前逐步回归

可以将向前逐步回归看作向后逐步回归的逆过程。向前逐步回归过程从空模型开始，也就是从一个不包含任何解释变量的模型开始，一步一步地尝试由 $n-m$ 个变量的可能组合所构成的模型，一直到 n 个变量构成的全变量模型。

在向前逐步回归中，选择解释变量的组合方式以及最终最佳模型的基本原理与向后逐步回归中的完全相同。这里简要介绍一下在向前逐步回归中作为基线的空模型。空模型实际上是一个常量，表示为每个解释变量所对应的因变量 y 的平均值。

3. 双向逐步回归

在前面两种回归方法中，哪种回归方法更好呢？读者是否会认为，由于某种特殊原因，导致从上到下（向后逐步回归）的模型，或者从下到上（向前逐步回归）的模型中的某一种会具有更好的性能呢？

事实证明，两种方法的性能相同。要理解原因，读者只需要重新思考一下之前所讲述过的最佳子集的选择范围：最佳子集可用来估计所有可能存在的解释变量的组合。这意味着如果给定 10 个解释变量，会产生 2^{10} 个（具体数字是 1024 个）可选模型。

针对当前阶段，如果再来考虑向前逐步回归和向后逐步回归，读者可以很容易地发现，对于给定的包含 n 个解释变量的集合，最初状态可以是一个空模型（对应向前逐步回归），也可以是一个全变量模型（对应向后逐步回归）。之后在每一次迭代中，读者会计算 $n-m$ 个变量构成的模型（m 的取值范围为 0 到 $n-1$）。

因此，拟合模型的总量为：

$$1+\sum_{m=0}^{n-1} m = 1 + \frac{n(n-1)}{2} \text{①}$$

如果上面的公式应用于 10 个解释变量，就会得到 46 个拟合模型，比最佳子集数

---

① 原书公式和描述有误，公式中 $p(p+1)/2$ 改为 $n(n-1)/2$，下文描述中 56 改为 46，94.5%改为 95.5%。——译者注

（1024）少约 95.5%。

　　因此读者应该意识到，即使向后逐步回归和向前逐步回归都能得出一个最佳模型，该最佳模型应该被理解为使用该方法产生的最好的估计模型，而不是给定一组解释变量的可能存在的最佳模型。

　　在给出上述前提后，读者就不会对包含向前逐步回归和向后逐步回归两种方法的混合模型感到奇怪了。读者可将双向逐步回归先看作向前逐步回归。在双向逐步回归的每次迭代结束时，一旦选择出该迭代的最佳模型，算法将检查所有变量是否依然重要。一旦出现不重要的解释变量，在进行下一步之前，算法会删除所有不重要的变量。

9.2.2　主成分回归

　　主成分回归是一种无监督技术，可用于减少线性回归模型中使用的变量个数。读者可能会问，主成分回归与之前描述的逐步回归有什么区别？实际上两者差别极大。

　　相对于逐步回归试图根据一些性能标准选择最佳变量来对模型进行降维，主成分回归则试图通过现有变量的线性组合创建新变量，从而实现模型的降维。应用主成分回归，意味着根据两个变量创建一个新变量，这种方式可减少必要变量的总数。

　　在完成新变量的创建之后，接下来的模型拟合过程同之前一样，使用最小二乘法技术来估计 β 系数。

　　估计读者已经猜到，该方法的关键点在于如何定义这些新变量。这正是主成分回归中"主成分"字样的意义所在。主成分回归方法利用主成分分析作为手段，来估计解释变量的最佳线性组合。

　　通过图 9-8 所示的草图来帮助读者理解主成分分析。图 9-8 展示了两个解释变量，一个变量对应另一个变量。

　　如读者所见，这两个变量之间存在某种关系。主成分分析执行的就是从形式上将这种关系定义为两个变量的线性组合。比如在图 9-8 中描绘一条线，用这条线来追踪读者所观察到的发生最大变化的方向（见图 9-9）。

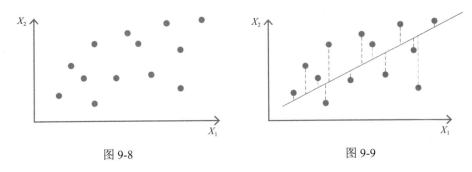

图 9-8　　　　　　　　　　　　　　　图 9-9

发生最大变化的方向通常定义如下：

$$Z_1 = \varphi_{i1}(x_i - \hat{x}) + \varphi_{j1}(x_j - \hat{x})$$

读者在上面的等式中可以看到第一个主成分。它是如何构建的呢？可以看到，φ_{i1} 和 φ_{j1} 是主成分的负载或权重。它们中的每一个都被关联到一个特定的变量 Z_1 中，并且可以作为新变量 Z_1 的权重。接下来读者可以看到一些与解释变量相关的项，这些项实际上是每个变量与其平均值的差。

"对于给定的变量集合，可以有多少个主成分呢？"针对这个问题，直观的回答就是，读者应该找到变量方差分布方向上的每一个主成分。在将此方法应用于读者的数据时，读者将看到该算法实际上通过尝试一组不同的主成分，来寻找最大化某个指标的权重组合。

也就是说，主成分个数比解释变量总数更多是不合理的。主成分个数更多，这会使读者偏离对线性模型进行降维的目标。

9.3　使用 R 语言拟合多元线性模型

现在是时候将读者到目前为止所学到的内容应用到当前分析的数据上了。首先，请读者使用前面介绍的 lm() 函数来拟合模型。这一步不需要太多时间，随后直接进行针对多重共线性和残差的假设验证。最后，应用逐步回归和主成分回归来寻找最佳模型。

9.3.1　模型拟合

请读者首先定义用于建模活动的数据集。代码将使用 clean_casted_stored_data_validated_complete 数据集。首先删除数据集中的 default_flag 列和 customer_code 列，因为这两个解释变量对于所拟合的模型而言，实际上没有任何意义：

```
clean_casted_stored_data_validated_complete %>%
(-default_flag) %>%
(-customer_code) -> training_data
```

请读者现在开始准备拟合模型，代码如下：

```
multiple_regression <- lm(as.numeric(default_numeric)~., data=
training_data)
```

读者应该已经注意到代码中 "~" 标记之后的小数点了。这个小数点实际上意味着：所有可用的解释变量都将被应用于针对 as.numeric(default_numeric)因变量的拟合。在查看模型假设验证之前，读者可以先看一下 summary()函数的输出，如图 9-10 所示。

```
summary(multiple_regression)
```

```
Call:
lm(formula = as.numeric(default_numeric) ~ ., data = data)

Residuals:
    Min      1Q  Median      3Q     Max
-0.8993 -0.2275  0.2322  0.2335  1.0183

Coefficients: (2 not defined because of singularities)
                                    Estimate Std. Error t value Pr(>|t|)
(Intercept)                        7.441e-01  1.394e-02  53.379  < 2e-16 ***
corporation                       -6.676e-01  4.001e-02 -16.686  < 2e-16 ***
subsidiary                               NA         NA      NA       NA
previous_default                   9.266e-02  2.194e-02   4.223 2.43e-05 ***
customer_agreement                       NA         NA      NA       NA
multiple_country                  -1.073e-02  2.538e-02  -0.423 0.672559
cost_income                        1.131e-08  1.049e-08   1.079 0.280782
ROE                                9.515e-08  4.754e-08   2.002 0.045356 *
employees                          2.944e-09  1.083e-09   2.718 0.006587 **
economic_sector                   -4.616e-09  1.211e-09  -3.811 0.000139 ***
ROS                                3.398e-08  9.596e-09   3.541 0.000401 ***
company_revenues                  -4.298e-07  1.948e-08 -22.059  < 2e-16 ***
commercial_portfoliomass affluent  1.357e-01  8.632e-02   1.572 0.115904
commercial_portfoliomore affluent -3.085e-01  1.363e-01  -2.264 0.023599 *
business_unitretail_bank           2.747e-02  1.358e-02   2.023 0.043112 *
---
Signif. codes:  0 '***' 0.001 '**' 0.01 '*' 0.05 '.' 0.1 ' ' 1

Residual standard error: 0.4206 on 11510 degrees of freedom
Multiple R-squared:  0.08393,   Adjusted R-squared:  0.08297
F-statistic: 87.87 on 12 and 11510 DF,  p-value: < 2.2e-16
```

图 9-10

通过图 9-10 所示的丰富内容，读者可以获知有关模型的很多信息。读者首先可以找到调用 lm() 函数的具体方式。然后可以看到模型系数的实际估计值。从输出的顶部开始，读者可以找到截距（也就是之前讨论过的 β_0 项）、对应模型的每个 β_0 项的相关 β 的值、与变量相关的参数估计标准误差（Std. Error）、t 值以及 p 值（即在解释变量和因变量之间不存在任何关系的情况下能找到 t 值的概率）。读者应该花点儿时间研究一下 p 值和假设检验（作者注：会在第 10 章讲解假设检验）。目前，读者可以将输出内容最右边的那些星号（*）看作一种评估给定 x 和 y 之间关系显著性水平的极端方法。

读者可以在图 9-10 的底部找到星号的恰当解释：

Signif. codes: 0 '***' 0.001 '**' 0.01 '*' 0.05 '.' 0.1 ' ' 1

在上述解释中，最大显著性水平为 3 个星号。星号的多少代表着在给定的 x 值等于或趋近于 0 的情况下，观察到 y 值的概率。

从输出中，读者还可以看到什么呢？可以看到有一些变量（例如变量 corporation 或者变量 previous_default）非常重要；而有些变量的重要性则非常低。

读者在执行逐步回归时会讨论到变量的重要性这个问题，以确保模型只包含最重要的变量。在进行模型假设验证之前，请读者先仔细看一下在输出中最开始给出的告警信息：

```
Coefficients: (2 not defined because of singularities)
```

读者能说出 singularities（奇异点）这个术语是什么意思吗？请读者尝试猜测一下告警信息指向的是哪些变量。通过查看系数列表中包含 NA 的变量，就能轻松知道告警信息指向的是哪些变量了：

```
subsidiary            NA      NA      NA      NA
customer_agreement    NA      NA      NA      NA
```

"难道不应该仔细观察一下这些变量吗？"

请读者将这些变量传给 unique() 函数来进行观察，以便了解它们由哪些值组成：

```
clean_casted_stored_data_validated_complete$customer_agreement %>% unique()
[1] 1

clean_casted_stored_data_validated_complete$subsidiary %>% unique()
[1] 1
```

读者似乎无法从这两个[1]变量中获得更多值，因为每个变量都只包含一个值。在进行下一步操作之前，读者最好将 subsidiary 变量及 customer_agreement 变量从数据集中删除：

```
clean_casted_stored_data_validated_complete %>%
(-default_flag) %>%
(-customer_code) %>%
(-c(customer_agreement, subsidiary))-> training_data
```

请读者使用删除了两个无用属性的新数据集，再次估计模型：

```
multiple_regression_new <- lm(as.numeric(default_numeric)~., data=
training_data)
```

现在请读者跳转到假设验证部分。在以上代码输出的最后部分，读者会看到以下 3 行内容：

```
Residual standard error: 0.4206 on 11510 degrees of freedom
 Multiple R-squared: 0.08393, Adjusted R-squared: 0.08297
 F-statistic: 87.87 on 12 and 11510 DF, p-value: < 2.2e-16
```

之前告诉过读者很快就会讨论模型性能，不是吗？在验证完模型是否满足假设之后，读者将立即检验模型的所有性能，包括 R 平方和标准误差。但为什么是在验证完模型是否满足假设之后进行的呢？

这是因为如果读者的模型在统计学上不被认为是有效的，读者就不必考虑模型的性能了。

---

① 原文为 three attributes，但根据上下文应为 two attributes。——译者注

9.3.2　变量的假设验证

请读者从多重共线性开始验证。按照 R 语言的惯例，验证多重共线性使用的是 car 包。car 包中的 vif() 函数可以满足读者的期望，通过调用该函数，可以计算每个属性的 VIF。该函数所执行的操作与所期望的操作非常类似，即计算 **VIF** 和 **GVIF**（**广义方差膨胀因子**）。GVIF 是由福克斯（Fox）教授和莫内特（Monette）教授直接开发的 vif() 函数的一个版本。读者是不是想更多地了解一下 VIF 以及 GVIF 这两个参数因子呢？

好吧，现在告诉读者 R 语言从业者常用的一个方法：查看函数文档。借助这种方法，读者通常能在程序包文档中找到很多有帮助的信息。在互联网上关于某些特定函数的讨论并不少见，但其实只需要使用该程序包的官方文档。

那么，就从查看 vif() 文档开始。

```
? vif
```

如图 9-11 所示，根据文档判断，vif() 在每个变量的自由度都不超过 1 的情况下，计算 VIF；但在至少有一个变量的自由度超过 1 的情况下，计算 GVIF。两者存在什么区别吗？简而言之，读者可以将 GVIF 看作存在分类变量时计算 VIF 的另一种方式。在阅读自由度的相关文档时可以看到自由度的详细解释。

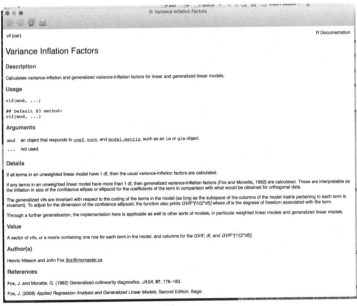

图 9-11

事实证明，要在当前的例子中应用 VIF 阈值，读者需要查看对应的平方公式，该公式在文档中表示为 GVIF^[1/(2*df)]。最后读者将 vif() 函数应用于模型数据并分析输出，具体如下：

```
vif(multiple_regression_new)
```

如图 9-12 所示，同读者已经猜到的一样，在此处 vif()函数的输出中，读者需查看的是 GVIF，而不是 VIF。因为生成模型的输入数据 training_data 包含至少一个自由度超过 1 的变量,尤其是变量 commercial_portfolio 的自由度（读者能看到在 Df 列中多个 1 中"隐藏"的 2 吗？）。因此请读者查看一下 vif()函数输出中第三列 GVIF^[1/(2*df)]的值，查看一下模型中是否存在这样一种情况，即某个变量的 GVIF 对应值大于 9.1.2 节讨论过的阈值 10（大于 10，表示须思考一下是否存在多重共线性）。

```
                        GVIF Df GVIF^(1/(2*Df))
corporation         1.012760  1        1.006360
previous_default    4.340502  1        2.083387
multiple_country    4.820292  1        2.195516
cost_income         1.408289  1        1.186713
ROE                 1.216828  1        1.103099
employees          11.010206  1        3.318163
economic_sector    10.885298  1        3.299287
ROS                 1.137610  1        1.066588
company_revenues    1.128123  1        1.062131
commercial_portfolio 1.225630 2        1.052179
business_unit       1.196208  1        1.093713
```

图 9-12

不知道读者有没有发现，作为作者，我未能在输出中找到比 3.3 更大的值。因此读者可以得如下结论：模型中的数据不存在多重共线性。接下来请读者验证一下残差假设，希望得到同样的确认。

9.3.3 残差假设验证

通过使用之前在处理简单线性回归时已经学过的两个测试，可以很容易地验证残差假设。

- Durbin-Watson 测试用于检查残差内是否存在自相关。
- Breusch-Pagan 测试用于检查 y 值与残差的方差之间是否存在某种关系。

请读者再次使用 car 包，并分别调用 durbinWatsonTest()函数和 ncvTest()函数：

```
durbinWatsonTest(multiple_regression_new)
```

输出结果如下：

```
lag Autocorrelation D-W Statistic p-value
 1 0.9444973 0.1107351 0
 Alternative hypothesis: rho != 0
```

以及：

```
ncvTest(multiple_regression_new)
```

输出结果如下：

```
Non-constant Variance Score Test
 Variance formula: ~ fitted.values
 Chisquare = 1.866399 Df = 1 p = 0.1718881
```

读者已经知道上面的结果意味着什么了：残差的自相关保持不变（D-W 值为 0.1107351 表明残差存在自相关），而非常数方差分数测试（p 值为 0.1718881）高于读者之前所讨论的阈值 0.05，意味着拟合的 y 值与残差方差之间不相关。

读者可以尝试应用前面讲过的降维技术来对模型进行改进。

9.3.4　降维

现在请读者应用 9.2 节讲述过的降维技术，主要包括如下两种不同的方法，即主成分回归和逐步回归。

1. 主成分回归

读者要如何使用 R 语言进行主成分回归呢？感谢比约恩-黑尔格·梅维克（Bjørn-Helge Mevik）和罗恩·韦伦斯（Ron Wehrens）在 pls 程序包中编写了一个非常简单的函数，该函数可以帮助读者省去很多麻烦。R 语言中的 pls 程序包给出了应用于主成分回归和部分最小二乘法的工具。本书不会在数据集上应用 pls 程序包的第二个工具（指部分最小二乘法），但读者应该知道它是普通最小二乘法的替代方案，可用于系数估计。

上文中提到的简单函数就是 pcr() 函数。pcr() 函数与读者之前使用的 lm() 函数非常类似，读者只需要传入主成分回归模型需要的因变量和解释变量即可，代码如下：

```
pcr_regression <- pcr(as.numeric(default_numeric)~., data = training_data)
```

请读者通过调用 summary() 函数来查看一下具体内容，代码如下：

```
summary(pcr_regression)
```

从图 9-13 所示输出中读者能看到什么呢？

Data: X dimension: 11523 12											
Y dimension: 11523 1											
Fit method: svdpc											
Number of components considered: 12											
TRAINING: % variance explained											
	1 comps	2 comps	3 comps	4 comps	5 comps	6 comps	7 comps	8 comps	9 comps	10 comps	11 comps	12 comps
X	97.4851	99.8305	99.9251	99.9800	99.997	100.000	100.00	100.000	100.000	100.000	100.000	100.000
as.numeric(default_numeric)	0.2268	0.2733	0.6273	0.7504	5.615	5.647	6.07	6.081	6.119	8.325	8.355	8.393

图 9-13

从输出中可得到一些关于数据的描述信息，尤其是如下信息：输出的 X 矩阵由 12 列和 11523 行组成，而 Y 向量则由 1 列和 11523 行组成。然后可以看到所应用算法的相关信息，即奇异值分解（如果读者想获取有关奇异值分解的更多信息，请查看 9.4 节的参考资料）。最后一个表格内给出了不同主成分集合对应的方差百分比。

"读者对上面的表格要如何解读呢？"

读者可以看到，通过使用 1 个主成分（即表格左侧第一列），可以得到对 X 方差约 97.50% 的解释，却仅仅得到对 Y 方差 0.22% 的解释。随着主成分数量的增加，当使用了 6 个主成分时，已经得到对 X 方差 100% 的解释，但是依然不能解释大部分的 Y 方差。一直到最后在应用 12 个主成分的情况下，Y 的大部分方差依旧不能被解释。

正如读者所想，继续进行下去毫无意义，原因是初始数据集包含 12 个变量，而读者的实际目标是想对模型进行降维。

读者可以得出如下结论：通过主成分分析无法获得比较大的进步。尽管如此，读者仍需要一种方式将上述结果进行可视化，用以绘制与所尝试的每组主成分相关的 R 平方水平。通过使用 pls[①] 程序包中的 R2() 函数可以方便地完成该操作。pls 程序包提供了一套非常全面的功能，在讨论性能指标时，我们将会仔细研究这些功能。现在，请读者绘制 R 平方图。

```
plot(R2(pcr_regression))
```

如图 9-14 所示，随着主成分个数增加，R 平方值有了大幅度提升。读者可以看到，R 平方在主成分数量位于 1~4 时，其值保持稳定；R 平方在第 5 个成分时有了大幅度提升，然后 R 平方在第 10 个成分左右又有了一次相对大幅度的提升。那么 R 平方最终达到了什么水平呢？可以再次使用 R2() 函数查看。

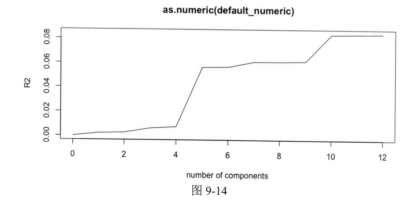

图 9-14

① 原文为 pls()，疑为笔误，应该没有()。——译者注

```
R2(pcr_regression)
```

计算结果如图 9-15 所示。

| (Intercept) | 1 comps | 2 comps | 3 comps | 4 comps | 5 comps | 6 comps | 7 comps | 8 comps | 9 comps | 10 comps | 11 comps | 12 comps |
| 0.000000 | 0.002268 | 0.002733 | 0.006273 | 0.007504 | 0.056145 | 0.056466 | 0.060697 | 0.060013 | 0.061188 | 0.083253 | 0.083551 | 0.083926 |

图 9-15

如读者所见，读者最终得到的 R 平方为 0.08，与 1 的差距非常大。不过，请读者记住该结果，并将其与接下来通过逐步回归得到的 R 平方结果进行比较。

2. 逐步回归

通过使用布雷恩·里普利（Brain Ripley）和比尔·维纳布尔斯（Bill Venables）编写的 MASS 程序包中的 stepAIC()函数，读者可以快速地对模型进行逐步回归。

作为一个 R 语言爱好者，读者需要了解一下此处有关 R 语言的知识。MASS 程序包是为支持 *Modern Applied Statistics with S* 这本书而开发的，该书的作者正是布雷恩·里普利和比尔·维纳布尔斯。可以将 S 语言看作"R 语言之父"，因为 R 语言是作为 S 语言的实现而开发的。R 语言还有一个"兄弟"，即 S 语言的商业版（S-PLUS）。布雷恩和比尔实际上是推动 R 语言发展的贡献者，并且比尔仍然是社区的活跃成员。

讲述完知识，请读者对模型使用 stepAIC()函数：

```
stepwise_regression <- stepAIC(multiple_regression_new, direction = "both",
trace = TRUE)
```

运行该函数时，读者的控制台界面会被大量的文本填满，这是因为 trace 参数设置为 TRUE，该参数允许读者指定是否查看算法在每次迭代时评估和生成的内容。另一个更相关的函数参数则是 direction。

direction 参数指定了逐步回归算法的方向，可以采用下面 3 个值。

- 向前。
- 向后。
- 向前、向后混合。

此处的例子程序选择使用混合算法，以最大概率获得可能存在的最佳模型。

请读者利用 stepAIC()函数丰富的追踪功能，研究一下它是如何产生最终的评估，并将结果存储在 stepwise_regression 对象中的。请读者从算法的第一步开始。

由图 9-16 可以看到，算法从左上角的 Start 开始。如图 9-16 所示，算法从一个空模型开始，即<none>所标记的第三行，这一步构成了后续步骤的基础。该算法已经计算了这个空模型的 AIC 性能指标。关于 AIC 性能指标内容，本书计划在后面讲述分类模型时进行讨论（作者注：如果读者现在想知道这部分的相关内容，可以直接跳到第 10 章）。

现在只需将其视为性能指标，它的值越低越好。

```
Start:  AIC=-19948.64
as.numeric(default_numeric) ~ corporation + previous_default +
    multiple_country + cost_income + ROE + employees + economic_sector +
    ROS + company_revenues + commercial_portfolio + business_unit

                        Df Sum of Sq    RSS    AIC
- multiple_country       1     0.032 2035.8 -19950
- cost_income            1     0.206 2036.0 -19950
<none>                                 2035.8 -19949
- ROE                    1     0.709 2036.5 -19947
- business_unit          1     0.724 2036.5 -19946
- commercial_portfolio   2     1.459 2037.2 -19944
- employees              1     1.306 2037.1 -19943
- ROS                    1     2.217 2038.0 -19938
- economic_sector        1     2.568 2038.4 -19936
- previous_default       1     3.154 2039.0 -19933
- corporation            1    49.248 2085.0 -19675
- company_revenues       1    86.062 2121.9 -19474
```

图 9-16

现在查看下一步，如图 9-17 所示。

```
Step:  AIC=-19950.46
as.numeric(default_numeric) ~ corporation + previous_default +
    cost_income + ROE + employees + economic_sector + ROS + company_revenues +
    commercial_portfolio + business_unit

                        Df Sum of Sq    RSS    AIC
- cost_income            1     0.289 2036.1 -19951
<none>                                 2035.8 -19950
+ multiple_country       1     0.032 2035.8 -19949
- ROE                    1     0.711 2036.5 -19948
- business_unit          1     0.719 2036.5 -19948
- commercial_portfolio   2     1.466 2037.3 -19946
- employees              1     1.316 2037.1 -19945
- ROS                    1     2.225 2038.0 -19940
- economic_sector        1     2.582 2038.4 -19938
- previous_default       1     9.478 2045.3 -19899
- corporation            1    49.242 2085.1 -19677
- company_revenues       1    86.037 2121.9 -19476
```

图 9-17

该步骤增加了 multiple_country 变量，读者可以在带有"+"号的行看到该变量。算法再次计算 AIC。正如之前描述过的，迭代会继续进行，算法最终会在估计的模型中选择一个最佳模型。读者可以通过查看存储在 stepwise_regression 对象中的 anova 对象来仔细研究一下这个最终的模型：

```
stepwise_regression$anova

Stepwise Model Path
 Analysis of Deviance Table
Initial Model:
 as.numeric(default_numeric) ~ corporation + previous_default +
 multiple_country + cost_income + ROE + employees + economic_sector +
 ROS + company_revenues + commercial_portfolio + business_unit
Final Model:
 as.numeric(default_numeric) ~ corporation + previous_default +
 ROE + employees + economic_sector + ROS + company_revenues +
 commercial_portfolio + business_unit
Step Df Deviance Resid. Df Resid. Dev AIC
1 11510 2035.796 -19948.64
2 - multiple_country 1 0.0315951 11511 2035.827 -19950.46
3 - cost_income 1 0.2893156 11512 2036.117 -19950.82
```

从此处的输出中，可以看到初始模型使用所有的 11 个可用变量，最终模型只包含 9 个变量。这意味着在迭代过程中，从解释变量集合中删除了两个变量。从输出的最后部分可以看到，删除的两个变量是 multiple_country 和 const_income。

与原始模型和主成分回归模型相比，该模型性能如何呢？请读者重点关注 R 平方参数，以便获得输出结果的综合摘要信息（见表 9-4）。

表 9-4

model	R-squared
multiple_ regression_ new	0.08297
pcr_ regression	0.083926
stepwise_ regression	0.08299

pcr_regression（即上面展示的具有最大 R 平方值的一项）与包含 12 个主成分的模型有关。

说实话，读者的模型没有通过主成分回归得到较大改善。最终，即使使用一些辅助技术，线性模型似乎也无法有效地解释客户无法支付账单的实际现象。至少有 3 个元素可以说明这一点。

- 非常低的 R 平方值。
- 残差之间存在自相关。
- 残差中存在非常量方差。[①]

---

① 此处的描述与之前调用的 ncvTest()函数的结果 p = 0.1718881 描述不一致（p>0.05 表明存在常量方差），疑为作者笔误。——译者注

还有一个标志，可以帮助读者理解为什么线性模型不是最优模型。请读者尝试根据表 9-5 中所给出的解释变量 new_data 预测 y 的取值。

表 9-5

corporation	0
previous_default	0
multiple_country	0
default_numeric	0
cost_income	−1.00E+06
ROE	0.009629198
employees	827
economic_sector	710
ROS	0.1813667
company_revenues	10000910
commercial_portfolio	less affluent
business_unit	retail_bank

实际上，一旦使用 R 语言估计出一个线性模型，就可以很容易采用该模型对应地预测出 y 的某个值。读者只需要使用 predict.lm() 函数，传入之前通过调用 lm() 函数得到的 lm 对象，以及一个使用 newdata 参数指定的新数据集合，具体代码如下：

```
predict.lm(multiple_regression_new, newdata = new_data)
```

上面函数的输出结果为−3.538197。如何解释这个值呢？读者知道因变量的取值表示是否违约：0 表示没有违约，1 表示违约。那读者该如何解释一个负值的因变量呢？或者一个比 1 还大的因变量值呢？

由于无法为这种类型的预测定义标准解释，因此这个问题没有明确的答案。这就是读者的模型不能够很好地描述和调查出违约现象的原因。

在对二元现象进行建模时，线性模型不是最好的选择。

"这岂不是一个令人难以接受的分析结果？"从某种程度上来说，是的，至少该结果意味着读者没有找到想要的答案。也就是说，读者的模型无法解释哪些客户更有可能不支付订单。因此，读者必须转向另一类模型。在此之前，本书会为读者展示关于模型指标的更结构化的内容，以及如何使用 R 语言对其进行计算。最后说明一下：本书作者已经找到之前提及的关于线性模型的备忘单。读者可以在备忘单中查看到一些模型的基础原理、假设，以及如何使用 R 语言执行并验证这些假设。

线性模型备忘单

图 9-18 为线性回归的备忘单。

线性回归备忘单

┌─ 原理和数学公式 ─────────────────────────────────────┐

线性回归模型基于以下原理，一个因变量Y与一组解释变量X之间的关系可以用如下线性形式表示：

$$y_i = \beta_0 + \beta_1 x_i$$

β系数用于衡量x的变化对y的变化的影响水平。

└──┘

┌─ 数据类型 ─────────────┐ ┌─ 如何在R语言中进行拟合 ──────────────┐

x:

- 分类变量；
- 连续变量。

y:

- 连续变量；
- 分类变量估计（但可能会产生域外估计）。

对于所有解释变量，调用lm(y~)函数拟合y值。

基于逐步回归算法，调用stepAIC()函数拟合线性回归。

调用prc()函数拟合生成主成分回归。

└──────────────────────┘ └──────────────────────────────┘

┌─ 模型假设 ─────────────┐ ┌─ 如何在R语言中测试 ──────────────────┐

(1) 自变量之间无多重共线性。

(2) 模型残差无自相关性。

(3) 模型残差的方差与拟合值之间无相关性。

(1) vif()函数：结果≤10，表示通过多重共线性测试；结果>10，表示可能存在多重共线性，未通过测试。

(2) durbinWatsonTest(lm_object)函数：结果=0，表示正相关（不通过）；结果=2，表示无正相关（通过）；结果=4，表示负相关（不通过）。

(3) ncvTest()函数：结果 p 值 <0.05，表示通过，方差非常量；结果 p 值≥0.05，表示不通过，方差为常量。

└──────────────────────┘ └──────────────────────────────┘

图 9-18

9.4　更多参考

- 可汗学院关于指数和对数的课程，可帮助读者重新认识相关概念和属性。
- 美国数学学会关于奇异值分解的解释。

9.5　小结

本章是多么重要的一章啊！作为本书的作者，我知道不该这么骄傲。不过，我认为刚刚结束的这一章内容,对于帮助读者理解 R 语言在数据挖掘中的重要性是非常关键的。通过学习，读者学会了：

- 应用 R 语言，通过分别调用 lm()函数，对一个解释变量（单变量）和多个解释变量（多变量）拟合线性模型，并通过 summary()函数获取最终估计值；
- 通过 durbinWatsonTest()函数和 ncvTest()函数，评估线性模型是否满足模型假设；
- 通过 pcr()函数对数据进行主成分回归；
- 通过 stepAIC()函数对数据进行逐步回归，并评估输出结果；
- 对不同回归模型的输出和性能进行比较，并评估模型是否能合理描述所观察到的现象。

现在是时候通过引入（或检测）更加深入的概念（例如 R 平方、均方误差和混淆矩阵），来深入研究模型的性能了。

第10章　关于分类模型问题的不同展望

既然已经掌握了解释数据挖掘模型结果的工具，那么请读者执行跟安迪一起定义的数据建模策略吧！在本章及第11章中，读者将看到多种分类模型。首先，读者需要了解为什么要开发这些模型，以及这些模型可以用于解决哪些类型的问题。

然后，读者将了解在分类领域中最常使用的3种模型：逻辑回归、支持向量机和随机森林。作者将带领读者认真评估在模型对人们有所帮助时，它需要满足哪些假设。

在将任务交给读者和安迪一起处理之前，作者给出一个小提示：有时对分类模型稍做修改，就可以将其作为回归模型使用。因此，不要过于死板地记忆这些模型。同理，一个适用于有监督学习的模型，也可能同样适用于无监督学习。例如读者在本章中看到的支持向量机模型通常作为有监督的分类方法，但读者有时会发现它被当作无监督技术加以使用。

希望以上小提示没有吓退读者，或者令读者感到迷惑。给出小提示，只是为了培养读者的批判性思维，并促使读者在处理真正的数据挖掘问题时，仔细地评估可能的替代方案。

好了，现在请安迪接着讲述。希望在处理分类模型时，读者和安迪的工作能够顺利进行。

10.1　为什么需要分类模型

老板给出的剩余工作时间不多了。为了给出可能与利润下降相关的潜在客户名单，读者和安迪仍然需要尝试4种模型并从中找出最佳的一个。现在要尝试的是分类模型。

本书已经带领读者对分类模型进行过简单讨论。但是，在将分类模型实际应用到读者的数据之前，作者需要对其进行更加系统的介绍。

分类模型是用来预测分类输出的模型。读者已经看到，在处理定量输出时，即当因变量采用数值类型时，回归模型是很好的工具。一个典型的例子是在前面章节中讨论过的有关公司收益的例子。但是，如果因变量不采用数值类型，而是分类变量，读者要如何处理呢？

10.1.1　线性回归应用于分类变量的局限性

请读者尝试使用目前唯一了解的模型"线性回归"来解决一个涉及分类变量的问题。

试想一下，假如读者正在处理一个数据集，该数据集的设定如下：对于一组人群，给定一些与人群所获得的教育水平有关的解释变量，其中的教育水平包括高中、大学和哲学博士，如表 10-1 所示。

表 10-1

Degree（学位）	Family income（家庭收入/美元）	Parents' highest degree（父母最高学位）
High school（高中）	93922	University
High school	63019	High school
University（大学）	51787	University
University	31954	High school
University	42681	High school
High school	50378	Doctor of philosophy
Doctor of philosophy（哲学博士）	66107	University

读者要如何将线性回归应用于当前的模型呢？读者可能会把教育程度转换为一个数字等级。这是合理的转换，但要如何做到这一点呢？读者可能会使用 1~3 的等级，其中高中的等级为 1，哲学博士的等级为 3，如表 10-2 所示。

表 10-2

n	degree	family_income	parents_highest_degree
1	High school	93922	University
1	High school	63019	High school
2	University	51787	University
2	University	31954	High school
2	University	42681	High school
1	High school	50378	Doctor of philosophy
3	Doctor of philosophy	66107	University

现在，请读者尝试用 R 语言创建一个类似的数据集，并使用回归模型对数据集中的数据进行拟合：

```
education <- data.frame(n = c(1,1,2,2,2,1,3),
 degree = c("high school","high school", "university",
 "university", "university","high school","doctor of philosophy"),
 family_income = c(93922,63019,51787,31954,42681,50378,66107),
 parents_highest_degree = c("university","high school", "university" ,
```

```
"high school" , "high school" , "doctor of philosophy", "university"))

lm_model <- lm(n~ family_income + parents_highest_degree, data = education)
```

上述代码实际上生成的是一个线性回归模型。如果对模型调用 summary()函数，读者就会发现该模型的性能并不理想——调整后的 R 平方约为 30%（读者还记得为什么要看调整后的 R 平方吗？）。

但这并不是这个模型存在的唯一问题。

假设读者现在获得了一条学生记录，该学生的家庭收入为 140000，该学生父母中的最高受教育程度为大学。如果读者试图采用上述模型来预测这个学生的受教育程度，读者将会得到一个令人惊讶的-0.2029431。读者可以很容易地在 R 语言中使用 predict()函数计算出该结果。

```
predict(lm_model,newdata = data.frame(family_income = 140000,
parents_highest_degree = "university"))
```

```
1
-0.2029431
```

这表示什么程度的受教育水平呢？在使用线性回归处理分类问题时，上面的例子中所出现的问题就是读者要面临的第一类问题。但在上面的例子中还存在另一个并没有显示出来的问题。请读者查看表 10-3 所示的这个数据集。

表 10-3

preferred_ movie_ type	annual_ income	occupation
Action	66322	Doctor
Action	43873	Student
Thriller	2000	Student
Comedy	20360	Musician
Thriller	0	Housewife

假设读者要根据所研究对象的年收入和主要职业，使用线性回归模型来预测其喜爱的电影类型。读者要如何进行呢？读者要如何对研究对象所喜爱的电影类型分配一个数值呢？显然，每一种可能存在的数值分配方法都很武断。电影类型没有明确的排名，如果只是为了拟合模型而引入数值类型，就会导致过度操纵数据，并会使得数据的原始结构发生更改，进而会严重影响模型结果的重要性水平。

综上所述，至少存在两个理由来支持不采用线性回归模型来处理分类问题，以及读者需要特定的分类模型来执行分类任务。在继续介绍下面的内容之前，作者给出一个小提示：也不建议使用非线性回归模型来处理分类问题。本书不打算给出例证，但很容易理解的是，非线性回归模型在因变量和解释变量之间进行非线性回归。

10.1.2 常用的分类算法和模型

现在，读者知道为什么需要分类模型了。但是存在哪些可用的分类模型呢？伴随着时间的推移，人们针对分类任务给出了不同的模型和算法。

如果要列出一些非常流行的分类模型，通常包括以下几种。

- 逻辑回归。
- 支持向量机。
- 随机森林。
- KNN（K 近邻）。

这 4 种模型以及它们的衍生模型，都能对给定测试数据集或训练数据集中的记录进行分类预测。然而，它们之间有一些细节上的不同，这些不同导致了一部分模型适用于某些给定类型的数据，而另一部分模型则更适用于其他类型的数据。在本章及第 11 章的内容中，读者将不断加深对这些知识的了解，并对读者的数据应用前 3 个模型。在此之前，先简要地比较不同模型的主要原理和特性（见表 10-4），以便读者将来遇到问题时，能够正确地选择分类算法和模型。

表 10-4

模型/算法	输出	分类因变量的类型	自变量的数量/类型	可解释性	衍生模型
逻辑回归	每个记录属于某一分类的概率	布尔类型（0、1）	对自变量的数量和类型均无约束	评估系数定义每个自变量的相关性，以确定记录最后归属的集群	衍生模型可以突破布尔类型因变量的约束
支持向量机	每个记录的预测分类	多模式（1,…,n）	对自变量的数量和类型均无约束	评估系数定义每个解释变量的相关性，以确定记录最后归属的集群	衍生模型可以突破对解释变量个数的约束
随机森林	每个记录的预测分类	多模式（1,…,n）	对自变量的数量和类型均无约束	衡量可用自变量的相对重要性	衍生模型可用来改变所采用的衡量标准，以改变最终估计的路径
KNN	每个记录的预测分类	多模式（1,…,n）	对自变量的数量和类型均无约束	黑盒（可解释性弱）	衍生模型可用来修改将记录分配给类别的标准

现在，请读者开始学习逻辑回归模型。希望通过该模型，读者能够最终生成可以发送给内部审计部门的潜在违约客户的名单。

10.2 逻辑回归

逻辑回归起源于 19 世纪，当时用于研究人口增长和一些特定类型的化学反应。1837 年，比利时统计学家 Pierre François Verhulst（见图 10-1）首次对其做出正式定义。他在其导师的出版物 *Correspondance Mathématique et Physique* 中，给出了 4 页关于逻辑回归内容的描述。

图 10-1

在逻辑回归模型第一次提出之后，很多人使用了该模型，并将该模型广泛应用于同该模型的原始领域相距甚远的领域之中，比如欺诈检测和违约概率估计。

10.2.1 逻辑回归的原理

伴随着线性回归模型在某些分类问题中的失效，逻辑回归模型"闪亮出场"——用于解决模型估计值超出因变量自然域的取值问题。该模型从具有一个因变量的典型问题开始，该因变量可以属于两个备选类别（0 或者 1），并且需要获得基于一组解释变量进行分类的一些记录。

1. 逻辑函数估计的因变量具有上限和下限

回顾一下逻辑函数的历史。它最早尝试用来描述给定人口的增长方式。对任何一组数据拟合线性回归时，总会产生一条向上无限伸展的直线。而采用线性回归模型来拟合人口增长明显是不合理的。这也是为什么在研究人口增长可能存在的函数形式时，Verhulst 提出了最终的逻辑函数，该函数被描述为这样一个现象：从下限开始，然后是比较稳定的阶段，之后保持持续增长特征。在该现象中，因变量会无限地接近上限。图 10-2 所示为逻辑函数非常容易识别的形状。

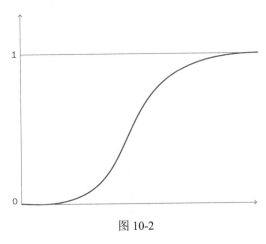

图 10-2

如读者所见，图 10-2 正是读者要寻找的函数形式——无论解释变量的值是什么，因变量的取值始终介于两个界限之间。

2. 逻辑函数估计观察值属于某个二分类之一的概率

关于逻辑回归的第二个原理：逻辑回归的输出是一个概率。正如表 10-4 所示，逻辑回归不是在两个可用的类别中指定一个类别，而只是给出记录属于这两个类别中某一个类别的概率。举一个非因果关系的逻辑回归例子，例如对总体进行逻辑回归，其中因变量取值为 0 到 1，其结果是每个记录对应一个 0 到 1 之间的数，该数值表示该记录属于某一个类别的概率。

如果读者对取值为 0 分类记录的概率更感兴趣，要如何计算呢？没有什么比这个更容易的了——因为 0 和 1 是互斥的事件/类别（比如 0 代表死亡，1 代表活着），假设要求计算 0 分类的概率，就需要先求出取值为 1 的概率，然后用 1 减去取值为 1 的概率即可。针对概率问题，如果读者需要，可以参阅 10.4 节给出的一些比较好的与概率论相关的材料。

　　本章讲述的内容包括逻辑回归模型，该模型能够根据一组解释变量，估计每个给定记录有多大的可能性属于某一个类别，而不是属于其他类别。

10.2.2　逻辑回归的数学原理

　　前面讲过，逻辑函数总是能够返回一个介于 0 和 1 之间的数字，但是这个函数是如何生成这个理想的结果的呢？首先，从逻辑函数公式开始，具体如下：

$$f(x) = \frac{e^x}{1 + e^x}$$

　　如读者所见，逻辑函数是一个不寻常的数项 e^x 同该数项（e^x）与 1 相加之和的比值。这个不寻常的数项是什么呢？原来它是自然数 e（大约等于 2.7183）的 x 次幂。该不寻常的数项被命名为指数函数，因为它是将 e 乘方到指数等于 x 的函数。指数函数的形状是什么样子的呢？请读者看一下指数函数的典型形状，如图 10-3 所示。

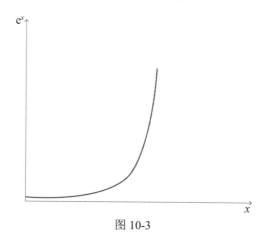

图 10-3

　　如读者所见，x 越大，e^x 越大。此外，从图 10-3 中可以猜到，指数函数的取值绝不低于横坐标的值，也就是说，指数函数永远不会有负值。这是理解逻辑函数的关键点。在分母上，数项 e^x 加 1，使得逻辑函数的最终结果永远为正，数项 e^x 的最小值趋近于 0。

　　数项 e^x 的最大值是多少呢？如果读者想在图中显示更高的 x 值，可以继续画这条曲线，推测曲线会趋向无穷大，也就是说，数项 e^x 总是趋向于更大的值。

　　将上述内容总结一下，可以将分母的行为描述如下。

- 随着 x 变小（e^x 越来越接近于 0），分母越来越接近于 1。
- 随着 x 变大，分母变得越来越大。

理解逻辑函数的最后一步是将分母行为与整体比值的行为相关联。

- 随着 x 的增加，分母不断变大，而逻辑函数的整体比值接近 1，这是因为分子和分母总是趋向于更接近一些，分母中的 1 在 x 变大时变得微不足道。在最终情况下，整体比值刚好为 1，因此逻辑函数也达到最大值。
- 当 x 减小时，分母将减小，最终达到分母的最小值（$1 + e^x = 1 + 0 = 1$）。当 x 减小时，e^x 分子也同样减小。在分子 e^x 取得最小值时，此时得到的分子为 0，分母为 1，显然比值结果等于 0。不过，由于分子和分母总是正数，所以这个比值永远不会完全等于 0。

现在，读者应该明白了，不管 x 的值是什么，逻辑函数的定义方式决定了其值总是能落在 0 到 1 内。此外，读者应该记住，逻辑函数是一个单调增函数，也就是说，伴随着解释变量不断增长，函数值也不断增长。

既然已经有逻辑函数，而且它看起来符合读者的预期，读者或许认为对于模型而言，已经没有多少发挥作用的余地了。但是，读者应该如何表达 x 对 y 的影响程度呢？

如果读者回头看之前的逻辑函数的绘图，可以看到中间的 S 形有特定的倾斜角度。S 形的陡峭程度取决于 x 和 y 之间的关系强度。如果关系强烈，则 x 的小幅增加（x 的取值向其右侧轻微移动）会使得 y 大幅增加，从而使得函数更快达到目标值。

"读者如何在逻辑函数模型中表达这一点呢？"可以通过在模型中引入系数轻松地做到这一点，如下所示：

$$f(x) = \frac{e^{\beta_0 + \beta_1 x}}{1 + e^{\beta_0 + \beta_1 x}}$$

正如读者所观察到的，在上面的公式中，指数函数的系数与读者在线性回归中所看到的系数非常相似。不过，该系数与线性回归并没有太多关联，而是与逻辑函数的起源——人口增长研究有关。不过，人口增长不是本书的重点。

接下来将向读者展示如何预估系数。

1. 最大似然估计

在逻辑回归模型中，用于进行系数估计的最常用的技术是最大似然估计。这个技术的主要原理是寻找能够更好地产生接近给定记录所观察到的实际事件概率的系数。

换句话说，读者想要找到一组系数，当实际观察到的因变量值为 1 时，模型产生一个接近 1 的概率；当实际观察到的因变量值为 0 时，模型产生一个接近 0 的概率。

上述描述可以通过似然函数形式化为：

$$L(\theta \mid x) = p_\theta(x) = P_\theta(X = x)$$

更通俗点儿来讲，读者应该注意到该公式表示为，当因变量假设值为 x 时，给定参数的信任值等于 θ。针对逻辑模型可以理解为，在因变量假设值 x 等于 1 时，似然值 θ

为 1 的可能性。

实际上，在寻找使这个概率最大化的系数值的任务中，通常使用迭代法进行求解。迭代法尝试不同的系数集合，最后采用似然值来评价哪个系数集合最佳。

2. 模型假设

请读者观察一下逻辑回归模型背后的假设是什么，以及通常如何对假设进行检查。

假设 1：变量之间无多重共线性

读者已经了解了这个假设。为了使模型可靠且合理，应该避免解释变量之间有多重共线性。读者应该确保解释变量之间是相互独立的，并且这种相互独立可以被证明。

正如读者前面了解的，解释变量集合中的变量过于相关，可能会导致系数估计值不可靠或不稳定。

检查变量中是否存在共线性的两种常见方法是计算公差的相关值和 VIF。当前作者不会重复讨论这两个概念，但在接下来实际估计模型时，读者还是需要对假设进行检验。

假设 2：解释变量与对数几率存在线性关系

另一个假设（更适合称为"要求"）就是解释变量和对数几率之间存在线性关系。"对数几率的核心是什么呢？"读者的脑海中一定在想这个问题。对数几率实际上与读者已经看到的逻辑回归密切相关。首先，读者必须定义几率是什么。事件的几率表示事件出现的概率和事件没有出现的概率的比值：

$$\frac{p}{1-p}$$

事实证明，逻辑回归的几率仅由以下因素构成：

$$e^{\beta_0 + \beta_1 x}$$

实际上，上述代数项构成了逻辑函数的分子和分母的一部分。什么是对数几率呢？简单来说就是几率的对数！请读者尝试借助对数的性质找出下列关系：

$$\log\left(e^{\beta_0 + \beta_1 x}\right) = \beta_0 + \beta_1 x$$

找到了。读者已经解释了该假设，即逻辑回归的特点是解释变量与几率取对数后的结果之间存在线性关系。

"读者要如何验证这个假设是否成立呢？"可以通过再拟合一个模型来完成。除了普通逻辑模型之外，还可以拟合包括二次项或三次项的模型，这样就可以了解包括这些项的模型是否能够使读者的模型性能更好。若是更好，则可以推断出逻辑模型与解释变量之间存在非线性关系。

读者将通过似然比检验来验证这一点。在实际应用似然比检验时，作者会更加明确地对其进行说明。为了理解似然比检验，读者还需要了解一些关于假设检验的知识，稍后的内容就会涉及这些知识。

假设 3：足够大的样本量

在讨论逻辑回归时，还需要满足一个要求——估计样本的大小。本书不想描述得太过技术化，读者只需要知道，为了使得最大似然估计运行正常，从而生成良好的逻辑回归，数据集内至少需要 30 条记录。这意味着对于每一个解释变量，至少应该找到 30 个无遗漏的观察值。对读者的样本来说，这显然不是问题，它包含的记录远超 30 条。不过，在应用逻辑回归时，读者应该牢记这一要求。

10.2.3　如何在 R 中应用逻辑回归

通常情况下，当使用 R 语言来估计复杂模型（比如逻辑回归）时，通过使用一个简单的函数即可轻松完成。当前使用的简单函数是 glm() 函数。请读者仔细研究一下这个强大的函数。

glm() 函数包含在 R 语言基础版本中（实际上包含在 R 语言基础版本的 stats 程序包中），最初它被用于估计各种模型，特别是广义线性模型。

在本书的当前阶段不打算深入讨论广义线性模型，不过读者应该了解这一系列模型的原理。

对于 glm() 函数，读者需要了解的第一个模型是简单的线性回归模型，即使本书在讨论时没有过分强调，这个模型假设残差围绕其平均值形成正态分布。这意味着，如果读者拥有足够大的记录样本，并拟合一个线性模型来计算残差的直方图，读者就会发现一个类似于图 10-4 所示的形状。

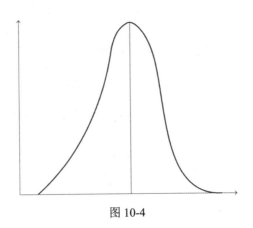

图 10-4

图 10-4 所示是一个正态分布，也称为高斯分布。这种分布就是简单的线性回归所期望的残差分布。通常来说，正态分布是一个很好的预期，但读者已经观察到，当估计一种特定类型的因变量的分布时，使用这种简单的线性回归模型可能是不恰当的。

"说的是哪种变量？"是的，说的就是二元变量。对于那些可以假设为 0 或 1 的变量，正态分布的假设根本不成立。读者必须假设一个完全不同的分布。

基于当前讨论的逻辑模型，这样的分布就是二项分布。二项分布正式地描述了在相同条件下 n 个独立实验序列中的成功次数。

本书不会仔细追究这个问题，读者只要记得当前考虑的是一个二元的结果：成功或失败。与二元结果的二项分布类似，对于不同的实验现象，也有一系列不同的分布。基于该定义，逻辑模型是广义线性模型的一部分。

回到当前的 glm() 函数，读者要如何告诉该函数使用哪个广义线性模型来拟合数据呢？答案是通过 family 参数，该参数有以下值。

- binomial。
- gaussian。
- Gamma。
- inverse.gaussian。
- poisson。
- quasi。
- quasibinomial。
- quasipoisson。

如读者所见，参数 family 可以是 gaussian（高斯分布）和 binomial（二项分布）。

1. 拟合模型

为了在当前处理的数据上拟合逻辑模型，读者需要调用 glm() 函数。读者需要给 glm() 函数传递一个参数公式，公式表明哪个变量是因变量[①]，哪些变量是解释变量，并使用 binomial 指定广义线性模型，调用方式如下：

```
logistic <- glm(as.numeric(default_numeric)~ . ,data = training_data,
family ="binomial")
```

与往常一样，读者可以通过 summary() 函数来查看估计活动的输出：

```
summary(logistic)
```

---

① 原文为 independent，结合上下文内容，疑为作者笔误。——译者注

阅读 glm()估计函数的输出

"函数输出了很多信息，是不是？"但读者只需关注最相关的部分。首先，请读者找到与每个解释变量相关的系数。它们显示在 Estimate 列下，系数正是读者在逻辑函数中看到的 β 系数。正如读者所看到的，系数分别带有正、负号，其中一些是正系数，而另一些是负系数。与线性回归的情况一样，系数的符号表示给定的解释变量和因变量之间的关系（见图 10-5）。

```
Call:
glm(formula = as.numeric(default_numeric) ~ ., family = "binomial",
    data = training_data)

Deviance Residuals:
    Min      1Q   Median      3Q      Max
-2.1462  -0.6464   0.7251   0.7274   2.2308

Coefficients:
                                  Estimate Std. Error z value Pr(>|z|)
(Intercept)                      1.086e+00  7.730e-02  14.049  < 2e-16 ***
corporation                     -1.637e+01  1.243e+02  -0.132 0.895177
previous_default                 5.681e-01  1.414e-01   4.017 5.91e-05 ***
multiple_country                -8.244e-02  1.603e-01  -0.514 0.607183
cost_income                      5.872e-08  5.858e-08   1.002 0.316136
ROE                              5.486e-07  2.586e-07   2.122 0.033848 *
employees                        1.990e-08  9.277e-09   2.145 0.031957 *
economic_sector                 -2.856e-08  9.979e-09  -2.862 0.004212 **
ROS                              1.873e-07  5.355e-08   3.498 0.000468 ***
company_revenues                -1.977e-06  1.045e-07 -18.919  < 2e-16 ***
commercial_portfoliomass affluent 7.714e-01  5.148e-01   1.498 0.134015
commercial_portfoliomore affluent -1.372e+00  7.316e-01  -1.875 0.060782 .
business_unitretail_bank         1.312e-01  7.476e-02   1.756 0.079146 .
---
Signif. codes:  0 '***' 0.001 '**' 0.01 '*' 0.05 '.' 0.1 ' ' 1

(Dispersion parameter for binomial family taken to be 1)

    Null deviance: 13230  on 11522  degrees of freedom
Residual deviance: 12335  on 11510  degrees of freedom
AIC: 12361

Number of Fisher Scoring iterations: 14
```

图 10-5

- 正号表示解释变量和因变量之间存在正相关关系，意味着解释变量的增加总体上会使得因变量增加，并且会使得因变量的预测值增加。例如对于 previous_default 变量，在输出中观察到对应的一个正系数。这意味着在之前的一段时间里出现过违约客户，正系数增加了该客户在随后的一段时间里违约的可能性。
- 负号表示解释变量和因变量之间存在负相关关系。例如，以 company_revenues 变量为例，这个变量对应位置给出了一个负系数，意味着更高的收入水平可以降低客户违约的概率。

读者认为这些信息对我们发现哪一类客户可能违约的整体目标有意义吗？实际上可能是有意义的，请读者稍后再确认这个问题。在读者得出任何结论之前，必须首先了解模型是否满足前面列出的假设和要求，以及是否可以据此得出结论。

在 summary() 的输出中，读者会发现一些其他信息。请读者重点关注以下两点。

- 解释变量和因变量之间关联的统计显著性水平，具体显示在 Pr(>|z|) 列中。
- AIC 性能指标。

解释变量与因变量之间关联的统计显著性水平

在当前阶段，与读者讨论的是一个相当复杂的话题，但是本书会尽可能帮助读者理解它的主要概念。

现在谈论的主题是统计推断和假设检验。在该主题的背后，存在很多用来评估从统计分析中得到的结果是否具有显著性的技术。结果是否具有显著性，指的就是结果是通过一些结构性的真实关系所得出的，还是仅仅是偶然现象的结果？

可以通过进行一个测试，来确认结果是否具有显著性这一判断。测试通常由两个假设组成。

- H0（零假设），又称为虚无假设（Null Hypothesis），该假设可以是读者想要证明为真的假设，或者读者想证明为假的假设。
- H1（备择假设），又称为对立假设（Alternative Hypothesis），它是 H0 的对立面。

完成了假设的定义之后，就必须定义如何实际执行假设检验。假设检验过程通常是假设检验实际执行的过程，假设检验基本上由以下部分构成。

- 一个与读者想要检验的观察值有关的检验统计量。
- 一个 p 值，即在零假设为真的情况下找到 t 统计量（即观测值）的概率。

举一个例子，假设读者想测试两个平均值之间是否存在差异，比如来自一个样本的平均值和来自另一个样本的平均值是否显著不同。读者要怎么做呢？可以设置以下假设。

- H0：两个均值无显著性差异。
- H1：两个均值具有显著性差异。

然后计算 t 统计量（t-Statistic），这是一个通常用于比较比例的统计量。当前阶段读者可以在表格上检查 t 统计量（可以很简单地将其命名 t 标签），并在 t 标签中找出假设中两个样本的平均值为无显著性差异的 t 统计量的概率。

如果得到的概率是 0.03%，该值是高还是低呢？当然，这是一个很低的概率，但是如何判断它是否足够低，拒绝了无显著性差异的假设呢？事实证明可以将显著性水平设置为 95%，即将此阈值设置为 0.05，也就是说，如果读者发现 p 值低于 0.05，就可以拒绝零假设，接受备择假设。

虽然上述简短的解释无法让读者理解如何设置和执行自己的假设检验，但是，足以让读者理解逻辑回归估计的输出结果，以及读者在模型估计中可以找到的绝大多数类似的度量。执行对 glm() 函数的调用，除了估计逻辑函数的系数外，还会对 y 和每个 x 之间关联程度的统计显著性假设进行检验。读者在 Pr(>|z|) 列上看到的值正是 p 值。

如果 p 值小于 0.05，读者可以拒绝解释变量和因变量之间关联无显著性的零假设，反之则不成立。Pr(>|z|)列右边的星号是什么？读者应该明白星号指的是权重，星号的数量与权重成正比，因此也与关联的统计显著性水平成正比。所以读者可看到，previous_default、ROS 和 company_revenues 指标是 summary()函数的结果中最具有显著性水平的变量。

读者应该注意到，显著性水平与系数水平没有任何关系，仅与 y 和解释变量之间关联的统计显著性有关。

AIC 性能指标

在调用 summary()函数所得到的输出的底部，读者可以看到 "AIC: 12361"。AIC 代表什么呢？

首先，给读者解释一下这个缩写词。AIC 代表赤池信息量准则（Akaike Information Criterion）。在 1974 年左右，日本统计学家 Hirotugu Akaike 开发了该准则。该准则试图提供一个独特的数字，用于比较相同估算样本上生成的替代模型的相对性能。

AIC 的定义很简单，如下所示：

$$AIC = 2k - 2\ln(L)^{①}$$

其中，k 为估计参数的数量，L 为给定模型的似然函数假设的最大值。

公式中包含一个组件 $2k$，该组件作为惩罚因子组件，用以防止过拟合。为什么这么说呢？因为产生过拟合模型的典型方式是引入更多参数来调整模型的预测值。

等式右侧的第二部分中，包含从似然函数中获得的假设值。正如前文所述，假定给定输出指的是实际观察到的输出，那么似然函数以某种方式表示了读者的模型预测给定输出（在当前的例子中是违约）的可能性。从这个意义上说，这个函数值越大，表示越适合模型。

现在可以总结一下刚刚学到的 AIC 性能指标。AIC 表达了模型在过拟合、适合度方面的相对性能。为什么说相对性能呢？因为 AIC 值没有固定的变化范围，所以不能绝对地说某个模型是最好的模型。

尽管如此，当比较两个或更多的模型时，读者可以使用 AIC 值来说明哪一个模型拟合得更好。从截至目前所谈及的关于 AIC 的内容来看，读者认为模型的 AIC 值更高更好呢，还是更低更好呢？

如果花点儿时间思考一下，读者就会发现，过拟合项为正并且似然项带有负号，因此 AIC 值越高，则表示过拟合项值越高，似然项值越低。而较低的 AIC 值则恰恰相反，表明过拟合项值越低，似然项值越高。

因此，读者可以得出结论：AIC 值越低越好。而基于当前的逻辑回归模型得到的 AIC

---

① 原文有误。——译者注

值是 12361，这个值是满足要求，还是不满足要求呢？本书重申一次：读者不能基于 AIC 值的高低来判断模型的好坏。可是当读者查看模型的性能时，读者却可以把它和另一个模型（例如多元回归模型）进行比较，以确定它是一个更好的模型，还是一个更差的模型。

2. 验证模型假设

在查看模型的性能之前，首先验证读者的模型假设。由于处理线性模型时已经验证了多重共线性假设，并且颇具规模的估计样本可以满足样本量充足的要求，因此实际上读者只需验证解释变量和对数几率之间存在线性关系的假设即可。

那么，读者该如何验证线性关系的假设呢？之前内容已经提到这一点：拟合另一个逻辑回归模型，该模型包括二次项或三次项。请读者考虑一下验证模型假设背后的基本原理，以及如何进行实际操作。

拟合包含二次项和三次项的模型来检验对数几率的线性

如果读者回想一下之前所说的对数几率，及其与解释变量的关系，就可以知道，在解释变量和对数几率之间存在非线性关系的情况下，包含二次项和三次项的逻辑模型将会显示出比包含线性项的逻辑模型更好的性能。

以上就是通过似然比检验进行检验的基本原理。读者将包含二次项的模型作为零假设模型，使用线性项模型作为对抗模型（备择假设）。然后，读者计算检验统计量并得到一个 p 值。该过程与读者之前看到的关于 x 和 y 之间关联的显著性统计类似。

如果 p 值低于给定的阈值（通常将阈值设置为 0.05），读者就可以接受零假设，从而得出结论：观察到解释变量与对数几率存在非线性关系的 p 值小于 0.05，所以原假设不成立。

但是请读者不要惊慌，读者不必直接执行上述所有操作，只需要运行 lrtest()函数即可达到目的。

除了线性模型，请读者再训练一个非线性模型。该非线性模型还要包括解释变量的二次项，至少要包含连续变量的二次项，因为计算二元变量的二次方毫无意义。

执行以下代码，进行包含二次项的非线性模型的训练：

```
logistic_quadratic <- glm(as.numeric(default_numeric) ~ . +
 cost_income^2 +
 ROE^2 +
 employees^2 +
 ROS^2 +
 company_revenues^2 ,
 data = training_data, family = "binomial")
```

请读者将以上包含二次项的非线性模型作为零假设模型，并将其与原模型进行比较。比较工作可以通过调用 lmtest 程序包中的 lrtest() 函数轻松完成。读者只需要将 logistic_quadratic 对象和 logistic 对象传递给此函数即可。请注意，第一个传入的对象是零假设模型的对象。

```
lrtest(logistic_quadratic,logistic)
```

如图 10-6 所示，lrtest()函数首先扼要地重述了两个互相比较的模型，然后输出两行，其中 Pr(> Chisq)列输出与执行的测试相关的 p 值。如读者所见，p 值输出为整数 1。因此读者可以拒绝零假设模型（即拒绝 H0 假设），并且读者提出的解释变量和对数几率之间存在线性关系的假设得到证实。

```
Likelihood ratio test

Model 1: as.numeric(default_numeric) ~ corporation + previous_default +
    multiple_country + cost_income + ROE + employees + economic_sector +
    ROS + company_revenues + commercial_portfolio + business_unit +
    cost_income^2 + ROE^2 + employees^2 + ROS^2 + company_revenues^2
Model 2: as.numeric(default_numeric) ~ corporation + previous_default +
    multiple_country + cost_income + ROE + employees + economic_sector +
    ROS + company_revenues + commercial_portfolio + business_unit
  #Df  LogLik Df Chisq Pr(>Chisq)
1  13 -6167.5
2  13 -6167.5  0     0          1
```

图 10-6

10.2.4 逻辑回归结果的可视化与解释

读者现在已经拟合了逻辑回归模型，并通过假设检验认为它的结论是可靠的。下一步做什么呢？读者需要将模型结果可视化，并从模型中得出结论。

1. 结果可视化

读者要如何可视化从逻辑回归中得出的结果呢？当前要处理的是一个因变量对应多个解释变量的情况。试图将所有涉及的维度（等于解释变量 x 的维度再加上因变量 y 的维度）可视化，是不可行的。

读者可以做到的是选择一个甚至两个相关的变量，并可视化观察值和预测值是如何变化的。

由于读者的主要目的就是确定哪种类型的客户更有可能违约，因此读者将选择解释变量中通过 p 值表现出显著相关性的变量（即 β 系数较高的变量）。这些变量是在其单位变化内产生更大违约概率增长的变量。

请读者再查看一下解释变量和系数，如图 10-7 所示。

```
Coefficients:
                                   Estimate Std. Error z value Pr(>|z|)
(Intercept)                       1.086e+00  7.730e-02  14.049  < 2e-16 ***
corporation                      -1.637e+01  1.243e+02  -0.132 0.895177
previous_default                  5.681e-01  1.414e-01   4.017 5.91e-05 ***
multiple_country                 -8.244e-02  1.603e-01  -0.514 0.607183
cost_income                       5.872e-08  5.858e-08   1.002 0.316136
ROE                               5.486e-07  2.586e-07   2.122 0.033848 *
employees                         1.990e-08  9.277e-09   2.145 0.031957 *
economic_sector                  -2.856e-08  9.979e-09  -2.862 0.004212 **
ROS                               1.873e-07  5.355e-08   3.498 0.000468 ***
company_revenues                 -1.977e-06  1.045e-07 -18.919  < 2e-16 ***
commercial_portfoliomass affluent 7.714e-01  5.148e-01   1.498 0.134015
commercial_portfoliomore affluent -1.372e+00 7.316e-01  -1.875 0.060782 .
business_unitretail_bank          1.312e-01  7.476e-02   1.756 0.079146 .
```

图 10-7

通过查看系数显著性水平，读者可以选择以下 3 个变量：

- previous_default；
- ROS；
- company_revenues。

在这 3 个解释变量中，与较高系数值（取它们的绝对项）相关的是：

- previous_default；
- company_revenues。

为了让读者熟悉由 glm()函数生成的对象，请读者观察这两个系数的值，并将它们从估计系数的整个向量中分离。

读者可以直接从生成的 logistic 对象入手。这个对象实际上与 lm()函数①的输出结果非常相似——都是从估计活动中产生的不同元素的列表。在列表中，存在一个名为 coefficients（系数）的元素，用于存储所有的估计系数。估计系数是已命名的向量，也就是说，每个存储的值都与一个名称相对应，该名称为相应解释变量的名称。

为了推断系数，就需要在 logistic 这个对象中选择 coefficients 元素，并使用读者感兴趣的解释变量名称来过滤 coefficients 向量，从而获得向量元素：

```
logistic$coefficients['previous_default']

previous_default
 0.5680765

logistic$coefficients['company_revenues']

company_revenues
 -1.976669e-06
```

−1.976669e−06 是一个需计算绝对值的数字，其绝对值低于前面 previous_default 的

① 原文为 glm()函数，结合上下文，应为作者笔误。——译者注

值 0.56。因此，读者可以得出结论，在评估客户以预测他们偿还账单的可能性时，最相关的因素是他们以前的违约记录。第二个相关的因素就是 company_revenues 值：该值越小，客户偿还账单的可能性越低。

请读者试着将 company_revenues 与预期违约概率之间的关系进行可视化。

首先，读者必须获得一个包含解释变量与估计的违约概率的数据集。读者可以通过 glm() 函数的结果，对所生成的存储在 logistic 对象中的 model 模型的数据帧进行选择和分片，并将其与存储在同一 logistic 对象中的 fitted.value 对象进行绑定。执行的代码如下：

```
logistic$model %>%
 select(company_revenues) %>%
 cbind(probability = logistic$fitted.values,.)-> dataviz_dataset
```

既然读者已经获得了数据集，可视化的工作就交给 ggplot()函数来处理。指定 company_revenues 为 x 轴，probability 为 y 轴，代码如下：

```
dataviz_dataset %>%
 ggplot(aes(x = company_revenues,y = probability)) +
 geom_point()
```

从图 10-8 中可以看到什么呢？读者肯定注意到，随着公司收入的增加，预测违约概率的总体趋势会降低。该趋势与 company_revenues 系数的负号一致。为什么在给定 company_revenues 上，读者没有看到相同水平的违约概率呢？

因为还有其他的解释变量对预测值产生影响。其他解释变量可能会针对预测值给出不同的观察值。

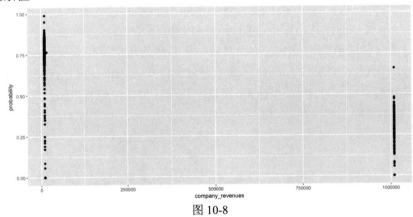

图 10-8

2. 结果解释

看来针对客户违约的问题，终于有了第一个相关的答案。在客户集中，最倾向于违约的客户是曾经有过违约记录的客户，且客户公司的收入越低，则该客户越容易违约。

在转向另一个模型（即支持向量机）之前，作者想到的最后一个问题是：读者确信逻辑回归为当前出现的违约问题提供了较好的结果吗？

确信无疑的是，逻辑回归模型至少满足关联的要求。但是与多元线性回归模型相比，逻辑回归模型的表现如何呢？

该问题可以通过首先计算线性模型的 AIC 值，然后将其与逻辑回归模型的 AIC 值进行比较来解决。

很遗憾，lm()函数[①]并没有返回任何 AIC 值。读者有什么想法可以解决这个问题吗？

是的，读者可以通过调用 glm()函数来拟合多元线性模型，并获得 AIC 值。要怎么做呢？如果读者还记得的话，前文说过多元线性模型假定因变量的残差[②]是正态分布或高斯分布。

因此，如果读者指定 gaussian 作为 glm()函数的 family 参数，那么读者可以得到一个多元线性模型的输出。代码如下：

```
linear_glm <- glm(as.numeric(default_numeric)~.,data = training_data,
family = "gaussian")
```

读者肯定很想知道这个模型与读者之前使用 lm()函数估计得到的模型是否完全相同。只需输出这两个模型的估计系数就可以知道答案了，如图 10-9 所示。

```
multiple_regression_new$coefficients
linear_glm$coefficients
```

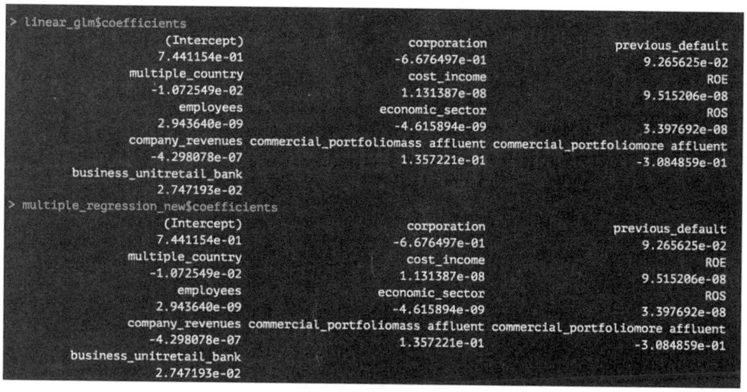
```
> linear_glm$coefficients
             (Intercept)                      corporation                 previous_default
            7.441154e-01                    -6.676497e-01                     9.265625e-02
        multiple_country                      cost_income                              ROE
           -1.072549e-02                     1.131387e-08                     9.515206e-08
               employees                  economic_sector                              ROS
            2.943640e-09                    -4.615894e-09                     3.397692e-08
        company_revenues commercial_portfoliomass affluent commercial_portfoliomore affluent
           -4.298078e-07                     1.357221e-01                    -3.084859e-01
business_unitretail_bank
            2.747193e-02
> multiple_regression_new$coefficients
             (Intercept)                      corporation                 previous_default
            7.441154e-01                    -6.676497e-01                     9.265625e-02
        multiple_country                      cost_income                              ROE
           -1.072549e-02                     1.131387e-08                     9.515206e-08
               employees                  economic_sector                              ROS
            2.943640e-09                    -4.615894e-09                     3.397692e-08
        company_revenues commercial_portfoliomass affluent commercial_portfoliomore affluent
           -4.298078e-07                     1.357221e-01                    -3.084859e-01
business_unitretail_bank
            2.747193e-02
```

图 10-9

太棒了，系数完全相同。那么逻辑回归模型真的比线性模型好吗？

① 原文为 glm()函数，结合上下文，应为作者笔误。——译者注

② 原文没有“残差”字样，应该是缺失了。——译者注

如果读者还记得的话，对于逻辑模型，读者通过 summary()函数得到的 AIC 值是 12360。多元线性模型的 AIC 值是多少呢？在 linear_glm 对象中存在一个 aic 元素，该元素存储着 AIC 值。请读者将它输出：

```
linear_glm$aic
```

```
[1 ] 12754.22
```

比较以上两个 AIC 值，可以知道多元线性模型的 AIC 值更高。正如前文所说的，AIC 值越高，表示模型在适合度和过拟合方面越差。因此读者可以得出结论：从线性模型转向逻辑模型，模型性能有了提升。

对于一个近二百年前创建的逻辑模型来说，它的表现还不错！本章准备了逻辑回归模型的备忘单。在继续学习支持向量机之前，读者可以查看一下备忘单内容（见图 10-10）。

逻辑回归备忘单

原理和数学公式

逻辑回归模型主要用于描述基于一个或多个解释变量变化的影响过程，而其结果处在一个具有上、下边界的范围内。逻辑回归模型基于下面的数学公式：

$$f(x) = \frac{e^{\beta_0 + \beta_1 x}}{1 + e^{\beta_0 + \beta_1 x}}$$

对于二元因变量，逻辑回归模型可用于预测结果属于其中之一的概率。

数据类型

x:
- 分类变量；
- 连续变量。

y:
- 布尔/二值变量；
- 具有上、下边界的连续变量（可以恰当地映射到0～1的范围内）。

如何在R语言中进行拟合

对于所有解释变量，调用glm(y~ . , family ="binomial")函数拟合y。

假设

(1) 模型残差不存在自相关性。
(2) 解释变量之间无多重共线性。
(3) 解释变量和对数几率之间存在线性相关。

如何在R语言中验证假设

(1) 自相关性验证：调用DurbinWatsonTest(glm_object) 函数，结果越接近 0，正相关性越强（未通过验证）；结果为 2，表示非正相关（通过验证）；结果为 4，表示负相关性（未通过验证）。（注：只适用于时间序列数据）
(2) 调用 vif() 函数验证多重共线性：结果≤10，变量之间不存在多重共线性（通过验证）；结果 >10，变量之间存在多重共线性（未通过验证）。
(3) 验证对数几率线性时，拟合包括二次项和三次项的新模型进行判断：如果新模型显示的统计结果比逻辑回归模型的好，则解释变量和对数几率之间不存在线性相关。

图 10-10

10.3 支持向量机

现在是时候介绍支持向量机了，看看支持向量机是否有助于读者更好地界定更倾向于违约状态的客户。

首先，读者应该注意到，支持向量机是在 20 世纪 90 年代开发出来的一个更新的模型。其次，还应该注意到，当谈论支持向量机时，实际上是在谈论一系列模型，而不是单个模型。

当前的介绍主要是为了让读者了解支持向量机模型背后的主要概念。如果读者想加深对它的了解，本书将提供一些好的参考资料。

10.3.1　支持向量机的原理

当谈到支持向量机时，读者必须牢记以下 3 个主要概念。
- 超平面。
- 最大边缘分类器。
- 支持向量。

1. 超平面

超平面被看作在构建支持向量机时需要用到的第一块基石。

读者有没有玩过那些装满彩色实心塑料球的容器？是的，实际上它是一种儿童玩具，但读者应该知道作者想表达的含义。

好，现在请读者使用这样的某个容器进行一些脑力实验。首先，请读者想象容器中只有红色的球和黄色的球。读者拿出一个空的容器，先将一半空间装上黄色的球，然后再将另一半空间装上红色的球。请读者小心翼翼地摆放球，防止它们混合在一起。最终读者应该得到一个类似图 10-11 所示的容器。

现在想象一下，读者拿出一个非常大的刀片，从一侧插入容器中，插入位置大约在容器高度的一半（别担心，这只是一个脑力实验，不是真的拿刀插入，读者不必赔偿），效果如图 10-12 所示。

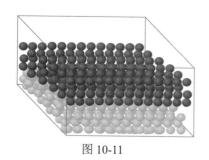
图 10-11

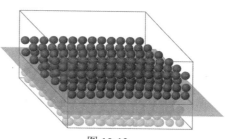
图 10-12

读者看到了吗？刀片把容器分成两组。上半部分是黄色的球，下半部分是红色的球。

恭喜!读者刚刚理解了什么是超平面。稍后本书会带领读者正式定义超平面,但目前读者只需要理解超平面是某种平面,这个平面可以根据读者所研究的对象,精确地将数据分成两组。

实际上,在三维空间中,同刚刚进行的脑力实验中的刀片类似,超平面是由一个实体平面来表示的。在二维空间中,超平面将是一条线。在超过三维的空间中,超平面即使有形式上的定义,人们也难以想象出其具体的形状。

不管怎样,读者仅需花一点儿时间来关注以上实验的要点:存在一个平面,平面根据容器中球的颜色,将球分为两组。

现在要让实验更加深入。请读者设想一下球开始悬浮在容器中。悬浮效果如图 10-13 所示。

读者看到了吗? 球仍然分为两组,但是每一组内的同颜色球彼此分离。现在还能找到一个平面把不同颜色的球分成两组吗?

当然可以,读者甚至可以画出来,如图 10-14 中的蓝色平面。

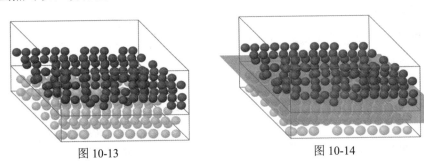

图 10-13　　　　　　　　　　　图 10-14

如果仔细观察一下,读者可以发现存在的平面可能不止一个。请读者将所画的蓝色平面稍微移动一点儿,就能产生几乎无限数量的处于其他位置的平面。但是,哪个位置的蓝色平面是最合适的呢?

为了回答这个问题,需要引入最大边缘分类器的概念。最大边缘分类器是第一个基于超平面的分类算法。

2. 最大边缘分类器

最合适的超平面的一个理想特性是,该平面距离读者的球尽可能远,使得超平面与读者的数据(指这里的球)的距离最大化。读者可以把这个距离称为超平面和观测点之间的边缘。

直观地说,超平面与点(球)的距离越大,分类就越可靠。这种直觉就是最大边缘分类器的基础。最大边缘分类器就是一种能够识别和估计最大可能边缘的超平面算法。

到目前为止，脑力实验进行得很顺利。但如果读者现在摇一摇容器呢？请读者设想一下摇一摇容器。不用太用力，只需使不同颜色的球开始混合，特别是使超平面原本所在的区域处开始出现混合。

现在看看摇一摇的结果，如图 10-15 所示。

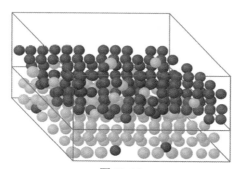

图 10-15

容器内出现混合的不同颜色的球。和读者以前看到的情况不一样了，不是吗？如果现在请读者放置刀片，让所有黄色的球留在刀片的一侧，而所有红色的球留在另一侧，要怎样办到呢？是的，读者无法完成这项任务，没有一个平面（刀片）可以精确地将点（球）划分成两个同质的分组。

这就是读者必须从最大边缘分类器转向支持向量机的原因。

3. 支持向量以及支持向量机

为了解决无法生成划分不同颜色的球的完美超平面的问题，请读者尝试将刀片放在容器的某个位置，使得刀片刚好有效地分割容器：效果为大部分的黄色球在一侧，大部分的红色球在另一侧。

从"全部"转换到"大部分"，这就是支持向量机的核心。接下来请读者先来了解一下什么是支持向量。到目前为止，读者已经把刀片放在了某个位置。如果告诉读者，刀片可以放置到比目前位置更好的位置上，并且请读者通过尝试不同的位置来找到所说的这个位置，读者会怎么做呢？

仔细考虑之后，读者会发现，造成分类器性能差异的并不是距离平面远的球，距离平面远的球几乎可以认为能被任何平面有效分类；造成分类器性能差异的是那些更接近平面的球。读者会发现，最相关的点（球）就是本书之前描述过的处在边缘处的点（球）。这些点就是所谓的支持向量。支持向量与最终选择的最佳平面的算法过程最相关。

接下来，当前阶段最优超平面指的是什么呢？答案是能够最大化黄色球一侧的黄色球数量，或者最小化黄色球一侧的红色球数量的平面。

最后一步，要正确理解支持向量机，需要读者消除"超平面是线性的"思想。支持向量机（Support Vector Machine，SVM）是一组寻找最佳可能超平面的算法，该算法以不同的函数形式定义，从简单的线性函数到非线性函数甚至径向函数。

4. 模型假设

相信读者现在已经了解，应用任何一种数据挖掘模型时，要点之一是了解和验证测试模型相关的假设，以便确认从模型中得出的结论的重要性、可靠性。

当谈到支持向量机相关的模型假设时，人们通常引用的唯一假设是：存在独立同分布的随机变量。

5. 独立同分布的随机变量

首先应该注意的是，这个假设与支持向量机没有特别的关系，而是与绝大多数的数据挖掘模型有关，特别是与读者之前处理过的广义线性模型族有关。

另一个提示：该假设并没有告诉读者独立变量之间的关系，仅仅描述每个单一变量的行为。

如同读者想到的，可以进一步将这个假设分解为以下两个基本组成部分。

- 独立变量。
- 同分布变量。

独立变量

实际上，在谈到线性回归时，读者已经看到了这种假设。如果仔细回忆一下线性回归中定义的假设，读者应该记得残差无自相关性的假设。也就是说，在读者的模型中，残差不存在明显的趋势。当然，在线性回归模型中，读者讨论的是因变量的残差，特别是针对时间序列因变量数据。一般来说，独立变量，意味着在(X_i, y_i)对中没有明显相关性，其中 X 是解释变量，y 是因变量。可以将这个假设定义如下：

$$(X_i, y_i) \quad \text{independent of} \quad (X_j, y_j), \forall i \neq j \in \{1, \cdots, N\}$$

其中 i 和 j 表示两个不同的记录，N 表示记录总数。

同分布变量

请读者讨论第二个子要求，即关于独立变量分布的要求。首先，读者需要正确理解这种分布的含义。这里的分布是指频率分布或概率分布。通过使用骰子的经典例子，读者可以很容易地理解同分布的概念。

抛一个骰子，问自己："这个动作可能会产生什么结果呢？"简单起见，请读者排除骰子丢失或被狗吃掉的可能，那么，这个动作将会生成 1 到 6 的数字列表。形式上定义为：投掷骰子的随机过程是由一个从 1 到 6 的所有正实数组成的样本空间。

现在，请读者问一下自己："得到 1 或 3 的可能性是否更大？"正如读者所知道的，得到 1 或 3 的概率相等。当掷出一个（均匀的）骰子时，得到 1 到 6 中每个数字的概率实际上是一样的。这个随机过程的概率分布是什么呢？请读者先计算一下每个可能结果的概率。考虑到样本空间的总概率通常假定为 1，并且每个可能结果都具有相同的概率，因此读者可以将每种可能结果的概率计算为 1 除以可能结果的总数，即 1 除以 6，因此每个可能的概率都为 0.16 左右。然后，可以使用表 10-5 来描述概率分布。

表 10-5

数字	概率
1	0.16
2	0.16
3	0.16
4	0.16
5	0.16
6	0.16

对于什么是概率分布，读者目前应该有了直观的认识。现在，请读者将其应用于所研究问题的上下文中。独立变量的概率分布指的是什么呢？存在以下两种可能的方法来回答这个问题。

- 读者已经从变量相关的外部知识中得知答案。例如，针对性别变量，男性和女性之间总体平均分配，因此变量的两个可能值的概率分布都等于 0.5。
- 读者不知道答案，并试图从数据中得到答案。

第二种方法相比第一种方法更简单。但是，它要求读者回答更多的问题。

- 首先，读者的数据是来自原始数据总体的样本还是原始数据本身？
- 其次，如果是样本数据，样本数据中的独立变量能否代表原始数据总体中的独立变量？

通常情况下，第一个问题相对简单，因为读者知道数据是如何生成的；但是针对第二个问题，需要仔细分析所采用的抽样方法，并对样本大小维度进行总体评估。通常基于一些公式来确定代表数据总体的最小样本量。10.4 节将向读者介绍关于这个主题的一些资源。

那么，这里假设读者已经知道因变量的概率分布应该是什么样的。接下来应该做什么呢？读者应该比较在数据中观察到的实际概率分布和读者所知道的正确的概率分布是否一致。

请读者再次查看骰子的例子，想象现在手头上有投掷 1000 次骰子的样本结果。"假设读者已经确定样本具有代表性；接下来读者要查看什么呢？"读者一定会查看样本的概率分布，也就是计算每个结果的出现次数。而计算的最终期望输出应该类似于表 10-5 所示结果，显示出每个可能生成的结果的概率相同。

每种可能的结果会完全相同吗？不，当前处理不属于物理范畴或化学范畴，只要是合理、相似的概率分布就可以。

最后提醒以下两点。

- 请读者注意，此处并不是假设所有的结果都有相同的发生概率。假如读者知道硬币被抛出后，在两个结果（正面或反面）中有一个结果（比如正面）具有更高的发生概率。那么，读者将寻找一个概率分布，使得在读者的样本中，更高概率的结果（正面）发生的概率也更高，这个假定是完全正确的。

- 此处读者检验的假设为：通过计算观测到的概率分布，并将其与理论上的概率分布进行比较。考虑到如果所有的观察结果都是从相同的理论分布得出的，而且样本代表了总体，那么最终观测到的概率分布应该等于理论上的概率分布。如果有些观察结果不是从相同的理论分布中得出的，比如某些记录是在结构破坏之后生成的呢？本书在这里给出两个方案。第一，如果样本足够大，读者应该检查从样本中抽取的小样本的分布，并查看它们的理论分布。第二，如果这些异常记录很少，应该不影响读者得出满足假设的结论，读者应该继续进行建模活动。

10.3.2　在 R 语言中应用支持向量机

请读者动手操作一下，基于读者的数据建立一个支持向量机模型。在 R 语言环境中，可以通过 e1071 程序包提供的 svm() 函数轻松地执行该建模活动。

1. svm() 函数

首先，给读者分配一项即刻执行的作业：读者知道分析中将用到 svm() 函数，但读者还不太了解这个函数，那么，读者应该先做什么呢？花 1s 回答。

是的，读者应该看该函数的帮助文档，使用以下命令：

```
?svm
```

通过执行上述命令，读者将看到一个结构良好的文档，其中展示了 svm() 函数的参数，以及该函数使用上的一些上下文知识。请读者着重关注将要考虑的参数。

- formula：通常指要训练的模型的公式，其内容看起来与读者已经看到的线性模型、逻辑模型的公式完全相同。
- data：训练数据集，用于在其上估计读者的模型。
- type：要完成的任务类型。可将它设置为 C，表明进行分类。

- kernel：可以看作读者想要建模的超平面的类型（因为 kernel 是适用于支持向量机估计优化目标函数的一部分，所以有点儿复杂，不在本书的讨论范围内）。该参数可以采用以下值。
  - ◆ Linear。
  - ◆ Radial。
  - ◆ Polynomial。
  - ◆ Sigmoid。

通过使用纸张和标记，作者向读者展示这些超平面之间的区别。假如考虑一个简单的数据集，即只有一个解释变量和一个因变量，读者就会得到图 10-16 所示的内容。

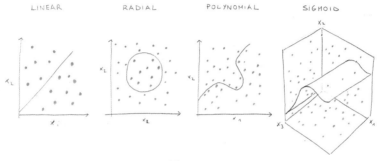

图 10-16

2. 将 svm()函数应用于读者的数据

关于 svm()函数的介绍到此为止。现在请读者准备好开始训练模型。作为初始步骤，请读者先使用一个线性核函数（kernel），即使读者的数据总体维度与图 10-15 所示的两个维度相差很远。需要注意，此处指的线性并不意味着读者的超平面是一条线，而是指超平面的参数采用线性方程来估计。

请读者实际动手，执行 svm()函数，如下所示：

```
support_vector_machine_linear <- svm(default_numeric ~ .,
                                     type = "C",
                                     data = training_data,
                                     kernel = "linear")
```

10.3.3　理解支持向量机的结果

读者现在拟合了一个支持向量机模型。接下来要做什么呢？请读者考虑一下模型的最终目标：读者想知道，对于客户因不偿还账单而违约的概率而言，哪些特征最具有影响力。

读者可以通过查看定义超平面的系数来实现这一目标。不幸的是，svm()函数没有将这些系数直接存储在 support_vector_machine_linear 对象中，但这个对象中包含所有支持向量列表及其系数。也就是说，support_vector_machine_linear 对象包含一种测量支持向量相对超平面位置的方法。

　　事实证明，以支持向量及其系数这两组数据为起点，读者可以将特征的权重设置为两个矩阵相乘的结果，如下所示：

```
weights <- t(support_vector_machine_linear$coefs) %*%
support_vector_machine_linear$SV
```

　　本书并不期待读者能清楚记住上述所有内容，但读者应该记住，从 svm()函数的输出中可以确定超平面的最终权重。请读者看看这些权重，并尝试找出它们的含义。实际上，读者也可以把 svm()函数的输出同逻辑回归的输出进行比较。

理解超平面权重的含义

　　首先，请读者看一下所得到的权重，如表 10-6 所示。

表 10-6

corporation	−0.204619
previous_ default	−0.000002
multiple_ country	0.000008
cost_ income	0.000024
ROE	−0.000016
employees	0.000011
economic_ sector	−0.000096
ROS	0.000013
company_ revenues	−0.443589
commercial_ portfolioless . affluent	0.691648
commereial_ portfoliomass . affluent	0.691678
commercial_ portfoliomore . affluent	−1.383325
business_unitretail_ bank	—

　　如读者所见，有些权重是正值，有些权重是负值。此外，权重中的数量级差异很大。读者可以通过计算标准差来了解这一点。为了回忆这个概念，读者可以自己尝试计算一下。计算完了吗？

　　现在让我们一起来做：

```
weights %>% sd()
```

　　标准差结果为 0.506351。由于读者的权重数据的最小值为−1.383325，最大值为0.6916776，0.506351 相对较大。

　　但是,权重数字的含义是什么呢？它们是估计定义超平面以用作分类器的实际系数。

简单地说，在线性情况下，可以认为系数的绝对值越高，对应特征就越相关。读者不应太关注系数的符号，因为这些系数并不是用来计算最终 y 值的系数（如逻辑回归的情况），而是用来界定用于区分不同颜色的球的刀片。

那么，绝对值中的较高系数是多少呢？读者可以通过计算绝对值，对数据帧进行排序，并查看前 5 个特征。

```
weights%>%abs()%>%as.data.frame()%>%sort(decreasing=TRUE)
```

如上所示，我们首先获取权重的绝对值，将其传递到数据帧中，保留特征的名称，最后对其进行排序，通过递减参数指定我们希望先看到更大的系数。现在我们看前 5 个特征。

如图 10-17 所示，前三个特征都是 commercial_portfolio 相关的特征，接下来是 company_revenues 特征和 corporation 特征。于是，读者可以得出这样的结论：前 5 个特征中，commercial_portfolio（商业投资）的特征一般是最相关的，次相关的特征是 company_revenues（公司收入）和 corporation（公司的性质）。

图 10-17

上述 svm() 的输出的最相关特征，与读者从逻辑回归中得到的信息一致吗？不完全一致，因为与这两种模型唯一相关的共同特征是 company_revenues。尽管如此，当读者试图获得中东地区可能违约的客户的最终名单时，会对当前出现的不一致情况进行处理。在继续后续步骤之前，请读者查看一下作者为支持向量机准备的备忘单（见图 10-18）。

支持向量机备忘单

原理和数学公式

支持向量机是基于超平面的分类算法。在二维空间中，超平面被认作一种普通平面，用于将因变量划分为两组，从而使得因变量在错误分组中的观测值数量最小化。

除了定义超平面的线性版本，也可定义超平面的非线性版本，甚至可定义径向超平面——径向超平面经常表现出更好的性能。

数据类型

x:
- 分类变量；
- 连续变量。

y:
- 布尔/二值变量。

如何在R语言中进行拟合

对于所有解释变量，调用 svm(y~., data=data.frame, kernel='linear') 函数进行拟合。可选的核函数包括：
- 径向核函数；
- 多项式函数；
- Sigmoid函数。

假设

独立同分布变量。

如何在R语言中验证它们是否为独立同分布变量

（1）可以通过对变量本身特点的检查来验证其是否独立，即验证不同输出之间是否互相影响。掷骰子便是一个典型例子：在掷骰子时，每次的结果都是相互独立的。
（2）通过查看频率分布来验证变量是否同分布：频率分布是否与预期一致？是否存在可能干扰这个分布的结构性变化？

图 10-18

10.4　更多参考

- J.S. Cramer 的著作"The Origins of Logistic Regression",这篇论文极富吸引力,它解释了逻辑回归模型的开发时间和起因,以及它是如何演变成当前所使用的模型的。
- 在 brilliant.org 网站上介绍的概率论导论:这是一门精心设计的关于概率的互动课程,包括基本概率论、连续变量以及实验部分。
- 在线样本量计算器:用于计算统计显著性所需的最小样本量。

10.5　小结

作者又过来进行总结了!在机器学习的探索旅程中,读者又实现了一次重大飞跃。如果读者学习并练习了安迪展示的内容,那么,读者现在的工具箱中应该添加了两个最常用的分类模型:逻辑回归和支持向量机。这两个模型都用于分类。

通过估计所有解释变量提供给模型输出的贡献水平,逻辑回归模型预测给定结果发生的概率。所以,当可解释性是分析目标之一时,这个模型非常有用。

另外,读者掌握了支持向量机模型。支持向量机是基于超平面的概念:超平面指的是一种不同形状的刀片(平面),该刀片(平面)可以将总体分成两个或多个组;并通过这种方式执行分类任务。支持向量机算法具有很好的性能,特别是在使用非线性的超平面时。但其缺点是,该模型的可解释性较差。

此外,对于这两种模型,读者还了解了其相关假设,以及如何验证这些假设。在这些假设中,真正重要相关的假设是独立同分布变量的假设,该假设也是绝大多数机器学习方法的必要条件。

最后,由于这两个模型都表现出了可接受的性能和重要性,并且都可以用来推导出最终可能违约的公司的列表,进而用于后续的内部审计分析工作。因此,读者获得了用于解开当前谜团的另外两个重要工具。

第11章 最后冲刺——
随机森林和集成学习

读者突然听到克劳夫先生不悦的喊叫声:"我不是在说你向雷维克先生报告了这次调查,我仅仅是说我知道了雷维克知晓正在进行的调查!"克劳夫先生旁边的人正是你的上司西恩先生,他看起来被吓到了。

"克劳夫先生,我不知道是谁向雷维克先生透露了这次调查,并且,我真诚地希望您不会认为是我,或者部门同事做了这件事情。"

"我只是一个审计员,除了从证据中得出结论之外,我不会做出任何假设。目前,我没有掌握任何证据,除了雷维克先生已经知晓了我们的调查。我们现在要做的就是尽快结束我们的分析,以避免他或任何可能参与这个奇怪事件的人采取某种反击。"

"经过合理的分析,我们很快就能够为您提供所承诺的客户名单。在两小时内,您的收件箱里会收到更加系统的信息。"

我们可能永远不会知道,这是不是克劳夫先生恐吓西恩先生的真实目的,不过克劳夫先生确实实现了一个大目标:他得到了西恩先生的保证,即在两小时内提供客户名单的保证。

读者当然知道这对安迪和自己意味着什么:必须抓紧时间完成分析,发现哪些类型的客户更有可能违约,并根据这些信息创建一份客户列表。

11.1 随机森林

"嘿,你听说过克劳夫先生和西恩先生之间的谈话了吗?你觉得西恩先生在那次对话之后,会找谁谈话吗?是的,你猜对了,就是我。他对我说:'安迪,我希望你们可以在两小时之内把名单放在我的办公桌上。'实际上,西恩先生对克劳夫先生的指责感到非常不安,克劳夫先生觉得是我们当中的一个人散播了关于调查的信息。"

那么,读者现在要做些什么呢?首先,读者需要在数据上拟合随机森林模型,并完成数据建模策略。最后，读者将在中东地区的客户名单上使用所有有效的估计模型。

基于所有有效的估计模型的应用结果，就是读者想要获得的模型预测的客户名单。

读者可能会问，要如何合并不同模型的预测呢？读者将利用集成学习技术来实现这一目标。但目前还需要读者按顺序进行，请读者再拟合两个模型。留给我们的时间不多了。

请读者拟合最后一个模型：随机森林。像往常一样，本书会先向读者介绍随机森林的基本原理，然后介绍随机森林模型的数学知识，最后介绍如何应用随机森林模型。在此之前，读者需要从随机森林的基础构建模块"决策树"开始。

11.1.1　随机森林的构建模块——决策树简介

读者已经学习了一种分类算法，即使用超平面对类别中的记录进行分类。决策树实际上是实现同一分类目标的另一种算法。使用决策树的目标是：根据解释变量的值将记录分成组，并寻找能够将残差平方和最小化的分组。（读者已经讨论过残差平方和了，还记得吧？）

在通常情况下，细节决定成败。对于决策树而言，细节就是读者要如何定义分组。分组实际上是通过递归二元分割法（Recursive Binary Splitting）实现的。本书会帮助读者理解如何使用递归二元分割法进行分组。假设存在一个因变量和一组 3 个预测变量（解释变量，分别为 A、B、C——译者注），如图 11-1 所示。

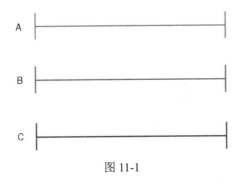

图 11-1

然后读者执行第一次迭代：获取每个预测变量，为每个预测变量执行以下操作。

- 尝试根据预测变量的值将总体分成两部分。例如，读者获取预测变量 A，并将因变量分为两组：第一组为预测变量 A 的值小于 6 的所有记录，另一组为预测变量 A 的值大于或等于 6 的所有记录。

- 对于每种可能的分组，将各个分组内因变量观察值的平均值作为预测值，并计算各个分组内相应的残差平方和（RSS）。例如，如果预测变量 A 的值小于 6 的分组内的因变量观察值的平均值为 5，则将 5 这个值作为因变量的预测值。然后，计算分组内因变量的观察值[①]和截断点（其值为 5）组合的 RSS。
- 对于每个预测变量，选择计算得到较低 RSS 的截断点的值。
- 最后，对每个预测变量所获得的 RSS 进行比较，并选择与较低 RSS 值相关的预测变量和截断点的值构成的分组。例如，假设预测变量 A 和截断点值 3 构成的分组同较低的 RSS 值相关。也就是说，将总体分为两组：一组为预测变量 A 内对应因变量小于截断点值 3 的所有记录，另一组为预测变量 A 内对应因变量大于或等于截断点值 3 的所有记录，如图 11-2 所示。

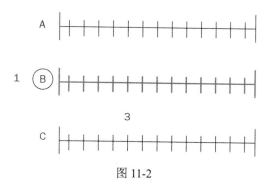

图 11-2

现在，读者将发现这种方法的第一个局限性。现在总体已被分为两个分组，但读者选择哪一个分组进一步拆分呢？事实证明，只能通过算法进行完全随机的选择。就 RSS 方面而言，算法不能保证在所选择分组上是最佳选择。然而，算法会做出进一步的选择，继续演示，如下。

- 算法会选取两个分组中的一个分组，并针对剩余预测变量尝试每个可能的截断点，计算相关的 RSS。
- 通过选择，选定使得 RSS 最小化的预测变量和截断点的分组。
- 根据所选择的预测变量和截断点，将选定的分组进一步划分。

相信读者已经弄明白了流程。假设现在算法要处理一个新的预测变量，对于剩下的变量，尝试所有可能的截断点，最后选择与较低 RSS 值相关联的截断点，如图 11-3 所示。

---

① 原文为 explanatory variables，疑为笔误，应为 response variable。——译者注

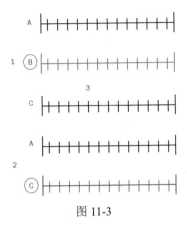

图 11-3

现在算法描述完毕。总结一下，读者进行了连续 3 次分组，也就是把总体分成了 4 组。方便起见，可以把拆分的数据表示为一棵树，拆分可被称为分支，如图 11-4 所示。

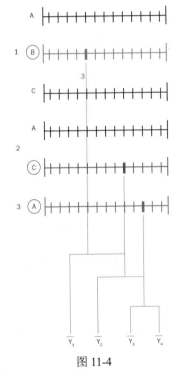

图 11-4

现在，读者可以发现该模型的第二个局限性：分组的最终组合显然与 RSS 相关，但是谁能告诉读者，这个 RSS 是否是通过这组预测变量和因变量所能得到的最小值呢？刚才看到的分割过程的每一个决策都没有考虑对最终的 RSS 可能产生的影响，因此，读者可以合理地推断出还存在更好的组合。

上述描述的所有局限性，正是莱昂纳德·布赖曼（Leonard Breiman）在 2001 年开发随机森林的原因。

在详细介绍随机森林之前，给读者一个提示：决策树可以应用于回归模型，也可以应用于分类模型。二者的主要区别是预测值的计算方法不同。在之前的描述中已经看到，每个分组的平均值被用作预测值。决策树在回归模型中的应用就是如此。对于分类模型，与特定分组相关的记录被分配到组内出现次数更多的类别中，即总体的众数中。

11.1.2 随机森林的原理

实际上，随机森林解决所有问题的方式都非常简单，该算法拟合大量的决策树，并将最终结果定义为所有决策树的平均结果。在调用随机森林之前，需要首先解决的唯一棘手问题就是如何获得决策树。

请读者仔细查看一下决策树是如何工作的。读者可以将这个过程分为两个主要阶段。

- 估计多个决策树。
- 将多个决策树的结果加入决策树森林。

在第一个阶段中，执行指定次数的迭代，迭代步骤如下。

- 从 p 个全部可用预测变量中选择预测变量的子样本。
- 抽取总体的子样本，用于执行决策树估计。
- 执行决策树估计。

在第二个阶段，采用多数投票算法来选择加入的分类。

- 对于每个记录，观察该记录被分配到估计的决策树中的哪个类别。
- 记录被分配到其被大多数决策树所分配的类别。

正如读者可以很容易理解的那样，这个过程消除或缓解了之前讨论过的决策树的局限性问题——无须考虑存在其他分割方式的问题，以及在采用递归二元分割法时，每个递归阶段内存在的部分分割对残差平方和的最终影响问题。

11.1.3 在 R 语言中应用随机森林

为了在 R 语言中应用随机森林算法，本书将使用由莱昂纳德·布赖曼通过编写代码所开发的 randomForest 程序包。

这个程序包中的主要函数是 randomForest()，该函数用于拟合随机森林算法。

在实际将该函数应用到数据之前，请读者先看一下该函数的主要参数和一些规范。

- formula：这是用来描述哪个变量是因变量、哪些变量是解释变量的公式。这里的要点是，如果因变量是一个因子，则该算法将被应用于分类任务，否则该算法将执行回归任务。

- data：表示数据。
- ntree：在计算最终结果之前，算法要拟合的随机树的数量。
- importance：相关性参数。它告诉函数是否需要记录预测变量对最终结果的相对重要性。稍后读者将看到如何使用该参数。

还有很多其他参数可用来对模型进行微调。读者可以通过查看 randomForest()函数的文档来找到这些参数：

```
?randomForest()
```

针对分类变量，这里有一个提示：分类变量必须作为因子传入 randomForest()函数。这就是为什么读者必须通过应用前段时间学到的 as.factor()函数，将 commercial_portfolio 和 business_unit 转化为因子，如下：

```
training_data %>%
 mutate(commercial_portfolio = as.factor(commercial_portfolio),
 business_unit = as.factor(business_unit))-> training_data_factor
```

现在读者可以通过指定前面描述的所有相关参数来拟合模型，具体如下：

```
set.seed(11)
random_forest <- randomForest::randomForest(formula =
as.factor(default_numeric)~.,
data = training_data_factor,
ntree = 400,
importance = TRUE)
```

读者看到前面代码中的 set.seed(11)这行代码了吗？为什么使用它呢？没错，这是因为算法在迭代地执行随机抽样。为了使得代码执行的结果可以复现，代码中必须设置一个随机种子。

依赖于 ntree 参数指定的随机树的个数，算法在收敛到最终结果之前需要花费一些时间。

得到最终结果之后，读者将开始对算法的执行结果进行可视化，并对可视化的结果进行解释。

11.1.4　评估模型的结果

现在请读者来研究一下随机森林的拟合结果，尤其是模型的性能以及预测变量的重要性。

1. 模型的性能

读者将如何衡量分类模型的性能呢？是的，这个问题之前已经和读者讨论过：使用混淆矩阵。混淆矩阵是正确答案，或者至少是正确答案的一部分。针对随机森林分类算法，读者还可以检查另一个指标，即袋外错误率（OOB Error Rate）。实际上，读者可以直接通过函数的输出获取这两个指标。读者可以通过简单地输出 random_forest 对象来查看这两个指标：

```
random_forest
```

如图 11-5 所示，在输出中给出了相关参数的摘要，然后是读者正在查找的两个非常有用的指标信息。

- 估计的袋外错误率。
- 混淆矩阵。

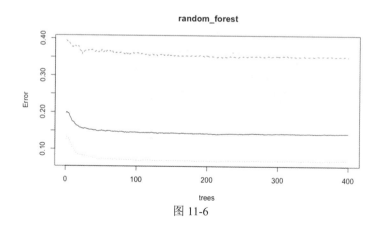

图 11-5

估计的袋外错误率

这个指标背后的原理很简单，却非常强大：为了创建组成森林的每个决策树，算法创建了记录的子样本。读者可以用剩余的记录来测试结果决策树并计算错误率。因此，袋外错误率将成为模型精确度的综合衡量标准。

randomForest 程序包内还包括一个开箱即用的 plot()函数，该函数表示决策树的数量对最终袋外错误率的影响。读者可以简单地在 random_forest 对象上调用 plot()函数来显示其输出（如图 11-6 所示）。

```
plot(random_forest)
```

图 11-6

从图 11-6 所示的输出中可以看到，黑色实线表示总体袋外错误率，红色线表示错误分类为 0 的错误率，绿色线表示错误分类为 1 的错误率。读者从图 11-6 中可以得到的第一个信息：除了一小部分不一致之外，增加树的数量总体上会提高模型的精确度。然后，读者可以看到黑色实线的最终水平大约为 0.14，实际上它等于 0.1431，也就是在查看 random_forest 对象时输出的 14.31%。

那红色线和绿色线呢？之前说过，它们分别代表错误分类为 0 和错误分类为 1 的错误率。读者能否用其他方式找到这些信息？当然可以，请读者看看混淆矩阵。

混淆矩阵

正如本书之前所描述的，应用 randomForest 对象默认的输出方法可以非常方便地输出模型的混淆矩阵。实际上，读者对混淆矩阵非常熟悉，在混淆矩阵的输出中可以看到，在总共 11523 个记录中，其中 1056 个因变量实际为 0，模型却将其预测为 1；只有 593 个实际为 1 的因变量被预测为 0。因此，读者可以方便地计算出因变量 0 和因变量 1 这两种分类的错误率，如混淆矩阵的第三列所示。正如你所看到的，因变量 0 的错误分类相关的错误率要高于因变量 1 的错误率。这意味着读者的模型在检测真正的违约事件方面，要比在检测真正的不违约事件方面的性能更好，也就是说，该模型可能高估了实际的违约事件数量。

在继续介绍下面内容之前，请读者回答一个问题：0.35118058 和 0.06963363 这两个数字有没有给读者什么提示？如果没有的话，请读者查看前面的内容，特别是红色线和绿色线部分。有什么想法了吗？是的，红色线和绿色线恰恰代表了混淆矩阵中的错误分类率，特别显示了在树的数量增加时错误分类率的变化情况。为了确定这一点，读者可以查看 random_forest 对象，查看该对象中的 err.rate 对象。err.rate 对象实际上是用来生成图的数据帧，因此，读者可以通过 tail() 函数来查看该对象的尾部数据点相对应的值：

```
random_forest$err.rate %>% tail()
```

如图 11-7 所示，读者可以看到如下信息。

	OOB	0	1
[395,]	0.1433654	0.3521783	0.06963363
[396,]	0.1433654	0.3525108	0.06951620
[397,]	0.1434522	0.3515131	0.06998591
[398,]	0.1430183	0.3505155	0.06975106
[399,]	0.1429315	0.3498503	0.06986848
[400,]	0.1431051	0.3511806	0.06963363

图 11-7

- OOB 最终错误率。
- 因变量 0 分类的最终错误率。

- 因变量 1 分类的最终错误率。

2. 预测变量的重要性

正如书中前面部分所描述的，在谈论数据挖掘模型时，可解释性是数据挖掘模型的一个相关主题。如果读者考虑一下，就可得出决策树是高度可解释的这一结论。因为读者可以将决策树描述成：为了得到最终预测结果，而对不同的因变量所执行的一系列决策。"那随机森林呢？读者将如何描述 400 个随机决策树对最终预测的共同作用呢？"根据类似的考量，定义了两种用于评估每个预测变量重要性的指标。

- 平均精度下降。
- 基尼指数。

如读者所知，基于混淆矩阵，可以推导出各种各样的度量指标，如灵敏度、准确度等指标。但是要如何确定模型是否合适呢？在所有可能的指标中，具有说服力的是哪个呢？对于这个问题，没有通用答案，需要根据具体问题具体分析。

因为读者正在采用不同的模型来解决一个违约问题，就以当前所面临的客户违约问题为例，关于分类问题，相关的一个要点可能就是比较所有模型的性能。在进行集成学习时，本书再对这一要点进行讨论。

平均精度下降

平均精度下降指标是指通过移除给定的预测变量，根据平均水平来衡量生成误分类的增加。例如，预测变量 A 的平均精度下降指标值为 15，表示从预测变量组中删除 A 会导致平均水平上增加 15 个被误分类的记录。平均精度下降指标值越高，所考虑的预测变量的分类相关性越强。

基尼指数

作为评估每个预测变量重要性的指标之一，基尼指数可以用来衡量方差和纯度。请读者从基尼指数的定义开始，来了解其含义：

$$G = \sum_{k=1}^{K} \hat{p}mk(1 - \hat{p}mk)$$

$\hat{p}mk$ 是给定组中属于 k 分类的记录数。举一个决策树模型的例子，该模型在解释变量 A 上进行分割；现取出一半的分割，统计这一半的分割中有多少条记录属于 k 分类。如果读者仔细思考一下的话，就会发现这个比例就是衡量纯度的一个指标：接近于数值 1 的 p 意味着这个分组中大多数记录都属于某个分类，也就是说，给定的解释变量和截断点很好地划分了总体。

一旦读者理解了这一点，就很容易理解基尼指数的含义。如果全部或者大部分的

p̂mk 接近于 0 或者接近于 1，那么 p̂mk(1-p̂mk) 的总和也将会偏低。因为如果决策树能够很好地进行区分，明显意味着：属于 k 分类的一半分组的记录接近于 1，另一半分组的记录接近于 0。

最后的结论就是：基尼指数越小，模型越好。

绘制预测变量的相对重要性

在 R 语言中，存在着一种方便的绘图方法，读者通过该方法可以立即获得预测变量的相对重要性。该方法即 varimPlot()函数：

```
varImpPlot(random_forest)
```

如读者所见，图 11-8 给出两个相关的信息，一个与模型指标的一般行为有关，另一个与读者的数据有关。

- 如果读者使用平均精度下降和基尼指数两个指标来推导变量重要性的排名，那么，两个排名结果会非常接近。因此，这两个指标倾向于表现得非常一致。
- 随机森林模型证实了从其他模型得出的结论，即公司收入和 ROS 可以用来预测客户是否违约。

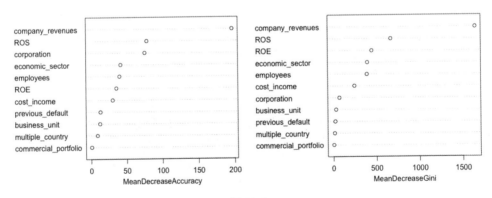

图 11-8

现在，读者已经完成了随机森林模型，该进行"最后一击"了：结合不同模型的结果，确定一个可能违约的客户列表。但同其他模型的介绍一样，这里和读者分享一下随机森林备忘单。

随机森林备忘单

以下是随机森林备忘单（见图 11-9）。

随机森林备忘单

原理和数学

随机森林是一种基于多个决策树组合的分类算法。每个决策树根据解释变量的值迭代分割，目标是找到将每个记录正确分类的规则。

然后，随机森林会根据大多数决策树分类的类别，决定记录的分类。

数据类型

x:
- 分类变量；
- 连续变量。

y:
- 分类数据（对于连续变量，也可以用于回归）。

如何在R语言中进行拟合

randomForest(y~., data=data.frame,ntree=n)根据所有解释变量的值，生成n棵树来预测y的分类

假设

独立同分布变量。

如何在R语言中验证它们

（1）可以通过对变量本身特点的检查来验证其是否独立，即验证不同输出之间是否互相影响。掷骰子便是一个典型例子：在掷骰子时，每次的结果都是相互独立的。

（2）通过查看频率分布来验证变量是否同分布：频率分布是否与预期一致？是否存在可能干扰这个分布的结构性变化？

图 11-9

11.2 集成学习

现在，读者的首要任务是收集来自不同模型的预测，并将其汇总为一个最终预测。这样读者就可以从中东客户清单中找到可能违约的客户名单，并将其发送给内部审计团队。

"读者要如何达到这个目标呢？"想象一下，假设读者和朋友们正在酒吧放松，这时读者开始谈论自己的下一个假期。读者告诉朋友们自己可能会选择奥地利作为目的地，即使读者并不知道自己是否会喜欢奥地利。

那些真正关心并爱着读者的朋友，开始和读者分享他们的意见。有人说，那里太冷了，读者在那里不会过得很愉快；有人说，那里太潮湿，读者不会喜欢的。大家继续和读者分享他们的意见。最后，有 5 个人认为读者在奥地利不会有愉快的时光，3 个人认为读者会度过一个愉快的假期。"读者会得出怎样的结论呢？"

第一个可能的想法是，读者不会喜欢奥地利，因为读者的大多数朋友都这样认为。但是，读者可能会开始思考，并不是所有的朋友都同样了解读者。有一些朋友确实了解读者的喜好，而另一些朋友则并不十分了解。读者是要平等看待两组朋友的意见，还是要更多地参考更了解读者的朋友的意见呢？上述这些推理就是集成学习技术的基础。现在请读者正式学习该技术。

11.2.1　基础的集成学习技术

大体上来讲，集成学习技术是把来自不同模型的预测结合起来进行预测的解决方案，用于实现该解决方案的 3 个最基础的技术如下。

- 平均预测：适用于回归问题，最终预测值等于所有单一模型预测值的平均值。
- 多数投票：适用于分类问题，最终预测值等于可获得模型中的多数模型的预测值，也就是可获得模型预测值的众数。
- 加权平均或加权多数投票：既适用于回归问题，也适用于分类问题。对于回归问题，则计算加权平均值；对于分类问题，则涉及对不同模型表示的投票分配不同的相关性，来确定不同的计算模式。分配给每个模型的权重通常与模型本身的精度成正比。

为了得到更好的结果，读者有时应该了解一些更先进的技术。完整起见，本书列出了其中最受欢迎的技术，具体如下。

- **Bagging**：基本上等于多数投票，与多数投票不同的是，Bagging 是在整个样本总体的随机子集上拟合不同的模型。
- **Boosting**：以迭代方式构建集成模型，每次构建的模型都是从前一个模型所产生的误分类开始的。
- **Stacking**：从其他模型产生的输出结果开始训练新模型。

像往常一样，如果读者想要加深对集成学习主题的了解，可以参考本书为读者提供的一些好的参考资料，具体参见 11.6 节。现在请读者将基本的集成学习技术应用到当前的数据中。

11.2.2　采用 R 语言对数据进行集成学习

正如读者所知，当前要处理的是分类问题。因此，读者可以采用多数投票或加权多数投票技术来进行处理。然而，在实际执行之前，作者想在此总结一下来自不同模型的结果，以便推动最终评估分类性能的改进。为此，本书将介绍一个相关的 R 程序包——caret 程序包。

1. R 语言 caret 程序包

"caret 这个奇怪的名字是什么意思呢？"事实上，这是该程序包的作者马克斯·库恩（Max Kuhn）将分类和回归训练（Classification and Regression Training）中的字母进行组合而生成的名称。

实际上，这个程序包可被看作一个宝贵的工具箱，工具箱内囊括大量的可用于进行数据挖掘的工具。该程序包包含用于以下目的的工具。

- 数据分割。
- 预处理。
- 特征选择。
- 使用重采样进行模型调优。
- 变量重要性估计。

为了使读者了解 caret 程序包的丰富性，本书告诉读者这个程序包包含 238 种分类或回归算法。

2. 使用 caret 程序包计算混淆矩阵

现在是时候了解一下 caret 程序包多么有用了。请读者通过计算先前已经拟合生成模型的混淆矩阵来体验一下 caret 程序包的应用。先前已拟合的模型为：

- 逻辑回归；
- 支持向量机；
- 随机森林。

读者将要使用的函数是 confusionMatrix()函数。该函数的基本执行过程为：接收预测值的向量和观察值的向量（两个向量的顺序并不重要）来进行计算，并输出适当的混淆矩阵。此外，如相关文档所示，当给定以下形式（见表 11-1）的混淆矩阵时，该函数还可以通过混淆矩阵转换来生成完整的计算指标。

表 11-1

	观察值	
预测值	事件发生	事件未发生
事件发生	A	B
事件未发生	C	D

计算以下指标：

$$Sensitivity = A/(A+C)$$
$$Specificity = D/(B+D)$$
$$Prevalence = (A+C)/(A+B+C+D)$$
$$PPV = (sensitivity \times prevalence)/((sensitivity \times prevalence) + ((1-specificity) \times (1-prevalence)))$$
$$NPV = (specificity \times (1-prevalence))/(((1-sensitivity) \times prevalence) + ((specificity) \times (1-prevalence)))$$
$$DetectionRate = A/(A+B+C+D)$$

$$DetectionPrevalence = (A + B)/(A + B + C + D)$$
$$BalancedAccuracy = (sensitivity + specificity)/2$$
$$Precision = A/(A + B)$$
$$Recall = A/(A + C)$$
$$F1 = (1 + beta^2) \times precision \times recall/((beta^2 \times precision) + recall)$$

在尝试应用此函数时，需要注意的一点是：传递给该函数的变量需要编码为因子。因此，对于所有估计模型，读者须转化预测值变量和观察值变量。此外，由于一些模型产生的是 0 到 1 的连续预测值输出，为了生成混淆矩阵，读者需要将预测值转换为 0 或 1。可以通过设定阈值，将小于阈值的所有预测值输出为 0，将大于或等于阈值的所有预测值输出为 1。

对于逻辑回归模型，执行如下操作：

```
logistic_df <- data.frame(y = logistic$y, fitted_values =
logistic$fitted.values)

logistic_df %>%
 mutate(default_threshold = case_when(as.numeric(fitted.values)>0.5 ~ 1,
 TRUE ~ 0)) %>%
 dplyr::select(y, default_threshold)-> logistic_table
```

对于支持向量机，执行如下操作：

```
support_vector_data <- data.frame(predicted =
support_vector_machine_linear$fitted,
 truth = as.numeric(training_data$default_numeric))

support_vector_data %>%
 mutate(predicted_treshold = case_when(as.numeric(predicted)>0.5 ~ 1,
 TRUE ~ 0))-> support_vector_table
```

现在请读者计算逻辑回归、支持向量机以及随机森林模型的混淆矩阵。请读者记住所使用的向量都必须是因子类型的：

```
confusionMatrix(as.factor(logistic_table$default_threshold),
 as.factor(logistic_table$y))

confusionMatrix(as.factor(support_vector_table$predicted_treshold),
 as.factor(support_vector_table$truth))

confusionMatrix(as.factor(random_forest$predicted),
 as.factor(random_forest$y))
```

分别执行上述 3 个带有不同参数的 confusionMatrix() 函数，读者将分别得到图 11-10～图 11-12 所示的结果。

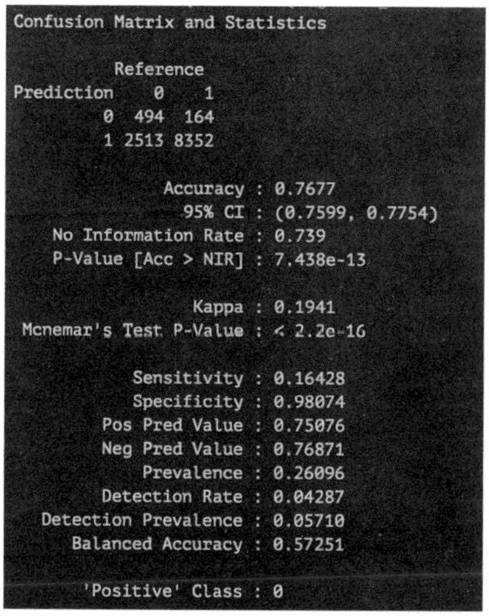

```
Confusion Matrix and Statistics

          Reference
Prediction    0    1
         0  494  164
         1 2513 8352

               Accuracy : 0.7677
                 95% CI : (0.7599, 0.7754)
    No Information Rate : 0.739
    P-Value [Acc > NIR] : 7.438e-13

                  Kappa : 0.1941
 Mcnemar's Test P-Value : < 2.2e-16

            Sensitivity : 0.16428
            Specificity : 0.98074
         Pos Pred Value : 0.75076
         Neg Pred Value : 0.76871
             Prevalence : 0.26096
         Detection Rate : 0.04287
   Detection Prevalence : 0.05710
      Balanced Accuracy : 0.57251

       'Positive' Class : 0
```

图 11-10

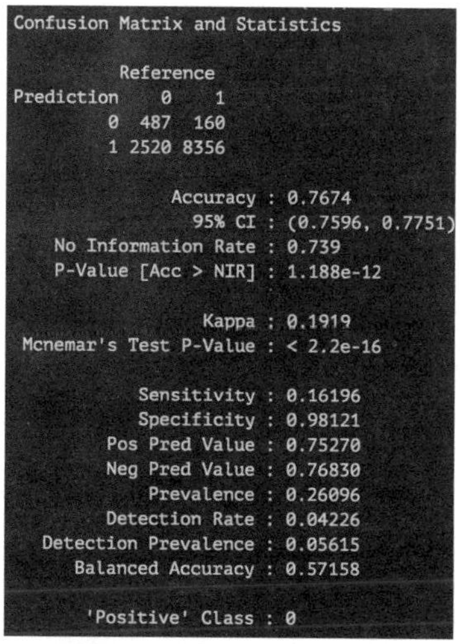

```
Confusion Matrix and Statistics

          Reference
Prediction    0    1
         0  487  160
         1 2520 8356

               Accuracy : 0.7674
                 95% CI : (0.7596, 0.7751)
    No Information Rate : 0.739
    P-Value [Acc > NIR] : 1.188e-12

                  Kappa : 0.1919
 Mcnemar's Test P-Value : < 2.2e-16

            Sensitivity : 0.16196
            Specificity : 0.98121
         Pos Pred Value : 0.75270
         Neg Pred Value : 0.76830
             Prevalence : 0.26096
         Detection Rate : 0.04226
   Detection Prevalence : 0.05615
      Balanced Accuracy : 0.57158

       'Positive' Class : 0
```

图 11-11

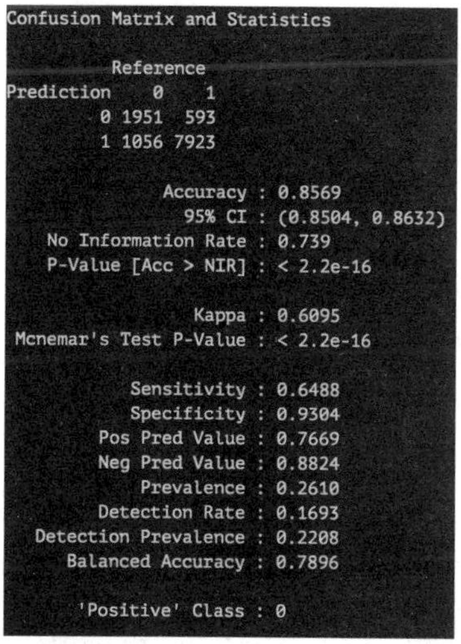

```
Confusion Matrix and Statistics

          Reference
Prediction    0    1
         0 1951  593
         1 1056 7923

               Accuracy : 0.8569
                 95% CI : (0.8504, 0.8632)
    No Information Rate : 0.739
    P-Value [Acc > NIR] : < 2.2e-16

                  Kappa : 0.6095
 Mcnemar's Test P-Value : < 2.2e-16

            Sensitivity : 0.6488
            Specificity : 0.9304
         Pos Pred Value : 0.7669
         Neg Pred Value : 0.8824
             Prevalence : 0.2610
         Detection Rate : 0.1693
   Detection Prevalence : 0.2208
      Balanced Accuracy : 0.7896

       'Positive' Class : 0
```

图 11-12

3. 解释混淆矩阵结果

读者要如何解释以上这些输出结果呢？通过查看所有的计算指标，读者通常会认为，随机森林模型的表现优于其他两个模型。但是读者应该关注哪些指标呢？为了回答当前的问题，读者应该专注于分析的目标，即从客户列表中预测哪些客户可能违约。由于读者执行分析后的输出将会被提交给内部审计部门进行进一步分析，因此预测筛选出的违约名单中存在着预测违约但实际上并没有违约的客户，这是可以接受的。但另外，如果实际违约的用户并不存在于模型所提供的名单中，那么模型的输出就会对接下来的分析过程造成严重的影响。

当前内容中想表达的是：模型更关心第二类错误，即假阴性（漏报），而不是第一类错误，即假阳性（误报）。文中的阳性指的是预测违约。所以，对于只是简单考虑精确度，即整体衡量模型在避免第一类错误和第二类错误方面多么优秀，并不是最好的方案。回到计算出来的指标列表上，读者认为哪个指标能够正确地评估第二类错误呢？对当前问题而言，最相关的是精度。精度衡量了模型检测到的真正阳性的数量，并且通过这种方式读者可以知道还有多少阳性没有被检测到。

通过查看输出的混淆矩阵，读者当前可以生成一个简单的统计图，用来比较 3 个模型的指标：

```
data <- data.frame(model = c("logistic",
 "support_vector",
 "random_forest"),
 precision = c(8352/(164+8352),
 8356/(160+8356),
 7923/(7923+593)))

ggplot(data = data, aes(x = model,y = precision, label =
round(precision,2)))+
 geom_bar(stat = 'identity')+
 geom_text()
```

如图 11-13 所示，虽然随机森林模型的总体性能表现良好，但就精度而言，随机森林模型与其他模型相比表现略为逊色。现在，请读者将这 3 种模型的结果结合在一起，看看精度能否得到提升。

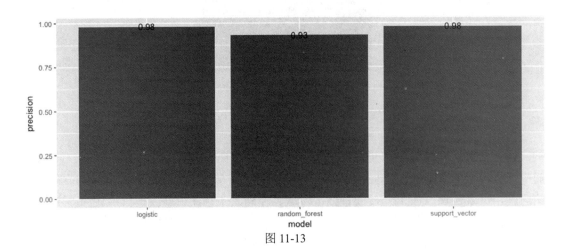

图 11-13

4. 对数据使用加权多数投票

如前所述，因为读者当前处理的是分类问题，所以，读者可以应用多数投票算法为每个记录指定从大多数模型中得到的分类预测。为了应用多数投票算法，读者首先必须将以下内容合并到一个单独的数据帧中。

- 观察到的数据。
- 逻辑模型生成的预测。
- 支持向量机模型生成的预测。
- 随机森林模型生成的预测。

从为计算混淆矩阵而创建对象开始，请读者进行如下操作，首先创建集成数据集 ensemble_dataset：

```
ensemble_dataset <- data.frame(svm =
(support_vector_table$predicted_threshold),
logistic = (logistic_table$default_threshold),
random_forest = as.numeric(as.character(random_forest$predicted)),
observed = as.numeric(training_data$default_numeric))
```

接下来读者要做什么呢？首先，读者可以尝试以最简单的线性方式执行多数投票。也就是说，为读者创建的集成数据集 ensemble_dataset 创建一个新属性。如果大多数模型的预测值为 1，则该属性取值为 1，否则为 0：

```
ensemble_dataset %>%
 mutate(majority = case_when(svm + logistic + random_forest >= 2~ 1,TRUE ~
0))-> ensemble_dataframe
```

请读者查看一下所产生的混淆矩阵：

```
confusionMatrix(as.factor(ensemble_dataframe$majority),
as.factor(ensemble_dataframe$observed))
```

如图 11-14 所示，实际上读者发现集成模型的性能比最好的单一模型的性能还要差一些。请读者再试着计算精度指标，看看读者感兴趣的精度数值是否会有所不同：

precision = true positive /(true positive + false negative) = 8434/(82 + 8434) = 0.99

如读者所见，对于精度而言，读者实际上在集成模型上得到的结果比从任何一个单独的模型中所得到的最好结果都要好。那么，读者要如何将集成模型应用于中东客户名单呢？答案是：读者可以将这 3 种模型的集成模型应用到新的数据中，并最终计算出预测结果的多数投票。

```
Confusion Matrix and Statistics

              Reference
Prediction    0     1
         0   452    82
         1  2555  8434

               Accuracy : 0.7712
                 95% CI : (0.7634, 0.7788)
    No Information Rate : 0.739
    P-Value [Acc > NIR] : 9.508e-16

                  Kappa : 0.1917
 Mcnemar's Test P-Value : < 2.2e-16

            Sensitivity : 0.15032
            Specificity : 0.99037
         Pos Pred Value : 0.84644
         Neg Pred Value : 0.76749
             Prevalence : 0.26096
         Detection Rate : 0.03923
   Detection Prevalence : 0.04634
      Balanced Accuracy : 0.57034

       'Positive' Class : 0
```

图 11-14

11.3　在新数据上应用估计模型

形式上，读者的问题如下：将估计模型应用于新的、未标记的数据，以获得因变量的预测。

为此，读者将使用 predict()函数，该函数大体上接收以下参数。

- object，即估计活动产生的对象。
- newdata，指向一个数据帧，该数据帧中保存用于执行预测活动的新数据。

该函数将返回一个存储最新预测结果的向量。

一切都顺利，读者认为模型将应用到哪些数据上呢？作者手头有一份一年前的中东地区客户名单。读者要将模型应用于这份已有的客户名单数据上。假设名单文件是一个.xlsx 文件，那么，读者必须先导入该文件，使用读者熟知的 import()函数即可：

```
me_customer_list <- import("middle_east_customer_list.xlsx")
```

请读者通过 str()函数来查看一下 me_customer_list 的属性：

```
str(me_customer_list)
'data.frame': 115 obs. of 15 variables:
 $ corporation      : num 0 0 0 0 0 0 0 0 0 0 ...
 $ previous_default : num 0 0 0 0 0 0 0 0 0 1 ...
 $ multiple_country : num 0 0 0 0 0 0 0 0 0 0 ...
 $ cost_income      : num 9.84e-01 1.00 1.00 -1.00e+06 6.65e-01 ...
 $ ROE              : num 2.13e-01 9.77e-02 4.85e-02 2.08e-05 5.82e-02 ...
 $ employees        : num 2866452 122287 277979 188 313 ...
 $ economic_sector  : num 351 2515 48808 188 313 ...
```

```
$ ROS : num 6.61e-01 9.73e-01 5.55e-01 -1.00e+06 -1.00e+06 ...
$ company_revenues : num 10000 10000 10000 10000 10000 ...
$ commercial_portfolio: chr "less affluent" "less affluent" "less
affluent" "less affluent" ...
$ business_unit : chr "retail_bank" "retail_bank" "retail_bank"
"retail_bank" ...
$ company_name : chr "ExoBiotic" "Cocoa Clasp" "Doggy Due" "Carnival
Coffee" ...
```

如读者所见，读者在输出中看到了常见的属性，以及新加入的 company_name 属性。因此，将读者的模型应用于该数据并不困难。

清晰起见，请读者只选择与模型相关的属性。此外，如前所述，为了应用随机森林模型，需要将与模型相关的属性作为因子，因此读者需要对商业投资组合属性和业务单元属性应用因子转换。

最后，读者将这两个属性因子的水平值设置为等同于之前进行模型估计的水平值。这同样是应用随机森林模型所需要的，因为执行预测时，predict.randomForest()函数将查找所有水平值，否则会产生一个错误。

```
me_customer_list %>%
select(corporation,
previous_default,
multiple_country,
cost_income,
ROE,
employees,
economic_sector,
ROS,
company_revenues,
commercial_portfolio,
business_unit) %>%
mutate(commercial_portfolio = as.factor(commercial_portfolio),
business_unit = as.factor(business_unit))->wrangled_me_customer_list

levels(wrangled_me_customer_list$commercial_portfolio) <-
levels(training_data_factor$commercial_portfolio)
levels(wrangled_me_customer_list$business_unit) <-
levels(training_data_factor$business_unit)
```

现在请读者尝试将模型应用到新数据中。首先从逻辑回归模型开始。

11.3.1　将 predict.glm () 函数用于逻辑模型的预测

如上文所述，predict.*函数家族的主要参数是 object 和 newdata。因此，请读者再次调用 predict.glm()函数，将 logistic 作为 object 传入，将 wrangled_me_customer_list 作为

newdata 传入。代码将把计算结果直接添加到 me_customer_list 对象中，以便在多数投票中使用：

```
me_customer_list$logistic <- predict.glm(logistic,newdata =
wrangled_me_customer_list)
```

如果读者现在尝试通过 head()函数来查看预测结果，就会发现模型已经取得 0、1 这样的预测结果。因此，接下来读者可以继续调用 predict.randomForest()函数。

11.3.2 将 predict.randomForest() 函数用于随机森林的预测

与逻辑模型类似，对于随机森林算法，读者可以使用 predict.randomForest()函数。在新数据上调用这个函数时，该算法会先扫描所提供的数据集，以便在算法的估计阶段找到相关属性。找到相关属性后，算法就会应用 random_forest 对象中所包含的分割规则，来估计 default（违约）属性的预测值：

```
me_customer_list$random_forest <-predict(random_forest,newdata =
wrangled_me_customer_list)
```

11.3.3 将 predict.svm() 函数用于支持向量机的预测

最后，读者调用 predict.svm()函数，该函数基于 support_vector_machine_linear 对象中描述的超平面，来定义哪个客户具有违约的可能性，哪个客户不会违约：

```
me_customer_list$svm <- predict(support_vector_machine_linear,newdata =
wrangled_me_customer_list)
```

11.4 结构化更加良好的预测分析方法

距离最终从预测分析中得出结论越来越近了，所以，作者觉得是时候让读者明白，本书在此处所使用的是简化的预测分析方法了。

在之前的描述中，已经谈到了训练数据集和测试数据集之间的差异，现在，请读者将这种差异应用到预测分析的环境中。

当估计一个模型的目的是获得对未来的预测时，基本上会假设估计样本中所观察到的变量的相对重要性以及所有其他情况都同样适用于未来的数据，因此读者可以根据过去的数据预测未来。

"但是，如果不是像上面所描述的那样，该怎么办呢？"这种情况是指：估计的模型只能够描述过去，但不能预测未来。

类似地，如果拟合的模型在某种程度上与估计样本中实际可获得的数据有着太多关联，那么将会产生所谓的过拟合现象。过拟合的相关内容在本书前文中已经提到过。

"哪种方法可以解决这样的过拟合问题呢？"

事实证明，用于解决这种问题的最常见方案是对估计样本进行二次抽样。

特别地，读者先前讨论过的关于训练样本和测试样本的知识现在可以派上用场了。

- 训练样本，即实际用于模型估计的样本。
- 测试样本，不同于定义模型规范的训练样本，读者可以通过对其应用估计模型，评估模型在该数据上的性能。

实际上，上述描述意味着，为了估计一个新模型，读者需要把估计样本进一步分为两个子样本。至少有 3 种主要技术用于执行此任务，如下所示。

- **简单子样本**：基本上是直接将样本分成两个子样本。该技术的关键操作是确定训练数据集和测试数据集的比例。
- **K-Fold 交叉验证**：该技术将整个样本拆分为 k 个子样本，并对由 $k-1$ 个子样本构成的样本迭代执行模型估计。然后用剩余的第 k 个子样本进行测试。
- **留一法交叉验证**：除了第 k 个子样本数总是等于 1 之外，算法的其他部分与 K-Fold 交叉验证完全相同。

在采用 K-Fold 交叉验证和留一法交叉验证执行模型估计时，模型的最终参数取值为每次迭代中估计的参数的平均值。

针对提高最终预测模型的性能水平，上述技术已被证明是有效的。

现在，读者对预测分析的概念以及如何进行预测分析有了更清晰的了解。请读者继续进行模型预测，将集成学习技术应用到当前的数据中。

11.5　对预测数据应用集成学习中的多数投票技术

现在，读者要把以前学到的多数投票技术应用于预测数据中，最终得出可能违约客户的名单。和之前的做法相同，读者需要对逻辑回归模型和支持向量机模型所生成的预测值设定阈值，将原始预测值映射到[0,1]域上。最后，请读者使用一段与以前的代码非常相似的代码，创建一个 ensemble_prediction 属性，该属性用于存储从 3 个估计模型的结果中定义的最终预测。相应代码如下：

```
me_customer_list %>%
mutate(logistic_threshold = case_when(as.numeric(logistic)>0.5 ~ 1,
TRUE ~ 0),
svm_threshold = case_when(as.numeric(svm)>0.5 ~ 1,
TRUE ~ 0)) %>%
mutate(ensemble_prediction = case_when(logistic_threshold+svm_threshold+
```

```
as.numeric(as.character(random_forest)) >=2 ~ 1,
TRUE ~ 0)) -> me_customer_list_complete
```

"以上代码的输出结果就是内部审计团队需要的可能违约客户的清单吗？"

不完全是，还需要进一步处理。读者必须分享可能违约客户的名单，这意味着代码需要过滤出列表中预测值等于 1 的部分：

```
me_customer_list_complete %>% filter(ensemble_prediction == 1) ->
defaulted_companies
```

读者已经拿到可能违约客户的名单了！不要浪费任何时间，将列表导出到.xlsx 文件中，并将文件分享给内部审计部门吧。相应代码如下：

```
defaulted_companies %>% export("defaulted_companies.xlsx")
```

亲爱的同事，找出可能违约客户名单的任务已经完成了（见图 11-15）。读者和作者一起执行的动手操作也结束了。读者是一个很好的学徒，很高兴与读者进行这场合作！

图 11-15

11.6　更多参考

- 由 Leonard Breiman 编著的 *Random Forest*。
- 由 Giovanny Seni、John F. Elde、Nitin Agarwal 和 Huan Liu 编著的 *Ensemble Methods in Data Mining: Improving Accuracy Through Combining Predictions*。

- caret 程序包官方网站。

11.7　小结

读者和安迪终于得到了克劳夫先生所要求提供的违约客户的名单。但是，本书的内容还剩余一些。因此读者很容易推测到，仅仅得到名单，并不意味着事情已告一段落。

目前读者所知道的是，可能导致西波勒斯公司出现收入急剧下降的是那些曾经有过违约并且 ROS 值很糟糕的公司。读者可以推断出，这些公司并不是西波勒斯公司的理想客户。为什么西波勒斯公司的客户中会出现大量的这种类型的公司呢？

实际上，读者现在并不知道原因：数据挖掘模型使得读者到达了"犯罪现场入口"，并将读者挡在了入口处。接下来读者会做些什么呢？克劳夫先生绝不会让事情这样不清不楚，所以接下来请读者看看本书剩下的内容中包含些什么吧！

与此同时，作者要带领读者回顾一下在本章中学到的内容。首先，读者了解了决策树，以及决策树的主要局限性。读者学习了什么是随机森林，以及随机森林是如何克服决策树的局限性的。此外，读者还了解了如何通过 randomForest 程序包内的 randomForest() 函数对数据应用随机森林模型。

通过使用从 svm()、glm() 和 randomForest() 函数得到的对象，读者还学到了如何获得混淆矩阵和其他许多计算指标，如准确度和精度。例如，通过使用 caret 程序包中的 confusionMetrix() 函数来获得混淆矩阵以及其他指标。

读者还了解了什么是集成学习，以及集成学习技术为什么有如此大的用途。在将集成学习应用于估计的分类模型的过程中，读者发现了该技术在提高模型的最终性能方面的有效性。

最后，读者学会了如何使用训练好的模型，利用 predict.something() 之类的函数对新数据进行预测。

第 12 章　寻找罪魁祸首——使用 R 语言执行文本数据挖掘

"我想亲自对你给予的支持表示感谢，西恩先生。我们已经收到了名单，并且我的同事们已经开启了后续工作。"

由于读者提供了内部审计部门期待已久的名单，现在克劳夫先生的话语听起来悦耳了。"不过，我想再次请求你们帮忙。为了获得更多细节，内部审计部门需要分析团队的支持。"

"恐怕这次我们不能帮您，因为执行这项分析工作的安迪，目前正在参与另一项由 CEO 直接下派的任务。"

"那他呢？他不是也参与了分析工作吗？"没错，克劳夫先生指的"他"就是读者。克劳夫先生是怎么知道读者和安迪一起进行分析的呢？克劳夫先生其实并不知道，但他来自公司内部审计部门，了解情况是他的主要任务之一。

"呃，他实际上是在帮助安迪进行分析。但他毕竟是新手，克劳夫先生需要考虑到这一点。"西恩先生绝对是想要保护读者，降低克劳夫先生对读者能提供帮助的期望。

"那不是问题。我们只需要一个知道已经做了什么的人，他十分合适。你能跟我过来一下吗？带你去见执行分析工作的艾伯特。"读者知道，克劳夫先生的最后这句话实际上是一个反问句。所以读者立即跟着克劳夫先生来到了一个陌生的办公室，艾伯特正在他的办公位置等着读者。

"嗨，很高兴认识你，我是艾伯特。请坐。我正在查看违约公司的客户卡。"

12.1　提取 PDF 文件中的数据

不知道读者是否注意到这一点，即商业部门的同事习惯于为打交道的每个客户创建一张客户卡。客户卡是一种非正式的文件，里面包含客户的一些信息，例如客户所在行业以及客户公司的成立日期等。客户卡中最有价值的部分，可能是卡片所包含的由商业部门同事给出的关于客户的评论。给读者展示其中一张客户卡，如下：

BUSINESSCENTER business profile

Information below are provided under non disclosure agreement. date of enquery: 12.05.2017

date of foundation: 1993-05-18

industry: Non-profit

share holders: Helene Wurm ; Meryl Savant ; Sydney Wadley

comments

This is one of our worst customer. It really often miss payments even if for just a couple of days. We have problems finding useful contact persons. The only person we can have had occasion to deal with was the fiscal expert, since all other relevant person denied any kind of contact.

艾伯特的计划如下：从这些客户卡中获取信息，并对这些信息进行分析，来探索其中是否存在某种共同特征。

正如读者已经看到的，目前这些信息都是以非结构化的形式呈现的。也就是说，读者正在处理非结构化数据。所以在尝试分析这些数据之前，读者必须对信息进行收集、整理，将其放置到一个可以进行分析的环境中，并对其进行某种结构化处理。

从技术上讲，读者当前要进行的数据分析就是文本挖掘。文本挖掘通常指的是从文本中获取有效信息的活动。读者将要采用的文本挖掘技术如下。

- 情感分析。
- 词云。
- N 元模型分析。
- 网络分析。

12.1.1 获取文档列表

首先，读者需要列出商业部门提供的所有客户卡列表。艾伯特已将客户卡全部存储在计算机的 data 文件夹中。请读者使用 list.files() 函数获取所有客户卡文件。代码如下：

```
file_vector <- list.files(path = "data")
```

很好，获取到了文件列表！读者可以查看一下文件向量 file_vector 的头部信息。使用以下命令：

```
file_vector %>% head()
```

```
[1] "banking.xls" "Betasoloin.pdf" "Burl Whirl.pdf" "BUSINESSCENTER.pdf"
 [5] "Buzzmaker.pdf" "BuzzSaw Publicity.pdf"
```

head()函数的输出表明，file_vector 对象内的元素并不全部都是读者需要的。可以看到 file_vector 对象内还包括扩展名为.xls 的文件。读者可以使用 grepl()函数删除.xls 文件。grepl()函数执行字符串的部分匹配，如果匹配成功，函数返回 TRUE；否则返回 FALSE。请读者进行如下测试：如果文件名中包含.pdf，grepl()函数返回 TRUE；否则返回 FALSE。执行代码及得到的输出如下。

```
grepl(".pdf",file_list)
```

```
  [1] FALSE TRUE TRUE TRUE TRUE TRUE TRUE TRUE TRUE FALSE TRUE TRUE TRUE TRUE
 TRUE TRUE TRUE
 [18] TRUE TRUE TRUE TRUE TRUE TRUE TRUE TRUE TRUE TRUE TRUE TRUE TRUE TRUE
 TRUE TRUE TRUE
 [35] TRUE TRUE TRUE TRUE TRUE TRUE TRUE TRUE TRUE TRUE TRUE TRUE TRUE TRUE
 TRUE TRUE TRUE
 [52] TRUE TRUE TRUE TRUE FALSE TRUE TRUE TRUE TRUE TRUE TRUE TRUE TRUE TRUE
 TRUE TRUE TRUE
 [69] TRUE TRUE TRUE TRUE TRUE TRUE TRUE TRUE TRUE TRUE TRUE TRUE TRUE TRUE
 TRUE TRUE TRUE
 [86] TRUE TRUE TRUE TRUE TRUE TRUE TRUE TRUE TRUE TRUE TRUE TRUE TRUE TRUE
 TRUE TRUE TRUE
[103] TRUE TRUE TRUE TRUE TRUE TRUE TRUE TRUE TRUE TRUE TRUE TRUE TRUE TRUE
 FALSE FALSE TRUE
[120] TRUE
```

如读者所见，第一个匹配结果返回的是 FALSE，因为对应的文件是读者之前看到的扩展名为.xls 的文件。现在，读者可以通过匹配结果获取客户卡文件列表。更确切地说，只选择那些调用 grepl()函数后返回 TRUE 的记录：

```
pdf_list <- file_vector[grepl(".pdf",file_list)]
```

读者理解[grepl(".pdf",file_list)]的含义吗？实际上它是访问向量中的一个或多个索引的方法，在读者的例子中，它是与".pdf"文件对应的索引，就是之前输出 PDF 文件的索引。

如果现在查看输出列表 pdf_list，读者会看到扩展名只为.pdf 的文件列表。

12.1.2　通过 pdf_text()函数将 PDF 文件读取到 R 语言环境

R 语言自带一个非常有用的 PDF 文件处理包——pdftools 程序包。该程序包除了包含读者将要使用的 pdf_text()函数，还包括其他相关函数，用于将 PDF 文件内的相关信息导入 R 程序。

就目前的需求而言，获取每个 PDF 文件中的文本信息就足够了。首先，请读者在单个 PDF 文件上尝试调用 pdf_text()函数，随后将该函数应用到整个 PDF 文件集合中。

pdf_text()函数的唯一的必需参数是文件路径。调用这个函数之后的输出结果是一个长度为 1 的字符串向量，即：

```
pdf_text("data/BUSINESSCENTER.pdf")
```

```
[1] "BUSINESSCENTER business profile\nInformation below are provided under
non disclosure agreement. date of enquery: 12.05.2017\ndate of foundation:
1993-05-18\nindustry: Non-profit\nshare holders: Helene Wurm ; Meryl Savant
; Sydney Wadley\ncomments\nThis is one of our worst customer. It really
often miss payments even if for just a couple of days. We have\nproblems
finding useful contact persons. The only person we can have had occasion to
deal with was the\nfiscal expert, since all other relevant person denied
any kind of contact.\n
1\n"
```

如果将 pdf_text()函数的输出与原始的 PDF 文件进行比较，读者可以看到函数获取到了 PDF 文件中的所有信息。下一步该如何做，才能使获得的数据更有助于文本挖掘呢？

首先，读者需要将字符串向量分成几行，以便获得的数据的结构更接近于文章段落的原始结构。为了将字符串向量分割成单独的记录，读者可以调用 strsplit()函数。strsplit()函数是 R 语言的一个基本函数，该函数可以将字符串按参数所定义的分割符拆分为多个子字符串。如果读者现在查看字符串中对应原始文档行尾的位置，例如在 "business profile" 之后，可看到存在 "\n" 标记。"\n" 就是文本格式通常使用的行结尾标记。

因此，以下代码中将使用此 "\n" 标记作为 strsplit()函数的分割符参数：

```
pdf_text("data/BUSINESSCENTER.pdf") %>% strsplit(split = "\n")
```

```
[[1]]
 [1] "BUSINESSCENTER business profile"
 [2] "Information below are provided under non disclosure agreement. date
of enquery: 12.05.2017"
 [3] "date of foundation: 1993-05-18"
 [4] "industry: Non-profit"
 [5] "share holders: Helene Wurm ; Meryl Savant ; Sydney Wadley"
 [6] "comments"
 [7] "This is one of our worst customer. It really often miss payments even
if for just a couple of days. We have"
 [8] "problems finding useful contact persons. The only person we can have
had occasion to deal with was the"
 [9] "fiscal expert, since all other relevant person denied any kind of
contact."
[10] " 1"
```

对于每个作为参数传递到函数中的字符串向量，strsplit()函数会返回一个列表。在列表内部，是使用分割字符串分割后所生成的向量。

经过上述函数对 PDF 文件的处理后，得到的输出结果令人相当满意。在对客户卡数据进行文本挖掘之前，读者需要做的最后一件事就是将上述这些处理动作应用于所有的客户卡 PDF 文件，并将所得到的结果收集到一个方便进行后续处理的数据帧中。

12.1.3　使用 for 循环迭代提取文本

当前需要进行的操作为：通过遍历 PDF 文件列表，为每个文件运行 pdf_text()函数，然后运行 strsplit()函数。进而针对每个 PDF 文件，获得同之前处理单个 PDF 文件类似的结果。完成该操作的一个便利方案就是使用 for 循环。for 循环主要执行如下操作：重复一个指令 n 次，然后停止。下面是一个典型的 for 循环。

```
for (i in 1:3){
 print(i)
}
```

如果读者运行以上几行代码，会获得以下输出：

```
[1] 1
 [1] 2
 [1] 3
```

以上输出表明循环体运行 3 次，因此会重复执行花括号内的指令 3 次。每次执行时唯一改变的是什么呢？就是 i 变量。这个变量通常被称为计数器，它主要用于标识循环何时停止迭代。当循环执行开始时，循环增加计数器的值，在读者的例子中，i 从 1 增加到 3。for 循环重复执行花括号中的指令，重复次数为紧随 in 语句后向量中每个元素的取值。在循环执行的每一步中，in 之前的变量（本例中为 i）从向量中顺序取序列的一个值。

循环内的计数器也同样有用，该计数器通常用于在对象内部进行迭代，并针对对象本身进行某种操作。举一个例子，像这样定义的一个向量：

```
vector <- c(1,2,3)
```

假如要将向量的每个元素的值加 1，可以通过如下循环来实现：

```
for (i in 1:3){
 vector[i] <- vector[i]+1
}
```

如果仔细观察以上循环指令，读者会发现指令需要访问索引等于 i 的向量元素，并将此元素增加 1。此处的计数器非常有用，因为它允许向量元素的索引从 1 至 3 进行迭代。

请注意，以上循环操作指令实际上并非是 R 语言的最佳实践。由于循环往往在计算上是非常耗时的，所以只在没有其他有效的替代方案时才会使用循环。例如，读者可以通过直接在整个向量上执行操作来获得相同的结果，如下代码所示：

```
vector_increased <- vector +1
```

如果读者对如何避免使用不必要的循环指令感兴趣，可参考 12.6 节。该节给出了分享给读者的一些材料。

先回归正题，针对读者想要达到的目的，代码将使用 for 循环遍历 pdf_list 对象，并将 pdf_text() 函数和随后的 strsplit() 函数应用于此列表的每个元素，具体如下：

```
corpus_raw <- data.frame("company" = c(),"text" = c())

for (i in 1:length(pdf_list)){
print(i)
 pdf_text(paste("data/", pdf_list[i],sep = "")) %>%
 strsplit("\n")-> document_text
data.frame("company" = gsub(x =pdf_list[i],pattern = ".pdf", replacement =
""),
 "text" = document_text, stringsAsFactors = FALSE) -> document

colnames(document) <- c("company", "text")
corpus_raw <- rbind(corpus_raw,document)
}
```

请读者仔细观察一下该循环：代码首先调用 pdf_text() 函数，并将 pdf_list 列表中的元素作为参数传递，即传递的是列表中索引为 i 的元素。代码执行完 pdf_text() 函数之后，对该函数返回的字符串调用 strsplit() 函数。代码最后定义包含以下两列数据的 document 数据帧对象。

- company，存储不包含.pdf 扩展名的 PDF 文件的名称，即公司名称。
- text，存储提取获得的文本。

然后将该 document 对象合并到在循环之前创建的语料库 corpus_raw 对象中，注：corpus_raw 对象用于存储所有 PDF 文件中的文本内容。

请读者查看一下生成的数据帧：

```
corpus_raw %>% head()
```

可以看到，图 12-1 所示的输出是一个结构化良好的对象，可用于进行文本挖掘。但是，如果读者仔细查看一下客户卡内容，读者会看到 3 种不同的信息。这些不同信息应该以不同的方式分别进行处理。

- 重复信息，如第二行的保密性披露部分和查询日期（2017 年 5 月 12 日）。
- 结构化属性，例如公司成立日期（date of foundation）或公司所在行业（industry）。
- 严格的非结构化数据，存在于评论（comments）段落中。

图 12-1

读者将以不同的方式处理这 3 种数据。首先，删除无用信息。因此读者需要将数据帧分割成两个更小的数据帧。为此，读者需再次调用 grepl()函数，查找以下标记。

- 12.05.2017：该字符串表明带有保密协议（non-disclosure agreement）和查询日期（date of inquiry）的行。
- business profile：该字符串表明文档的标题，包含公司名称。读者已经将这些信息存储在 company 列中。
- comments：该字符串表明最后一个段落的名称。
- 1：该字符表示页面的编号，每张卡片上的都相同。

读者可以将 filter()函数应用于 corpus_raw 对象，如下所示：

```
corpus_raw %>%
filter(!grepl("12.05.2017",text)) %>%
filter(!grepl("business profile",text)) %>%
filter(!grepl("comments",text)) %>%
filter(!grepl("1",text)) -> corpus
```

既然上述代码中已经删除了无用信息，现在请读者对 corpus 数据帧执行实际操作。通过搜寻以下标记所指向的结构化属性（之前介绍过），调用 grepl()函数，根据 grepl()函数返回的内容将数据帧分成两个子数据帧。

- date of foundation（成立日期）。
- industry（行业）。
- share holders（股东）。

通过如下代码，读者将创建两个不同的数据帧：一个是 comments，另一个是 information。

```
corpus %>%
filter(!grepl(c("date of foundation"),text)) %>%
filter(!grepl(c( "industry"),text)) %>%
filter(!grepl(c( "share holders"),text)) -> comments

corpus %>%
filter(grepl(("date of foundation"),text)|grepl(( "industry"),text)|grepl((
"share holders"),text))-> information
```

如读者所见，生成两个子数据帧时，对 corpus 数据的两种处理方式几乎是相反的：第一种方式查找不存在 3 个标记的行，并将结果放入 comments 数据帧中；而第二种方式查找至少包含其中一个标记的行，并将结果放入 information 数据帧中。

请读者通过调用 head()函数来检查处理结果：

```
information %>% head()
comments %>% head()
```

真棒！划分出两个数据帧的操作差不多完成了（见图 12-2）。现在请开始分析 comments 数据帧的内容，也就是来自同事的所有评论。为了后续更好地对文本进行分析，需要进行的最后一步操作是对该数据帧进行标记化。标记化大体上意味着将 text 列中的文本拆分为不同的行。为达到此目的，读者将调用 unnest_tokens()函数。该函数可以将每行文本拆分成单词，为每个单词生成一个新行，并标注出每个单词在原始数据帧的所有列中重复的次数。

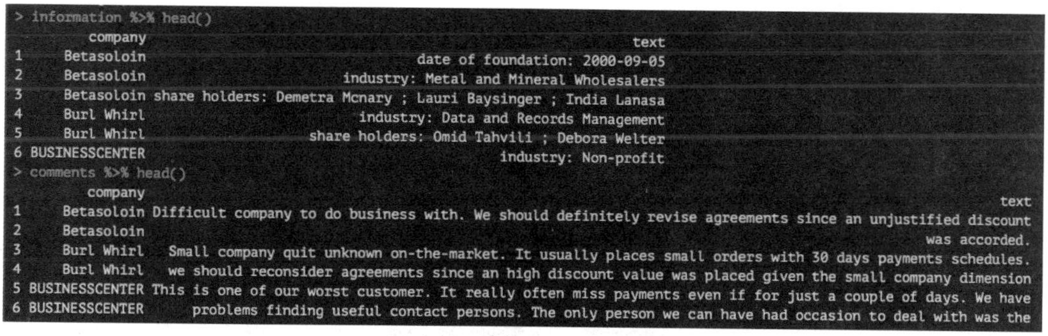

```
> information %>% head()
        company                                                        text
1     Betasoloin                          date of foundation: 2000-09-05
2     Betasoloin               industry: Metal and Mineral Wholesalers
3     Betasoloin share holders: Demetra Mcnary ; Lauri Baysinger ; India Lanasa
4     Burl Whirl                      industry: Data and Records Management
5     Burl Whirl               share holders: Omid Tahvili ; Debora Welter
6 BUSINESSCENTER                                      industry: Non-profit
> comments %>% head()
        company                                                                                   text
1     Betasoloin Difficult company to do business with. We should definitely revise agreements since an unjustified discount
2     Betasoloin                                                                               was accorded.
3     Burl Whirl   Small company quit unknown on-the-market. It usually places small orders with 30 days payments schedules.
4     Burl Whirl   we should reconsider agreements since an high discount value was placed given the small company dimension
5 BUSINESSCENTER This is one of our worst customer. It really often miss payments even if for just a couple of days. We have
6 BUSINESSCENTER         problems finding useful contact persons. The only person we can have had occasion to deal with was the
```

图 12-2

这个函数来自朱莉娅·斯莱格（Julia Silge）和达维德·鲁宾逊（Davide Robinson）最近开发的 tidytext 程序包，该程序包为文本挖掘任务提供了一系列工具和框架。它遵循 tidyverse 框架，如果读者使用过 dplyr 程序包，应该已经了解了这个框架。

请读者看看如何将 unnest_tokens()函数应用于当前的数据：

```
comments %>%
 unnest_tokens(word,text)-> comments_tidy
```

如果读者现在查看一下结果数据帧，可以看到如图 12-3 所示的内容。

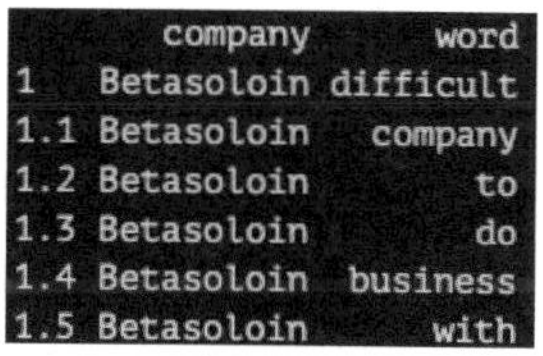

```
        company       word
1     Betasoloin  difficult
1.1   Betasoloin    company
1.2   Betasoloin         to
1.3   Betasoloin         do
1.4   Betasoloin   business
1.5   Betasoloin       with
```

图 12-3

如读者所见，上述操作将每个单词分成了单个记录。

12.2 文本情感分析

当前要介绍的第一种文本挖掘技术被称为文本情感分析（情绪分析）。文本情感分析主要用于尝试理解一段文字所表达的情绪。因此，读者将要找出每个评论所表达的整体情绪，以了解公司同事对这些客户公司的普遍情感是好还是坏。

执行文本情感分析的常用技术基于情感词典（Lexicon）。情感词典是存储大量单词的数据集，每个单词与给定的情感属性对应。tidytext 程序包提供了如下 3 种不同的情感词典。

- afinn：将情感分为从−5（负面）到 5（正面）的得分。
- bing：将情感分为正面或负面。
- nrc：表示不同程度的情感级别，例如欢乐和恐惧。

读者通过调用 get_sentiments()函数，可以很容易地对文本内容进行情感分析。请读者看一下 bing 情感词典的内容（见图 12-4）。代码如下：

```
get_sentiments("bing")
```

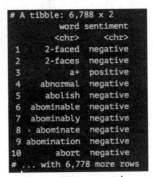

图 12-4

在当前阶段，读者要如何操作才能理解文本中的情感呢？

最直接的操作就是：使用数据帧与情感词典都包含的 word 列作为键变量，将数据帧与情感词典合并。然后读者向数据帧增加一个用来表示情感的额外的列。最后，读者可以计算每个 PDF 文件中有多少个正面和负面的单词，甚至可以绘制一个情感分布图，用来显示公司同事对这些客户公司的印象是良好还是糟糕。

请读者实际动手执行如下操作：

```
comments_tidy %>%
```

```
inner_join(get_sentiments("bing"①)) %>%
count(company,sentiment) %>%
spread(sentiment, n, fill = 0) %>%
mutate(sentiment = positive - negative)
```

执行上述代码，将得到图 12-5 所示的输出。

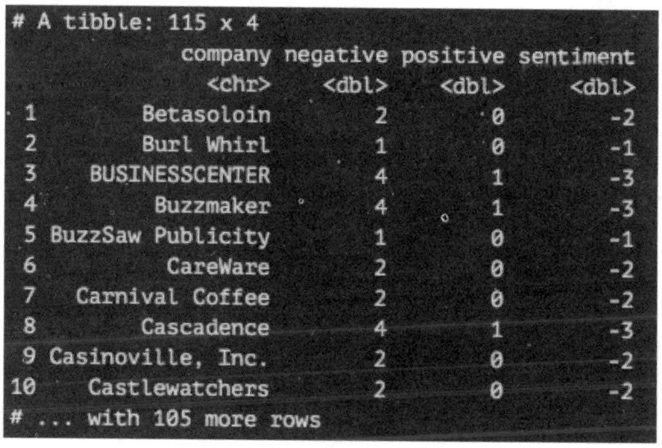

```
# A tibble: 115 x 4
            company negative positive sentiment
              <chr>    <dbl>    <dbl>     <dbl>
1         Betasoloin        2        0        -2
2         Burl Whirl        1        0        -1
3      BUSINESSCENTER        4        1        -3
4          Buzzmaker        4        1        -3
5    BuzzSaw Publicity       1        0        -1
6            CareWare        2        0        -2
7      Carnival Coffee        2        0        -2
8          Cascadence        4        1        -3
9    Casinoville, Inc.       2        0        -2
10      Castlewatchers        2        0        -2
# ... with 105 more rows
```

图 12-5

首先，通过调用 inner_join()函数，合并 comments_tidy 数据帧和情感词典 bing 对应的数据帧。然后，将合并的结果传递给 count()函数。count()函数根据作为参数的两个变量（company 和 sentiment）对合并的结果进行分组，并汇总每个公司各种情感出现的次数。

然后，由正面情感（positive）和负面情感（negative）构成的 sentiment 列被展开，并通过计算 positive 值减去 negative 值，来创建一个新的 sentiment 列。最终，负数表示同事对该公司持负面情感，正数则表示同事对该公司持正面情感。

现在，请读者将这个结果进行可视化，可以使用直方图方便地显示每种情感的得分和频率。代码如下：

```
ggplot(comments_sentiment, aes(x = sentiment)) +
geom_histogram()
```

由图 12-6，读者会得出什么结论呢？公司同事对这些客户公司的印象并不好，这与读者给出的估计模型的预测是一致的：公司同事在评论被模型预测为易违约的公司时，使用了负面的词汇。

与模型预测一致，这倒是令人兴奋的消息；然而，读者对这些负面词汇的了解还不够多。公司同事都说了些什么？请读者想办法弄清楚这一点。

① 原文为 boing，疑为笔误，正确应为 bing。——译者注

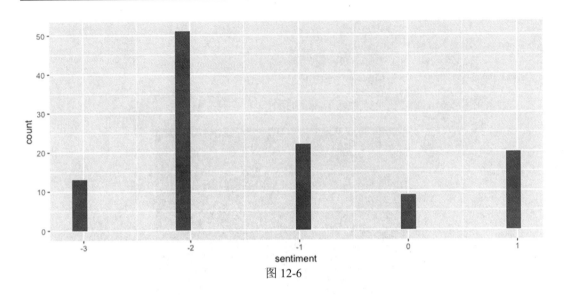

图 12-6

12.3　开发词云

读者可以尝试着使用 wordcloud 程序包来查看 comments_tidy 数据帧中的 word 列向量。wordcloud 程序包基本上可以让读者获得想要的内容，即由 word 列向量内的元素构成的云——词云。

要创建一个词云，读者仅需要调用 wordcloud() 函数即可，该函数需要如下两个参数。

- words：要绘制的单词，即 comments_tidy 数据帧的 word 列向量。
- frequency：word 列向量中每个元素的出现次数。

请读者动手实践一下：

```
comments_tidy %>%
count(word) %>%
with(wordcloud(word, n))
```

图 12-7 中出现的单词都是存储在 comments_tidy 对象中的 word 列向量中的元素，其大小跟其出现的频率成比例。此外，读者还应该明白，每个单词的位置并没有什么特别的含义。

读者如何评价以上词云呢？还不错，不是吗？然而从词云中，读者能看到太多不相关的单词，例如 we 和 with。这些单词实际上并没有传达与评论内容相关的任何有帮助的信息。而且这些无用词出现的频率非常高，从而模糊了其他更有意义的单词的相关性。

图 12-7

因此，读者应该删除这些无用且不相关的单词。如何做到这一点呢？最常用的一种方法是将所分析的 comments_tidy 与一组所谓的停顿词进行比较。这些停顿词大体上就是之前描述过的与评论内容不相关的词，但其出现的频率却很高。tidytext 程序包提供了一个内置的 stop_words（停顿词）列表。

请读者查看一下停顿词列表，如以下代码所示：

```
stop_words
```

现在，请读者基于图 12-8 中的停顿词数据帧中的 word 列向量，对 comments_tidy 数据帧进行过滤、筛选：

```
comments_tidy %>%
filter(!word %in% stop_words$word) %>%
count(word) %>%
with(wordcloud(word, n))
```

```
# A tibble: 1,149 x 2
          word lexicon
         <chr>   <chr>
1            a   SMART
2          a's   SMART
3         able   SMART
4        about   SMART
5        above   SMART
6    according   SMART
7  accordingly   SMART
8       across   SMART
9     actually   SMART
10       after   SMART
# ... with 1,139 more rows
```

图 12-8

现在，对我们的分析而言，词云是一个更加有用的工具。观察图 12-9，读者得出了什么结论呢？除了"company"（公司）这个很显眼的单词外，读者还看到了"contact"（联系）和"person"（人员）这两个单词——组合在一起就是"contact person"（联系人）。读者还会发现更多相关单词，例如 delay（延迟）、discount（折扣）、difficult（困难）、unjustified（不合理）以及 revise（修订）。

图 12-9

即使没有相关的上下文，通过这些单词，读者也可以看出公司同事与这些客户公司之间正在发生着一些不好的事情。通过词云，读者可以得出结论：评论的主题涉及联系人、折扣和延迟付款。

读者要如何才能获得更多的语境信息呢？接下来请读者了解一下 N 元模型。

12.4　N 元模型分析

词云的主要局限是什么呢？正如前文所说，缺失语境。换句话说，读者拿到的是孤立的单词。除了单词本身的有限含义之外，这些单词无法帮助读者获得其他含义。

缺失语境的情况正是 N 元模型分析技术的用武之地。N 元模型分析技术主要用于将文本标记为单词组合，而不是单个的词。这些单词组合被称为 N 元（N-Gram）。

读者可以通过再次调用 unnest_tokens()函数，从 comments 数据集中获得 N 元，但这次将字符串"ngrams"作为参数 token 的值，且参数 n 为 2：

```
comments %>%
unnest_tokens(bigram, text, token = "ngrams", n = 2) -> bigram_comments
```

由于读者设置的参数 n 的值为 2，因此读者通过上述代码提取的是所谓的二元（bigram），即在文本中彼此相邻的两个单词。现在请读者来计算 bigram_comments 的频率。同样，从上述操作的结果数据集中删除停顿词，代码如下：

```
bigram_comments %>%
separate(bigram, c("word1", "word2"), sep = " ") %>%
filter(!word1 %in% stop_words$word) %>%
filter(!word2 %in% stop_words$word) %>%
count(word1, word2, sort = TRUE)
```

由于读者在 count()函数中指定了 sort = TRUE，因此读者看到的输出是基于其在全部数据集中的出现频率进行权重排序的 N 元列表（见图 12-10）。

```
# A tibble: 30 x 3
         word1     word2     n
         <chr>     <chr> <int>
1      contact    person    45
2   unjustified discount    26
3      contact   persons    21
4          bad  customer    19
5    difficult   company    17
6       revise agreements   17
7       fiscal    expert    13
8         miss  payments    13
9       person    denied    13
10    relevant    person    13
# ... with 20 more rows
```

图 12-10

"读者能从列表中得出什么结论呢？"现在，有些信息开始以某种方式成为证据。

- 读者的同事们抱怨给予某些公司客户不合理的折扣。
- 相关联系人存在问题。
- 与这些客户公司有关的付款存在问题。

这些足够吗？如果读者现在进行同二元分析类似的分析，但是使用 3 个词而不是两个词，会怎样呢？请读者尝试一下，试着将参数从 bigram 更换到 trigram，参数 n 为 3：

```
comments %>%
unnest_tokens(trigram, text, token = "ngrams", n = 3) -> trigram_comments
```

现在每行由 3 个词组成。请读者将其分成 3 列，分别命名为 word1、word2 和 word3，然后像以前一样在去除停顿词后获取频率计数：

```
trigram_comments %>%
separate(trigram, c("word1", "word2","word3"), sep = " ") %>%
filter(!word1 %in% stop_words$word) %>%
filter(!word2 %in% stop_words$word) %>%
filter(!word3 %in% stop_words$word) %>%
count(word1, word2, word3, sort = TRUE)
```

毫无疑问，图 12-11 中增加了语境信息。现在读者获悉，评论中相关并常见的问题是不容易联系到客户联系人，以及客户存在付款延迟等问题。现在，可认为对文本中非结构化部分的分析已结束。请读者将分析研究的对象转移到 information 数据帧，看看 information 包含的信息能否进一步突出这些易违约公司之间的共性。

```
# A tibble: 7 x 4
      word1    word2     word3     n
      <chr>    <chr>     <chr> <int>
1  relevant   person    denied    13
2        30     days  payments    12
3   company     quit   unknown    12
4      days payments schedules    12
5     delay  contact    person    12
6  payments    delay   contact    12
7  recently  founded   company    12
```

图 12-11

12.5　网络分析

读者可以做出如下假设：在这些易违约的公司中，至少很大一部分来自同一行业。这种假设正确吗？

实际上，读者手中的数据可用来弄清这一点。如果读者回顾一下 information 数据集，可以很容易地看到数据集包含一些以 industry（行业）标记开头的记录。在每张客户卡中，以 industry 标记开头的部分对应着客户所处的行业。

请读者过滤掉 information 数据集内的其他类型的所有记录，只保留给出公司所在行业的记录。代码如下：

```
information %>%
  filter(grepl("industry", text))
```

图 12-12 所示的输出表明获得了所需的信息，但是信息中仍然包含 industry 标记。industry 标记在此处没有意义，请读者使用 gsub() 函数将其删除。大体上讲，gsub() 函数采用某种模式替换字符串向量中的一部分。因此，要使用该函数必须指定以下内容。

- 要查找的模式字符串。
- 替换用的模式字符串。
- 用来进行模式搜索的列向量。

```
                 company                                           text
1              Betasoloin      industry: Metal and Mineral Wholesalers
2              Burl Whirl          industry: Data and Records Management
3          BUSINESSCENTER                         industry: Non-profit
```

图 12-12

```
information %>%
filter(grepl("industry", text)) %>%
mutate(industry = gsub("industry: ","",text))-> industries
```

现在，读者可以将上述处理后的结果呈现在条形图中。为了获得可读的结果，从结果中过滤掉出现次数少于两次的行业：

```
industries %>%
count(industry) %>%
filter(n >1) %>%
ggplot(aes(x = industry, y = n)) +
geom_bar(stat = 'identity')+
coord_flip()
```

条形图（见图 12-13）的输出看起来不错，行业信息也很容易阅读。然而，该条形图缺乏洞察力；几乎所有的行业都具有相同的频率，这意味着行业属性与读者正在分析的易违约公司并不相关。接下来希望能通过股东名单获得更好的分析结果。

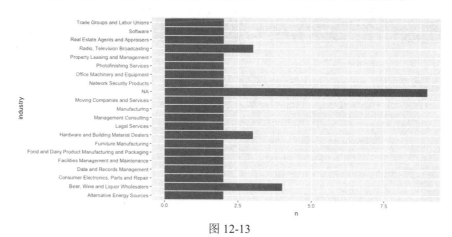

图 12-13

首先，请读者从 information 数据帧中分离出与股东有关的所有记录，同时从结果中去掉 share holders 标记：

```
information %>%
 filter(grepl("share holders", text)) %>%
 mutate(shareholders = gsub("share holders: ","",text))
```

输出如图 12-14 所示。现在的问题是什么呢？由于每个公司至少存在两个不同的股东，这使得无法对股东进行进一步的分析。读者必须将股东列向量拆分成几列，然后将拆分后的几列结果合并到一个列中进行处理。如果读者对 tidy data 框架有所了解的话，此处代码须执行的动作是：首先将数据扩展成宽数据，然后通过调用 gather()函数，使数据变成长数据。

图 12-14

请读者从将股东列向量扩展成宽数据格式开始，调用 tidyr 程序包的 separate()函数：

```
information %>%
 filter(grepl("share holders", text)) %>%
 mutate(shareholders = gsub("share holders: ","",text)) %>%
 separate(col = shareholders, into = c("first","second","third"),sep = ";")
```

上述代码将 shareholders（股东）列拆分为 3 个新列，分别命名为 first、second 和 third。为了使函数 separate()知道如何对股东列变量进行分割，代码中指定 ";" 作为分割符。

即使图 12-15 所示的输出内容的第三列中仍然存在一些待处理的 NA 字样，但整体输出与读者所寻找的信息已经非常接近了。这些 NA 来自一些拥有两个股东而非 3 个股东的公司。

图 12-15

现在请读者调用 gather()函数将数据从宽数据格式转换为长数据格式。代码中要创建一个新的键列来存储第一列到第三列的标签，以及创建一个值列来存储股东的名称。代码如下：

```
information %>%
 filter(grepl("share holders", text)) %>%
 mutate(shareholders = gsub("share holders: ","",text)) %>%
 separate(col = shareholders, into = c("first","second","third"),sep = ";")
%>%
 gather(key = "number",value ="shareholder",-company,-text)
```

输出如图 12-16 所示。因为 gather()函数指定了-company 和-text 参数，所以将这两个变量用作分组变量。最后一步是仅选择读者感兴趣的列变量，即选择 company 列变量和 shareholder 列变量。完整代码如下所示：

```
information %>%
 filter(grepl("share holders", text)) %>%
 mutate(shareholders = gsub("share holders: ","",text)) %>%
 separate(col = shareholders, into = c("first","second","third"),sep = ";")
%>%
 gather(key = "number",value ="shareholder",-company,-text) %>%
 filter(!is.na(shareholder)) %>%
 select(company,shareholder)-> shareholders
```

	company		text	number	shareholder
1	Betasoloin	share holders: Demetra Mcnary ; Lauri Baysinger ; India Lanasa	first		Demetra Mcnary
2	Burl Whirl	share holders: Omid Tahvili ; Debora Welter	first		Omid Tahvili
3	BUSINESSCENTER	share holders: Helene Wurm ; Meryl Savant ; Sydney Wadley	first		Helene Wurm
4	Buzzmaker	share holders: Omid Tahvili ; Terri Keep	first		Omid Tahvili
5	BuzzSaw Publicity	share holders: Leia Crupi ; Chastity Klink ; Scottie Upham	first		Leia Crupi
6	CareWare	share holders: Felica Sinner ; Chris Mellin ; Natashia Haider	first		Felica Sinner

图 12-16

太好了！下一步呢？读者手头获得了一份公司及其股东名单，是不是应该检查一下这些公司是否存在相同的股东呢？读者可以简单地使用另一个条形图来展示，但这可能会让读者丢失一些相关信息。"行业之间彼此相互排斥，这意味着一家公司只能涉足一个行业"，而对股东来说，并非如此。因为每个公司都可以有 1 到 3 个股东，所以读者应该尝试找到一种简便的方式将股东和公司信息进行可视化，同时又不会失去这些信息的丰富性和复杂性。

完成上述目标的一个很好方式就是执行网络分析。

12.5.1 从数据帧中获取边列表

网络分析涉及生成一个网络图，图中的每个点对应一个统计单元，两个有关系的点之间存在连线（边）。这种关系可以是任何类型的，例如 A 点与 B 点在同一个国家，或者两个公司有一个相同的股东，就如同当前例子中读者所面临的情况。

存储点之间关系的对象被称为边列表（Edge List），读者可以将其想象为如表 12-1 所示。

表 12-1

from	to
A	B
B	C
A	C
C	D

现在请读者观察这张表，会发现点 A 与点 B 有关系，点 B 与点 C 有关系，点 A 与点 C 有关系，此外点 D 只与点 C 有关系。

读者可以很容易地将其表示为一个网络，如图 12-17 所示。

这正是读者当前阶段要执行的操作：从生成的 shareholders 数据帧中创建一个边列表。由于 shareholders 数据帧的第一列中包含公司名称，第二列中包含与公司相关的股东名称，因此，该数据帧已经包含边列表所需的信息。

为了将数据帧转换为合适的边列表，以便稍后将其可视化为

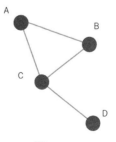

图 12-17

网络，代码中将调用 igraph 程序包的 graph_from_data_frame()函数。使用 R 语言进行网络分析时，igraph 程序包是必备的。

12.5.2　使用 ggraph 程序包可视化网络

　　此刻，读者需要知道的是：对于读者的 shareholders 数据，调用 graph_from_data_frame()函数来获得合适的边列表，然后将结果传递给 ggraph()函数。ggraph()函数来自 ggraph 程序包[①]。大体上讲，ggraph 程序包构成了 igraph 程序包和 ggplot 程序包之间的接口。在执行上述两个函数之后，读者就能够通过调用 ggplot 程序包中的 geom_edge_link()函数、geom_node_point()函数和 geom_node_tect()函数，完成几何图形的绘制。代码如下：

```
graph_from_data_frame(shareholders) -> graph_object
graph_object %>%
 ggraph() +
 geom_edge_link() +
 geom_node_point() +
 geom_node_text(aes(label = name), vjust = 1, hjust = 1, check_overlap =
TRUE)+
 theme_graph()
```

　　图 12-18 是一个网络图，但不知道它是否有帮助。读者认为该网络图存在什么不足呢？

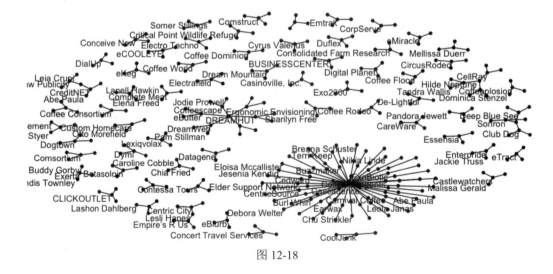

图 12-18

---

① 原文为 ggraph() package，疑为作者笔误。——译者注

至少存在如下两点不足。

- 由于节点标签覆盖在名称上，导致网络图的可读性不强。
- 不容易判断哪些节点是最相关的节点。

正如读者已经猜到的，可以对该网络图进行优化。

1. 调优网络图节点和边的外观

为了突出标签，读者可以改变节点和边的颜色，通过 alpha 参数调整透明度即可。代码如下：

```
graph_object %>%
ggraph() +
geom_edge_link(alpha = .2) +
geom_node_point(alpha =.3) +
geom_node_text(aes(label = name), vjust = 1, hjust = 1, check_overlap =
TRUE)+
theme_graph()
```

如图 12-19 所示，现在网络图的可读性好多了。但是如何优化节点的相关性呢？

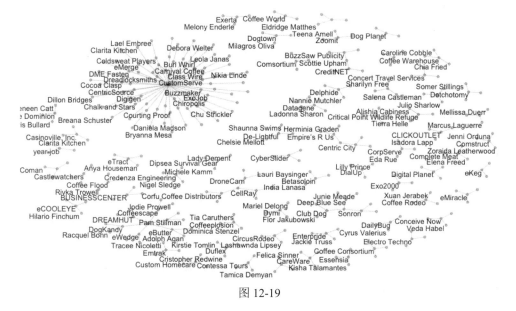

图 12-19

2. 计算网络中的度参数来突显节点

在对网络图进行处理时，度是一个有帮助的数字。大体上讲，度被定义为与给定节点相关的边数。例如，读者可以计算表 12-1 中每个节点的度，如图 12-20 所示。

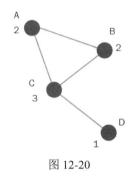

图 12-20

如读者所见，度最高的节点是 C，C 点也是网络中的重要节点。如果没有 C，D 点将与网络的其余部分完全隔离。这正是度试图表达的内容：网络中节点的相关性。

既然读者获得了从 graph_from_data_frame()函数中生成的 igraph 对象，可以通过调用 degree()函数轻松计算每个节点的度，如下所示：

```
deg <- degree(graph_object, mode="all")
```

为了在调用 ggraph()函数生成网络时将度作为属性，读者应将 deg 对象添加到 igraph 对象与节点和边相关联的属性列表中：

```
V(graph_object)$size <- deg*3
```

上述代码描述为：获取 graph_object 的所有节点（顶点），并向节点添加一个名为 size 的属性，该属性的值等于该节点的度乘 3。

最后一步是使用此 size 属性来设置网络图中每个节点的大小，以便突出显示最相关的节点。代码如下：

```
set.seed(30)
graph_object %>%
ggraph() +
geom_edge_link(alpha = .2) +
geom_node_point(aes(size = size),alpha = .3) +
geom_node_text(aes(label = name,size = size), vjust = 1, hjust = 1,
check_overlap = FALSE) +
theme_graph()
```

哇！上述代码输出的网络图（见图 12-21）真是令人惊讶。之前期望网络图能够提供帮助，但没有想到网络图竟然比预想的更有帮助。在生成的网络图中，奥米德·塔维利（Omid Tahvili）这位股东就像太阳一样，很多公司都围绕着他。现在可认为网络分析已经发现一些有帮助的分析结果，剩下要做的就是将该结果与克拉夫先生分享了。

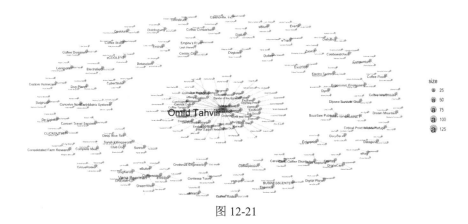

图 12-21

12.6 更多参考

- 网站：DataCamp 官网。
- Katherine Ognyanova 编著的 *Network Analysis and Visualization with R and igraph*。
- 由 Julia Silge 和 Davide Robinson 撰写的 *Text Mining with R*，这是一本帮助读者深入学习文本挖掘知识的好书。

12.7 小结

此处是作者对本章内容的总结。读者对第一次内部审计经历的感受如何？看起来读者真的从这些 PDF 文件中获得了很多有帮助的信息。

首先，读者学习了如何从 PDF 文件中迭代读取文本，并将其存储在单个数据帧中。

接下来，读者学习了如何为文本挖掘活动准备数据，剔除不相关的单词，并将文本内容从句子列表转换为单词列表。最后，读者还学习了如何进行文本情感分析、词云开发和 N 元模型分析。

通过这些分析，读者发现了被模型预测为易违约的公司，实际上也是被商业部门的同事视为不良客户的公司。

上述所有分析，帮助读者从非结构化数据中获取了信息。

接下来对文本分析的处理，转到了 PDF 文件包含的结构化数据中。读者学习了如何将数据转换为边列表，并执行网络分析。网络分析操作主要是计算节点的度。通过计算节点的度，有效地突出显示了与奥米德·塔维利这位股东相关的节点。

谜团即将揭晓。当读者阅读第 13 章时，会发现有关易违约公司的更多信息。

第 13 章　借助 R Markdown 分享公司现状

"不知道读者对我们的调查有何感想，但是我想这些发现很清晰地说明，读者现在知道了哪些公司跟我们公司之间存在一些不良的业务关系，哪些公司很可能享受到了不合理的折扣，并且它们中的大多数都跟这个叫奥米德·塔维利的股东存在关联。"

上述信息足以引起克劳夫先生的兴趣。但克劳夫先生是一位高要求的老板，因此读者需要精心准备一份报告来有效地传达信息，同时需要提供足够的证据来证明读者所采用的分析方法的正确性。

为了达到上述目的，读者将采用 R Markdown 和 Shiny 这两个 RStudio 中的强大工具来完成这项任务。

13.1　富有说服力的数据挖掘报告的原则

作者写过很多用于突显各种活动结果的报告。基于作者收到的反馈，以及从第一版本到最终版本过程中所涉及的更改请求，作者可以告诉读者，为了生成良好的有说服力的数据挖掘报告，需要遵守以下基本原则。

- 清楚地展示所要执行的分析活动的目标及问题。
- 明确强调执行分析时所做出的假设。
- 对分析的数据进行处理时，列举并深入细节。
- 始终验证数据的一致性。
- 尽可能最大限度地提供数据谱系。

在动手编写报告之前，请读者更加深入地了解上述原则。

13.1.1　清晰阐明目标

当我还是该领域的新手时，将我已知的所有数据挖掘技术应用于实际数据的想法令我感到非常兴奋。读者可以想象到我在第一次获得大量数据时的幸福与激动。那个时候，我研究的是库存流程相关的内容。经过将近两周的数据调整和可视化，我仍然无法得出结论。就在那时，我意识到，即使将最好的数据集与最先进的数据挖掘技术相结合，但如果没有数据分析目的，这些数据集也毫无用处。

所以，在进行数据挖掘时，读者应该始终牢记数据挖掘活动要尝试回答的问题。这些问题应该以目标的形式清晰地呈现在读者的报告中。这能让数据挖掘活动的利益相关者清楚地理解，读者为什么执行当前的分析，并评估数据挖掘活动所回答的问题是否与自己所提出的问题相同。

13.1.2 明确陈述假设

在我们开口说话时，可能会做出假设。读者有没有以下类似经历：经过相当长的一段对话后，跟读者对话的人才突然恍然大悟，"哦，你说的是他呀，不是我！"或者"哇！你以为我已经知道了，是吗？"以上经历描述的便是读者在与某人交谈时已做出假设的情况。然而，这些例子表明，如果没有明确地说明假设，对话会变得困难甚至不可能。

上述这些例子是为了让读者认识到清楚说明假设的重要性。在数据挖掘领域，假设的典型示例是应用替代值。例如，在一项关于工作缺勤的研究中，读者可以假设所有缺勤天数超过 2 天但少于 6 天的旷工都被视为缺勤事件。这一假设是基于读者对员工样本所执行的显示该模型正确的一些深度分析做出的。这个假设可以被认为是合理或者不合理的，但是如果不向利益相关者阐明假设，这将会严重影响他们对报告的理解。

13.1.3 数据处理过程清晰明了

数据处理相关的原则与假设相关的原则类似，即明确数据处理过程。完全符合"拿来即用"的数据集十分罕见。读者必须执行数据清洗和验证。

在数据处理活动中，最常见的就是记录的排除，或者是缺失数据的替换。这两个数据处理活动都需要在报告中清晰传达。为什么呢？

首先，数据处理过程清晰将提高工作的可复现性；也就是说，高水准的可复现性将清楚地表明如何重复执行读者所进行的分析。可复现性将确保读者所进行的分析的质量，并使利益相关者更有信心从分析中得出结论。

此外，记录这些处理过程及其基本原理，在读者将来使用更新后的数据重新执行相同分析时有很大帮助。

13.1.4　检查数据一致性

读者知道法定审计人员在开始审计之前，对财务报表执行的第一项活动是什么吗？

他们会检查上一年度的期末结余是否与上一份财务报表上的结余相符。这是引出数据一致性观点的一个好例子：读者应该始终验证报告中显示的数据在其内部是否一致，如果需要的话，还要与外部数据保持一致。

比方说，读者手上有一张表格，显示总体中发现的 3 种案例（A、B 和 C）总计达 1436 个。然后，在两张单独的表中显示案例 A 和 C 如何进一步拆分为子总体。读者应该始终检查这两张表中显示的 3 种案例 A、B 和 C 的总数与第一张表中显示的原始总数一致。

如果缺少上述这些检查（这些检查看起来微不足道），并且分享带有不一致数据的文档，将大大降低分析的可信程度，增加说服利益相关者相信分析结果有效性所需要付出的努力。

13.1.5　提供数据谱系

最后这条原则（即提供数据谱系）在作者的职业生涯中也被证明是重要的。当我准备第一份数据分析报告时还是一个新手。对于办公室中广为人知的一种现象的分析，我的报告中显示出一些强大的，但相当违反直觉的结果。每个人都期待报告给出一个既定的结果，但报告中的数据却显示出相反的结果。

我的报告充满了漂亮的图表，清晰地显示了令人惊讶的结果，并提供了通过推理得出结果的文本支持。

当我第一次和老板分享这个报告时，他相当惊讶，并且开始对我的分析方法进行询问："你是如何得出结论的？这个图表是由什么构成的？你能告诉我背后的数据吗？这个红点代表的员工叫什么名字？他还在办公室吗？"

读者可以想象到，我只能够回答其中一小部分问题。随着时间一点点过去，我更加紧张。最后，老板坦率地告诉我："我认为你必须回顾这个分析，分析的结果真的很奇怪，如果我们无法详细解释这个结果，我就不能与我的老板分享这个报告。"

这对我来说是一个惨痛的教训，但是伴随着教训的发生，我学到了很多：必须在分析报告中提供尽可能多的数据谱系（数据来源）。

数据谱系被广泛认为是将数据追溯到生成该数据的记录的可能途径。一个非常基本的例子是平均值，读者需给出该平均值是根据哪个数值向量算出的。

向分析报告中添加数据谱系，意味着添加一个工具，用来查看最终结果背后的原始数据。继续我之前的分析报告例子，向我的分析报告添加数据谱系，意味着能够给出图表中的红点所代表的员工，以及说明如何汇总原始的员工列表。只有添加数据谱系，才能得出老板所期望的分析报告结果。

13.2　编制 R Markdown 报告

有关数据挖掘报告的原则暂时介绍至此，现在回到本章正题！请读者观察一下报告的实际生成过程。请读者打开 RStudio，并创建一个新的 R Markdown 报告，如图 13-1 所示。

现在请读者指定想要创建的文档类型，在当前的示例中，文档类型为"Shiny Document"。写下文档标题和文档作者的名字，如图 13-2 所示。

图 13-1

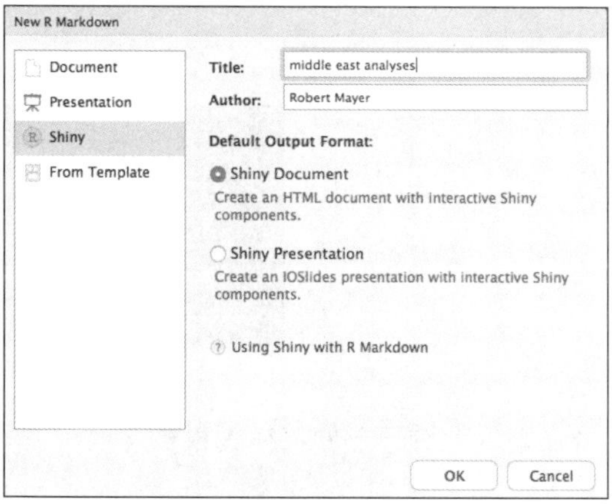

图 13-2

刚刚创建了一个扩展名为.rmd 的非空的文档模板，如图 13-3 所示。

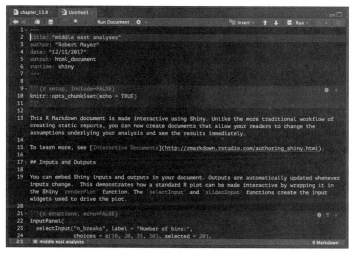

图 13-3

在后续的实际例子中，本书会继续讲解关于 Shiny 的更多内容，现在先带领读者快速了解一下 R Markdown 和 Shiny。

- 大体上讲，R Markdown 是 R 语言的一个程序包，它提供了用于创建包含文本输出和 R 语言代码输出的各种文档的功能。基于 R Markdown 程序包，人们开发了直接通过 R 语言编写图书的程序包、建立网站的程序包等。
- Shiny 是一个 R 语言程序包，它提供了通过 R 语言代码构建 Web 应用程序的功能，无须用户操心，Shiny 负责根据 R 代码生成所需的 JavaScript 代码和 HTML 代码。

在仔细查看所生成的非空文档模板后，除了第一部分（实际上由.yaml 代码构成，见图 13-4），读者可以删除其他部分的内容。

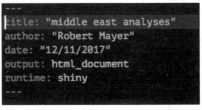

图 13-4

现在请读者看一下如何编制报告文档。

13.3　在 RStudio 中编制 R Markdown 报告文档

R Markdown 文档中包含如下 3 类基本内容。

- 文本块。
- 内联 R 语言代码。
- 代码块。

13.3.1　Markdown 简介

既然读者删除了模板中最初提供的所有内容，实际上会发现当前正处于某种文本编辑段落中，可以像处理通常的 TXT 文件一样，在文本段落中记录一些信息。然而，需要更确切说明的是，读者在文本段落中编写的内容不会被解释为普通文本，而会被解释为 Markdown 代码。在 Markdown 代码后端，是由约翰·格鲁伯（John Gruber）开发的非常方便的技术解决方案。该解决方案为人们提供了一种编写纯文本文档的方法，通过该方法，后续可以将文本文档渲染为 LaTeX 格式、PDF 格式，甚至 HTML 文档格式。

大体上讲，在使用 Markdown 编写文档时，读者不用关注文档格式化或文档内容对齐，因为这最终都将通过后续渲染工具（例如本例中的 rmarkdown()函数）进行处理。读者需要关注的是指定文档标题及其级别，某些单词或句子是否需要呈现为粗体或斜体，以及其他内容，例如超链接和表格等。

请读者查看一个关于如何处理 Markdown 中最常见组件元素的小型指南，内容如表 13-1 所示。

表 13-1

格式	Markdown
H1, first level heading	#
H2, second level heading	##
H3, third level heading	###
bold	**word**
italic	*word*
hyperlink	[tit1e] (http://)

请读者制定报告的结构，主要段落如下。

- 活动目标。
- 分析数据。
- 执行分析。
- 结果。

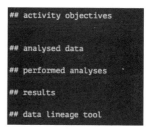

图 13-5

接下来，请读者继续定义文档中每个段落，如图 13-5 所示。

目前，请读者暂时跳过第一个段落，该段落是最具描述性的段落。转到首个代码块，即设置块。

13.3.2　插入代码块

代码块可被看作 Markdown 文档"海洋"中的 R 语言"岛屿"。使用以下标记开始代码块部分：

```
```{R 的代码块}
```

代码块部分以如下标记结束：

```
```
```

对于上述标记中间的部分，计算机会将其内容全部视为 R 语言代码，并且相应地解释所有内容。举一个解释这些标记含义的最典型的例子，在标记的代码块中，"##"不会被视为 h2 标题的开头，而是被视为注释行的开头。

在编制 R Markdown 文档时，常见的一个做法是在文档的最前面插入设置代码块，在设置代码块中执行如下初始化操作，并定义通用的选项。

- 加载代码库。
- 数据加载。
- 初步数据处理。
- 变量初始化。
- 代码块选项设置。

既然读者已知前 4 部分的初始化操作，那么本书只对最后一部分"代码块选项设置"稍做讲解。代码块附带了一个完整的可用选项列表，以便表达代码须遵循的某些特定方面的行为。请读者看一下列表中最常用的选项，如下所示。

- name：每个代码块都有名称，代码块名称在处理调试活动和其他更高级的操作时很有用。请注意，必须为每个代码块提供唯一的名称。
- eval：决定了代码块是否应该实际运行。
- echo：指定了是否应输出代码块本身。
- warning：用于定义是否应输出来自代码执行的警告。
- error ：与 warning 的意义相同，但仅与错误有关。
- include：该选项决定了来自代码运行的输出是否应该包含在文档中。与 eval 的不同之处在于，"不评估块"（eval=FALSE）必然会导致代码仅显示在报告中而并不运行，"不包括"（include=FALSE）表明代码可运行，但代码及其运行结果都不写入生成的文档。

可以通过如下两种方式设置所有这些选项。

- 对所有代码块进行一次性设置，通常在设置代码块中写入类似下面的内容：knitr :: opts_chunk $ set(echo = FALSE)。
- 通过将设置选项插入特定代码块的花括号内，单独地对每个代码块进行设置。

通过上述方式进行设置后，读者应该明白最近的命令将覆盖之前的命令。也就是说，在代码块的花括号中写入 eval = TRUE 后，即使在先前某处设置了 knitr :: opts_chunk $ set(eval = FALSE)，该代码块也能够运行。

读者可以打开第一个代码块，将其命名为 setup，因为读者将使用该代码块来设置常规参数并加载所需的库：

```{r setup, echo=FALSE}
```

请读者实际动手操作，写下设置代码块内的代码：

```{r setup, include=FALSE}
```

```
library(dplyr)
library(ggplot2)
library(tidytext)
library(tidyr)
library(igraph)
library(ggraph)
library(wordcloud)

knitr::opts_chunk$set(echo = FALSE)
load("data/corpus.rdata")

corpus %>%
 filter(!grepl(c("date of foundation"),text)) %>%
 filter(!grepl(c( "industry"),text)) %>%
 filter(!grepl(c( "share holders"),text)) -> comments

corpus %>%
 filter(grepl(("date of foundation+"),
 text)|grepl(( "industry+"),
 text)|grepl(( "share holders+"),
 text)) -> information

```
```

如读者所见，大体上讲，上述设置代码块加载了基础库，将 echo 选项设置为 FALSE，并加载了之前的分析中所保存的 corpus 对象。然后，将 corpus 对象拆分为 comments 和 information 两部分，以便为后续代码块准备好数据帧。

查看完以上代码的最后部分，读者可学习有关代码块的最后一个概念。代码块就像岛屿，但不是彼此孤立的。读者可以想象某种隐蔽的通信系统，让岛屿之间共享信息，至少从上到下共享信息。这意味着，如果读者在第一个代码块中创建数据或任何其他类型的对象，读者可以在后续代码块中继续使用该对象。当然，相反的情况不成立，至少在 R 语言脚本中不会成立，因为计算机是按从上到下的顺序读取并解析代码的。

在 R Markdown 报告中显示表格

在转向内联 R 语言代码的学习之前，先为读者展示一下如何在 R Markdown 报告中插入可读的静态表。在这里，读者将利用 knitr 程序包中的 kable()函数。大体上讲，knitr 程序包含一定数量的实用程序，通过这些实用程序，读者可实现 R 语言代码和 Markdown 文档之间的交互。

使用 kable()函数，在报告中添加格式良好的表。这意味着将数据帧作为 kable()函数
```

的参数传入。请读者对之前分析的 n 元计数表执行此操作：

```{r}

comments %>%
unnest_tokens(trigram, text, token = "ngrams", n = 3) -> trigram_comments

trigram_comments %>%
separate(trigram, c("word1", "word2","word3"), sep = " ") %>%
filter(!word1 %in% stop_words$word) %>%
filter(!word2 %in% stop_words$word) %>%
filter(!word3 %in% stop_words$word) %>%
count(word1, word2, word3, sort = TRUE) %>%
table()
```

13.3.3　通过内联 R 语言代码在文本中重现代码的输出

既然 R 语言环境已经启动并运行，读者可以跳转到 Markdown 文本中的分析数据（analyzed data）部分。通过这部分内容，读者将了解如何将内联代码放置在 Markdown 文本的正文中。

要了解内联 R 语言代码的工作原理，读者必须将文档视为代码脚本——这个脚本主要是用 Markdown 语言编写的。当计算机对脚本进行渲染时，Markdown 语言会寻找 Markdown 代码脚本，并开始读取。当 Markdown 语言读取到"##"标记时，认为此处需要放置 h2 标题；读取到"**"时，认为需要加粗后续文本直到遇到结束标记"**"。

因此，需要在该代码内传入一些特定标记，以便告知计算机在标记之后存在一些 R 代码，然后计算机需要像往常处理常规 R 代码一样来处理这个标记。在 R Markdown 文档中执行该操作的方法有两种，这两种方法是从前面所看到的方法列表中摘出来的。

- 内联 R 语言代码。
- 代码块。

内联 R 语言代码的含义就如同其名称一样，指的是在 Markdown 文本中内联放置的 R 语言代码。设想一下，如何告知读者在我们的文本挖掘活动中所分析的公司有多少家呢？一种可行的方法是重新打开 R 语言代码脚本，在 pdf_list 对象上编写一个 nrow()函数，复制输出结果，并将其粘贴到 Markdown 文本中。或者，要求 Markdown 文本通过内联代码为读者执行此操作。内联 R 语言代码的基本标记如下：

`r `

如果读者在其 Markdown 文本中放置"`"这样的标记符号，则该标记符号会告诉计算机在第一个"`"标记符号之后直到最后一个"`"标记符号之前的内容都需要被视为 R 代码,并需要进行后续处理。举例来说,如果想要在文本中输出一个难以计算出的结果(而不是读者自己事先求解"2+2"),那么该怎么做呢?

正确答案是:

```
` r 2+2 `
```

在渲染后,上述内联代码将输出整数 4。因此,如果读者在.rmd 文件中写入如下所示的行:

最终的结果是`r 2 + 2`,计算结果并不明显。

该内联代码最终将呈现为:最终的结果是 4,计算结果并不明显。

实际上,读者要使用内联代码来共享读者所查看的数据集中的一些数据,尤其是公司的总数以及 corpus 中单词的总长度。

既然读者已经加载了 corpus 对象,为了获得上述两项数据,读者只需计算 corpus 对象的 company 列中可获得的不重复的公司的数量,并计算 text 列中可用的单词数量。因此,用于获取公司数量的内联代码如下所示:

```
`r corpus$company %>% unique() %>% length()`
```

得到的输出是 115。要获取 corpus 中单词的总长度,需要使用众所周知的 unnest_tokens()函数对 text 列进行操作,并对 text 列中所包含的单词进行分词处理。代码如下:

```
`r corpus %>% unnest_tokens(word, text, token = "words") %>% select(word)
%>% nchar() %>% as.numeric()`
```

为了让读者更好地评估当前所使用的 R 语言工具的潜力,现在,向读者提出一个问题:"如果存在更多的 PDF 客户卡,该如何处理呢?读者的分析报告会发生怎样的变化呢?"

没错,报告将动态地更改公司的数量,并动态地更改 corpus 中单词的数量,始终显示出读者所拥有数据的最新情况。读者无须进行复制及粘贴,以避免出错。

13.3.4 Shiny 简介以及响应式框架

为了增加趣味性,现在读者将在段落中添加一小部分 Shiny 应用程序。

正如 13.2 节所述,开发 Shiny 程序包是为了让使用 R 语言进行编程的人员能够轻松构建 Web 应用程序,进而分享他们的分析结果。现在,从一开始就需要明确的一点是:基于 Shiny 开发 Web 应用程序,并不意味着读者需要一个 Web 服务器来部署 Web 应用程序。这只意味着基于 Shiny 产品的 Web 应用程序已经准备完毕,还存在一些读者当前看不到的、需要进一步执行的步骤——在网上发布 Web 应用程序。

如果不考虑场景的复杂性,读者可以认为 Shiny Web 应用程序由如下 3 个基本组件构成。

- 用户界面：ui←fluidPage()。
- 服务器：server←function(input, output, session) {}。
- 调用应用程序的函数：shinyApp(ui,server)。

在 Shiny 应用程序的标准设置中，读者必须在服务器函数中执行所有数据挖掘和绘图活动，其中，负责以最佳方式显示输出给用户的任务交由 ui 函数完成。

除了给定的这种静态场景之外，还有一层可被用于增加应用程序的灵活性，那就是响应式（Reactivity）。响应式背后的原理非常简单。通过 ui 指定的用户界面中的某些控件，用户可以选择参数或指定过滤选项。在 UI 端选择参数或指定过滤选项时，服务器端的函数可以考虑到这些新的输入，进而更新先前执行的数据挖掘和绘图活动。

正如读者所预料的，这将产生一个可在用户界面中显示的更新的结果。如果用户现在再次更改某些过滤选项，会发生什么呢？当然，一切又会相应地发生变化。

利用输入和输出来处理 Shiny 应用程序参数的变化

如果仔细观察 server 对象，可以看到对应的函数包含 input 和 output 参数，这两个参数是 Shiny 创立的用于支持前面所提到的各种双向信息交换的解决方案。

- input 是一个用于存储来自 ui 对象的所有选项的列表，例如列表中的选定列，或用于过滤向量的最小值和最大值的范围。
- output 表示服务器函数执行的计算结果的对象列表。

上述输入和输出是构成 Shiny 应用程序的真实组件。在将 Shiny 应用到当前的报告之前，请读者开发一个小例子。想象一下，读者想要构建一个应用程序，它能够创建和绘制 n 个数字的分布，其中 n 由应用程序的用户进行定义。我们需要：

- 一个让用户决定数字 n 的控件；
- 一个用于显示结果绘图的界面；
- 一段用来创建分布并构建绘图的服务器端代码。

在 Shiny 应用程序中，上述所需内容会转化为以下代码部分：

```
ui <- fluidPage(
 numericInput("num", label = h3("Numeric input"), value = 100),
 plotOutput("plot")
)


server <- function(input, output, session) {
output$plot <- renderPlot({
 rnorm(input$num) %>% hist() })
}
shinyApp(ui, server)
```

如果读者现在调用此代码（假设已经安装并加载了 Shiny 库），将会产生如图 13-6 所示的输出。

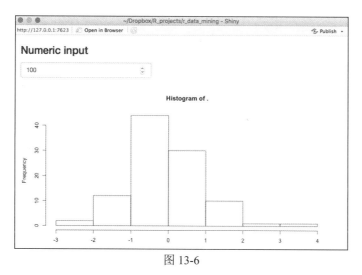

图 13-6

既然读者已经了解了 R Markdown 文档和 Shiny 应用程序框架，现在可以通过为以下每个分析添加一个段落来顺利完成读者的分析报告。

- 情感分析。
- 词云。
- N 元模型分析。
- 股东网络分析。

鉴于 Markdown 和 R 语言之间的完美集成，编写本章内容是为了获取之前在 R 语言脚本中执行的代码，并将这些代码放置于不同的 Markdown 代码块中。然后，读者就可以在遵守 Markdown 约定编写代码块的同时，轻松地以文本形式在分析中添加注释和评论。因此，我们可以使用以下代码获得报告：

```
## results reproduced below are results from mentioned analyses.
### sentiment analysis

```{r}
comments %>%
 unnest_tokens(word,text)-> comments_tidy
#sentiment analysis

lexicon <- get_sentiments("bing")

comments_tidy %>%
```
```

```
 inner_join(lexicon) %>%
 count(company, sentiment) %>%
 spread(sentiment, n, fill = 0) %>%
 mutate(sentiment = positive -negative)-> comments_sentiment

ggplot(comments_sentiment, aes(x = sentiment)) +
 geom_histogram()
```

wordcloud

```{r}

comments_tidy %>%
 filter(!word %in% stop_words$word) %>%
 count(word) %>%
 with(wordcloud(word, n))
```
ngram analysis
bigrams
```{r}
comments %>%
unnest_tokens(bigram, text, token = "ngrams", n = 2) -> bigram_comments

bigram_comments %>%
 separate(bigram, c("word1", "word2"), sep = " ") %>%
 filter(!word1 %in% stop_words$word) %>%
 filter(!word2 %in% stop_words$word) %>%
 count(word1, word2, sort = TRUE) %>%
 head() %>%
 kable()
```
trigrams
```{r}

comments %>%
 unnest_tokens(trigram, text, token = "ngrams", n = 3) -> trigram_comments

trigram_comments %>%
 separate(trigram, c("word1", "word2","word3"), sep = " ") %>%
 filter(!word1 %in% stop_words$word) %>%
 filter(!word2 %in% stop_words$word) %>%
 filter(!word3 %in% stop_words$word) %>%
 count(word1, word2, word3, sort = TRUE) %>%
```

```
 kable()
```
network analysis

```{r}
information %>%
 filter(grepl("share holders", text)) %>%
 mutate(shareholders = gsub("share holders: ","",text)) %>%
 separate(col = shareholders, into = c("first","second","third"),sep = ";")
%>%
 gather(key = "number",value ="shareholder",-company,-text) %>%
 filter(!is.na(shareholder)) %>%
 select(company,shareholder)-> shareholders
graph_from_data_frame(shareholders)-> graph_object
#linking the size of a node to its degree
deg <- degree(graph_object, mode="all")
 V(graph_object)$size <- deg*3

 set.seed(30)
 graph_object %>%
 ggraph() +
 geom_edge_link(alpha = .2) +
 geom_node_point(aes(size = size),alpha = .3) +
 geom_node_text(aes(label = name,size = size), vjust = 1, hjust = 1,
check_overlap = FALSE)+
 theme_graph()
```

现在请读者学习如何利用前面所讲过的 Shiny 框架，来创建最终报告中的交互式数据谱系段落。

13.3.5　添加交互式数据谱系模块

要添加数据谱系段落，读者可以添加一个表格，通过该表格，为报告中显示的计算提供原始数据信息。为了最大化数据谱系工具的有效性，读者可以向该段落中添加查询工具，使得最终用户可以直接过滤表格中的数据，并通过这种方式测试前面段落中所显示的结果。

要添加查询工具，大体上讲，读者需要在代码块中引入以下两个主要组件。

- 输入面板。
- 一个（或多个）输出对象。

这两个主要组件与读者之前看到的 server 对象和 ui 对象是相关的，但并不完全重叠，具体如下。

- 输入面板可被视为传统的 Shiny 应用程序的 ui 对象,输入面板包括用户可获得的用于影响输出的所有控件。
- 在某种程度上,可以将各种输出对象与 ui 对象和 server 对象的组合进行类似对比。这是因为对于给定的输出对象——例如绘图输出对象,输出对象既包括 ui 对象逻辑,也包括 server 对象逻辑(即数据处理和绘图指令)。

本书将通过尝试开发交互式数据谱系段落,来向读者详细展示以上两个主要组件的用法,其中,数据谱系段落中的 corpus 表可以通过过滤表格提供。

1. 将输入面板添加到 R Markdown 报告

读者要添加的数据谱系段落的第一部分是输入面板,通过该面板,用户可以按行业和股东过滤 corpus 表。大体上讲,输入面板由一个函数表示。读者想要添加的每个控件,在该函数的内部都对应一个参数。就读者当前的目的而言,函数中将添加两种控件。

- 一个显示所有可获得行业的选择框,以选择要过滤的行业。
- 用于为用户提供字符串输入,以在股东列中查找股东的文本框。

```
inputPanel(
 selectInput("selected_industry", label = "select the industry you
want to focus on", selected = "",
             choices = unique(data_lineage_data$industry)),
  textInput("name_string", label = "write the name of the
shareholder",
             value = "")
)
```

在上述代码中,读者需要注意的是 selectInput 控件和 textInput 控件中的第一个字符串,它们分别是 selected_industry 和 name_string。这两个字符串是意义明确的对应控件对象的名称。读者将使用这些名称来检索应用程序服务器端用户选择的输出。如果只渲染文档的这一部分(实际上读者将在后面部分看到如何操作),上述代码将产生图 13-7 所示的交互式界面。

图 13-7

现在,请读者看看如何渲染 corpus 数据帧,并根据刚刚添加的控件中的用户选择来进行交互式过滤。

2. 将数据表添加到 R Markdown 报告中

现在，请读者将数据帧渲染为表格。读者可以通过向代码块中插入一个 renderDataTable() 函数调用，并将 corpus 作为参数来轻松完成这一任务。所以，读者必须在 R Markdown 报告中创建一个新的代码块，并添加以下代码：

```
renderDataTable({
data_lineage_data
  })
```

读者现在获得了一个漂亮的表格（见图 13-8），该表格同样可以通过不同的列和交替的彩色行进行排序。

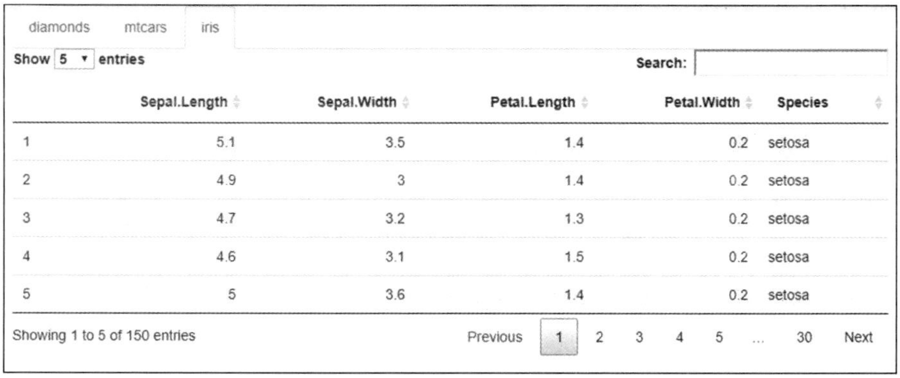
diamonds mtcars iris

Show 5 entries Search:

	Sepal.Length	Sepal.Width	Petal.Length	Petal.Width	Species
1	5.1	3.5	1.4	0.2	setosa
2	4.9	3	1.4	0.2	setosa
3	4.7	3.2	1.3	0.2	setosa
4	4.6	3.1	1.5	0.2	setosa
5	5	3.6	1.4	0.2	setosa

Showing 1 to 5 of 150 entries Previous 1 2 3 4 5 ... 30 Next

图 13-8

但是，该表格仍然没有与输入面板相关联。为此，读者需要将用户做出的选择作为参数传递，以便过滤数据帧内对应的数据。为获得来自输入面板中的所选值，可以使用标记 input$ name_of_the_input。

实际上，此标记告诉计算机从输入面板对象的输出中访问 name_of_the_input 对象。根据输入控件的类型，此对象可以是数值向量、字符串或其他类型的对象。

对于 selected_industry 和 name_string，代码将获得一个字符串，用作 dplyr 程序包的 filter()函数的参数。如下：

```
renderDataTable(
 if (input$selected_industry != "" | input$name_string != ""){
 data_lineage_data %>%
 filter(industry == input$selected_industry,
grepl(input$name_string,shareholders))}else{(data_lineage_data)}
)
```

正如读者所看到的，代码里包含一个 if 语句，表示如果用户没有提供行业或股东信息以用于过滤，则代码渲染表格中的所有数据。此处的代码包含一个功能齐全的表格，可让用户查看读者的分析报告有多么出色。数据谱系段落的全部代码如下：

```{r}
information %>%
filter(grepl("industry", text)) %>%
mutate(industry = gsub("industry: ","",text))-> industries

industries %>%
inner_join(shareholders) %>%
select(-text)->data_lineage_data
inputPanel(
selectInput("selected_industry", label = "select the industry you want to
focus on", selected = "",
choices = unique(data_lineage_data$industry)),

textInput("name_string", label = "write the name of the shareholder",
value = "")
)
renderDataTable(
if (input$selected_industry != "" | input$name_string != ""){
data_lineage_data %>%
filter(industry == input$selected_industry,
grepl(input$name_string,shareholders))}else{(data_lineage_data)}
)
```

读者认为克劳夫先生首先会检查哪个名字呢？"是的，我想的也一样——奥米德·塔维利。"

3. 扩展基础的 Shiny

在进行渲染报表的工作之前，先给出一些用来扩展读者对 Shiny 的了解的提示。Shiny 是一个不断扩展的框架，每天都会增加新的功能，并且相对于其他数据挖掘语言，Shiny 的新功能还给 R 语言增加了一些优势[①]。如果读者有兴趣去增加自己对使用 R 语言这个强大的工具的信心，一定要查看下面的内容。

- Shiny 小部件，即可获得用户输入的控件集合。
- 加深对响应式框架的了解，学习如何让用户与所提供的数据进行交互。
- Shiny 仪表板是 Shiny 框架的进一步扩展，也可用于处理实时数据。

---

① 原文为 hedge，疑为笔误，应该为 edge。——译者注

13.4　渲染和分享 R Markdown 报告

现在，读者已经了解了 R Markdown 工具在组织和展示数据挖掘活动结果方面的灵活性和实用性。

13.4.1　渲染 R Markdown 报告

请读者准备渲染并查看 R Markdown 报告，可以通过以下两种方法轻松完成此操作。

- 单击 RStudio 用户界面中的 Run Document 按钮，如图 13-9 所示。

图 13-9

- 通过 R Markdown 程序包中的 render()函数直接渲染文档。

无论选择哪种方式，将获得如图 13-10 所示的输出。

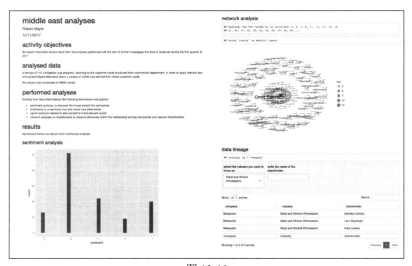

图 13-10

现在，读者需要考虑如何与克拉夫先生分享这份报告。

13.4.2　分享 R Markdown 报告

大体上讲，要分享 R Markdown 文档，存在如下两种可用的方案。

- **静态 R Markdown 报告**：如果文档仅包含静态元素，则可以使用不同的文件格式来呈现它，如.html 格式、.pdf 格式，甚至 Word 文档。请注意，要创建此类静态文档，需要在 New R Markdown 窗口中选择 Document。如图 13-11 所示为相应操作过程。

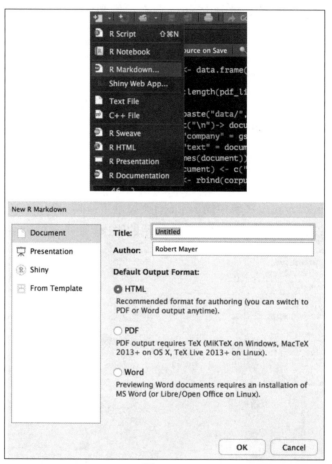

图 13-11

- **动态 R Markdown 报告**：像当前的例子一样，如果读者开发了一个交互式报告，除了在读者的计算机上显示这个报告，分享它的唯一方法就是将动态报告上传到设置好的在线服务器上。

1. 渲染静态 Markdown 报告为不同的文件格式

R Markdown 程序包提供了 3 种可共享的方式来渲染静态文档。

- .html 文档，可嵌入任何网站的静态 HTML 文档。

- .pdf 文档，通过 pandoc 程序包和初步 LaTeX 转换，生成 PDF 文件。
- Word 文档，可将 Markdown 标题转换成 Word 标题。

读者要做的只是在启动渲染功能并生成文档时，指定要获得的文档类型即可。更简单点儿，读者可通过访问 Knit 菜单，从图 13-12 所示的界面进行选择。

图 13-12

之后就会在工作目录中生成所需格式的报告的新文件。

2. 在专用服务器上渲染交互式 Shiny 应用程序

如前文所说，共享使用 R Markdown 和 Shiny 开发的交互式 R Markdown 文档，需要将其上传到适当的服务器上。

在该服务器上，需要运行 Shiny Server 版本。运行 Shiny Server 并非易事，即使某些程序包（例如在 Amazon S3 服务器上进行部署所需的 ramazon 程序包）能够用来解决一些问题，读者也需要一些 IT 知识才能成功运行。

通过 shinyapps.io 分享 Shiny 应用程序

读者可以采用的另一种更简单的分享方案是在 shinyapps.io 上部署读者的应用程序。shinyapps.io 是 RStudio 提供的专用服务，可轻松地部署和共享 Shiny 应用程序。

读者只需要在此平台上创建一个账户，选择套餐（有免费套餐），并直接通过 RStudio 将读者的应用程序推送到 shinyapps.io 服务器上。

创建账户后，读者只需访问 RStudio 中的发布控件，如图 13-13 所示。

图 13-13

单击发布按钮，并使用读者在平台上的密码进行身份验证。

最后，选择要发布的文件，并单击 Publish 按钮来实际执行发布操作，如图 13-14

所示。

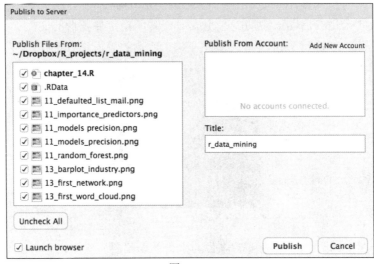

图 13-14

通过 shinyapps.io 发布的交互式 R Markdown 文档内容，正是读者要与克劳夫先生分享的内容。也就是说，亲爱的读者，当前所进行的分析终于告一段落。读者现在要做的就是要与克拉夫先生分享这份报告，看看接下来会发生什么。很高兴与读者合作进行数据挖掘分析，希望这不会是最后一次。

13.5　更多参考

- R Markdown 官网。
- shinyapps.io 官网。

13.6　小结

读者刚刚在"R 语言工具背包"中添加了一个更有用的工具！与第 12 章相比，本章内容确实不够紧凑，但本章为读者在制作有关数据挖掘活动的报告方面介绍了 R 语言相应的优势。

在本章中读者学到了一个知识点：为了有效传达信息，报告必须遵守一些原则，包括清晰阐明目标、明确陈述假设、结果的一致性和结果的可复现性。

此外，读者还学习了如何生成由 Markdown 文本和 R 语言代码块组成的 R Markdown

报告。这个功能强大的报告生成工具可让读者创建基于 R 语言代码的报告，并在数据更改时轻松更新报告结果。

最后，读者接触了快速发展的 Shiny 应用程序领域，该领域包含一个完整的 Web 应用程序开发和部署的生态系统。

读者已经完成在西波勒斯公司的工作，但如果你继续阅读本书的后续内容，会发现还有有趣的东西在等着自己。通过继续阅读，读者会明白公司收入大幅下降的原因，读者难道不想发现数据背后的真相吗？

第 14 章　结语

又是在西波勒斯公司的平静的一天，如同 3 个月前发现收入急剧下降的那一天一样。你正坐在办公桌前查看内网新闻，收件箱里突然出现一封电子邮件："9 点在主会议室召开临时会议。"

你询问同事们，是否有人知道会议上会说些什么。没有一个人知道，眼看快到 9 点了，你决定前去会议室参加会议。当你到达会议室时，有人正在小范围地讨论着。但当你踏入房间时，他们几乎停止了讨论。当安迪踏入房间时，讨论全部停止了。

"亲爱的同事们，我突然组织这次会议是为了和大家分享一些好消息。"在西恩说出这段令人愉快的话语后，整个房间的气氛一下子缓和下来。

"我最近获知，关于公司收入下降的调查结束了，不过，调查结果比较糟糕。"在此次会议中，这句话实际上并没有多大意义，不过，大家相信西恩会给出更多信息。

"克劳夫先生昨天打电话给我，提供了有关调查的最新情况以及调查的结果。他再次表达了对我们在调查期间提供有效支持的感谢，并希望借此次调查，开启我们两个部门之间的长期合作。好吧，我们希望他的这些话并不是临时起意。"

西恩最后这句玩笑话引发了大家真诚而矜持的笑声，胜过千言万语。

"然而，此时此刻，我们必须承认，我们两个部门之间的合作实际上对于整个公司来说是富有建设性的、非常有帮助的。对于那些不了解调查内容的同事，我在这里做一下简要总结。"

"差不多 3 个月前，我们收到了来自 CEO 的直接警告通知，通知里显示公司的收入出现了超乎意料的下降。对于 CEO 和整个公司而言，这是一件非常令人震惊的事情。我们部门立即参与了这次有关收入下降原因的调查。"

"忽然间，我们明白了一点，我们无法利用公司协调数据库中的数据，因为它目前仍处于开发阶段。因此，我们必须通过比较艰难的方式来进行分析，收集、清洗、合并来自不同遗留系统的数据，试图从混乱中理出头绪。"

"在清洗完数据之后，我们获得了第一阶段的胜利：在进行地区划分的一系列清洗后的利润数据中，我们发现利润下降来自中东地区。这让我们有了一丝宽慰，也带来了痛苦，内部审计部门开始参与进来。"

"我们普遍认为，在不引发可能涉及该事件的人员产生怀疑的情况下，推进分析的最佳方法是利用现有的客户历史数据来定义一份更易违约的中东地区客户名单。"

"这就是我们所做的事情：我们对数据使用了数据挖掘模型，借其更好地推断现金流下降现象，并发现更能预测客户违约的属性。如果我没有记错的话，我们用到了线性回归、逻辑回归和其他一些令人感到棘手的模型……我们也应用了随机森林模型，是吧？"

在得到一位同事的确认答复之后，西恩继续对会议室中在座的这一小群听众做着陈述。

"那些模型，通过集成学习技术结合在一起，非常强大，已在解释我们所面临的现实现金流下降的原因方面得到证明。因此，我们进入了下一步：预测哪些与中东客户名单相关的客户更有可能在去年违约。我们与克劳夫先生的部门分享了这份名单，他们利用这份名单进行了另一项相关分析。说实话，他们也做了一些很酷的分析。"

"内部审计部门大体上收集了我们预测违约的公司客户卡，并将一些强大的文本挖掘技术应用到了从这些客户卡文档中提取出的文本中。"

"通过分析，得出两个重要结果。第一个结果与我们预测的可靠性有关。根据我们公司商业部门同事的评论，我们预测的违约公司实际上与公司的关系非常糟糕。但是通过探索这些预测违约的公司及其股东之间的网络图，我们获得了令人吃惊的发现。在呈现了这张网络图之后，内部审计部门发现，最可能违约的大部分公司都与一名名叫奥米德·塔维利的公司股东有关。"

"我想，你们中的一些人之前已经知道了以上这部分情况，但是你们可能并不知道接下来我要讲述的内容。"

西恩的最后一句话引起了全场一片寂静，这让西恩确信，房间里没有人真正知道他将要披露的事情的最终进展。

"在收到关于分析结果的详细报告之后，克劳夫先生决定打破僵局，并直接联系我们公司在中东的子公司。他亲自调查所需的档案工作，包括收集证据以及约谈相关人员。"

听众中发出一阵紧张的笑声，但实际上每个人都在等待西恩先生给出克劳夫先生这次冒险的最终结果。

"最后，克劳夫先生直接与雷维克先生面对面沟通，雷维克先生在最初的几天看上去非常开放，也乐意合作，但是最终开始表现出明显的焦躁不安。"

"最后，雷维克先生决定坦白并完全交代所发生的事情——关于他个人卷入的一段糟糕经历。这是他个人的软肋，一个名叫奥米德·塔维利的罪犯发现了他的软肋并利用了它。一天，雷维克先生运气不佳，亏了很大一笔钱，也就在这一天，奥米德找到了他。"

"奥米德提议帮助他减少一半的赌博债务，索要的回报则是要求雷维克为奥米德所拥有的一些公司提供特别折扣。毫无疑问，奥米德的那些公司不怎么样。事实上，如果不是因为雷维克先生的这段糟糕经历，我们西波勒斯公司也不会跟这些糟糕的公司产生交易。”

“这些糟糕的公司最终无法偿还债务，也就不足为奇了。由于这些公司都是由奥米德亲自经营的，我们很难联系到有帮助的联系人，这一点，也通过我们公司的商业部门得到了证明。一旦这个罪犯开始失去对影子市场的控制，他的生意就开始走下坡路，而我们公司看到了现金流的急剧下降。不用说，雷维克先生已经被解雇了，你们应该已经从公司内部的新闻中知道这件事了，萨西德先生代替了他。”

房间里不再寂静，大家对这个令人惊愕的故事感到震惊，更对数据如何难以置信地逼近事情真相感到惊讶。

“即使之前的现金流下降对公司来说是一个沉重的打击，但我们在中东地区和公司整体上的现金流开始恢复，因此我们现在可以将整件事情当作相关的案例进行分析。特别是，人们会记住，该案例是数据挖掘模型可以发现事情真相的一个很好例子。因此，请允许我介绍一下参与这个故事的两个主要人物——安迪和他勇敢的助手。我们已经知道安迪的高超技术了，但没有人会料到这个助手把这件事情有关的工作也完成得如此出色：祝贺你！”

是的，西恩先生正在跟你说话，你无疑应该得到他的祝贺。你从最初对 R 语言的不了解，到可以完成完整的数据挖掘项目，你做得很好。

你现在拥有了一个强大的工具，并且你也知道如何使用它。祝你好运，别忘了有时间来西波勒斯公司转转！

附录　日期、相对路径和函数处理

使用 R 语言处理日期

第 2 章修改银行记录中日期格式的代码如下：

```
movements %>%
mutate(date_new = as.Date(movements$date, origin = "1899-12-30")) %>%
mutate(day_of_week = wday(date_new)) %>%
mutate(month = month(date_new)) -> movements_clean
```

R 语言中的工作目录和相对路径

读者可以设置 R 语言中的工作目录。工作目录类似于当前目录，是命令行工具的典型设置。工作目录用作存储我们进行当前分析所需的大部分文件（如果不是所有文件的话）的文件夹。从技术上讲，在面对不同文件路径的处理时，R 语言解释器会产生不同的行为。

要了解其工作原理，可以尝试下面的实验，首先在计算机桌面上创建一个名为 analysis_directory 的子文件夹，于是，桌面上该目录的路径如下所示：

```
/Desktop/analysis_directory
```

现在，将一个名为 experiment.csv 的文本文件放入这个子文件夹。最后，在 R 语言控制台中显示当前的工作目录，代码如下所示：

```
getwd()
```

控制台返回的结果是指向当前工作目录的绝对路径。现在尝试将工作目录设置为桌面上的文件夹，运行命令：setwd("/Users/andrea_cirillo/Desktop")。

如果操作系统是 Windows，只需在文件系统资源管理器中查找地址栏，就会找到桌面文件夹的完整路径。现在已经将工作目录设置为桌面，在这种情况下，可以尝试导入 experiment.csv 文件。使用最基本的方式导入，看看会发生什么：

```
import(experiment.csv).
```

不幸的是，执行上述代码，会收到类似以下内容的错误消息：`Error in import ("experiment. csv") : No such file`。

为什么呢？因为 R 语言解释器做了以下推理：代码要我去寻找 experiment.csv 文件，但是在哪里找这个文件呢？去"我的工作目录"中找这个文件……哦，不！那里没有这个文件。

可能这是对现实情况的过度解释，不过，此处的重点就是：R 语言确定查找文件的路径为从"计算机根目录"到"工作目录"再到"文件名"的绝对路径。在我们的示例中，R 语言将会查找以下路径：`/Users/andrea_cirillo/Desktop/experiment.csv`。

在上面的路径中缺少了哪个部分呢？缺少了 analysis_directory 文件夹，我们必须给出从"工作目录"到"我们的文件"的相对路径。可以通过对之前代码进行轻微修改来完成：`import("analysis_directory/experiment.csv")`。

条件声明

R 语言中的条件语句始终遵循如下逻辑方案：

```
if (condition){then execute} else {execute}
```

该方案大体上解释为：仅在条件为真的情况下执行第一个花括号内的指令；在相反的情况下，仅执行第二个花括号内的指令。

在 R 语言中，可以利用 else if 连接多个条件语句，如下面的例子所示：

```
if(1>2){print("what a strange world")}else if(1==2){print("still in a
strange world")}else{print("we landed in the normal world")}
```